高职高专计算机专业精品教材

# 计算机网络项目化案例教程

骆焦煌　主编　杨爱华　副主编

清华大学出版社

北　京

## 内 容 简 介

本书基于"项目引导、任务驱动"的项目化教学方式而编写,体现了"基于实际工作过程所需",以"教、学、做"一体化的教学思想。全书内容划分为 4 个"学习情境"、19 个"项目任务"。每个学习情境都按照"技能目标"、"知识目标"、"情境解析"、"拓展训练"和"课后思考"的结构组织内容,而每个任务又按照"任务背景"、"任务目标"、"知识准备"和"任务实现"的结构来组织内容,其中"任务实现"部分主要通过对实际案例实现步骤的详细介绍,使读者能够通过实际操作来领会和掌握基本的理论知识及应用技术。

本书可作为高职高专院校、成人教育计算机专业、电子商务专业和通信类专业学生的教材,也可作为读者自学计算机网络操作的入门指导书。

**图书在版编目(CIP)数据**

计算机网络项目化案例教程/骆焦煌主编.--北京:清华大学出版社,2013

高职高专计算机专业精品教材

ISBN 978-7-302-32743-1

Ⅰ.①计… Ⅱ.①骆… Ⅲ.①计算机网络-高等职业教育-教材 Ⅳ.①TP393

中国版本图书馆 CIP 数据核字(2013)第 130828 号

责任编辑:张龙卿
封面设计:徐日强
责任校对:袁 芳
责任印制:王静怡

出版发行:清华大学出版社
　　　　　网　　　址:http://www.tup.com.cn,http://www.wqbook.com
　　　　　地　　　址:北京清华大学学研大厦 A 座　　　邮　　编:100084
　　　　　社 总 机:010-62770175　　　　　邮　　购:010-62786544
　　　　　投稿与读者服务:010-62776969,c-service@tup.tsinghua.edu.cn
　　　　　质 量 反 馈:010-62772015,zhiliang@tup.tsinghua.edu.cn
　　　　　课 件 下 载:http://www.tup.com.cn,010-62795764
印 刷 者:北京世知印务有限公司
装 订 者:三河市溧源装订厂
经　　销:全国新华书店
开　　本:185mm×260mm　　　印　张:19.25　　　字　数:464 千字
版　　次:2013 年 9 月第 1 版　　　印　次:2013 年 9 月第 1 次印刷
印　　数:1~3000
定　　价:39.00 元

产品编号:053451-01

# 前　言

　　计算机网络的出现改变了人们使用计算机的方式，也改变了人们学习、工作和生活的方式。目前，"计算机网络基础"已成为高职院校必须选修的一门基础课程。

　　本书基于"项目引导、任务驱动"的项目化教学方式编写，体现"基于工作过程"、"教、学、做"一体化的教学思想。全书内容划分为 4 个学习情境、19 个项目任务，每个学习情境均按照"技能目标"、"知识目标"、"情境解析"、"拓展训练"和"课后思考"的结构组织内容，每个任务又按照"任务背景"、"任务目标"、"知识准备"、"任务实现"的结构来组织内容。"任务实现"通过实际案例介绍知识点，使读者不但能够掌握基本的理论知识，同时又能够掌握操作的技术性。

　　本书内容具体包括：了解网络、网络规划、小型网络组建、网络测试与故障排除、网络互联、接入 Internet、连接共享、资源共享、应用服务器配置、网页浏览、信息搜索与资料下载、收发邮件、电子商务、网上交流、网上生活、网络攻防、防火墙配置、病毒和木马防护、网络安全设置。

　　本书打破传统的学科体系结构，将各知识点与操作技能恰当地融入各个项目（任务）中，突出现代职业教育的职业性和实践性，强化实践，注重培养学生的实践动手能力，以适应高职学生的学习特点，在教学过程中注意情感交流，因材施教，充分调动学生的学习积极性，提高教学效果。

　　本书可作为高职院校、成人教育计算机网络基础课程的教材，也可作为读者自学计算机网络操作入门的指导书，各院校可根据专业的不同要求选取相关的内容。本书通过大量的实际任务进行讲解，帮助学生掌握计算机网络的基本知识和实际的操作方法，引导学生从零开始学习和了解计算机网络，并能进行实际的操作运用。

　　本书由骆焦煌担任主编，杨爱华担任副主编，具体分工如下：骆焦煌编写情境一、情境二和情境四，并负责全书的统稿工作，杨爱华编写情境三。

　　由于编者水平所限，书中疏漏、不妥之处在所难免，敬请读者给予批评指正。

编　者

2013 年 1 月

# 目 录

# 情境一　家庭及小型办公网络组建

【技能目标】

　　掌握网络的基本概念、网络的基本类型,能利用所学的网络知识规划和组建家庭网和局域网。

【知识目标】

　　了解网络的基本概念;

　　掌握组建网络的类型及组网的相关设备;

　　掌握小型网络的组建与实施;

　　掌握双绞线的制作方法;

　　掌握接入 Internet 的方式。

【情境解析】

　　网络没有大小限制,它可以是小到两台计算机组成的简易网络,也可以是大到连接数百万台设备的超级网络。安装在小型办公室、家里和家庭办公室内的网络称为 SOHO 网络。SOHO 网络可以在多台本地计算机之间共享资源,例如打印机、文档和音乐等。企业可以使用大型网络来宣传和销售产品、订购货物及与客户通信。网络不仅可以实现迅速通信,而且用户可以合并、存储和访问网络服务器上的信息。现在我们就来完成几个 Internet 相关的任务。

# 任务 1　了 解 网 络

【任务背景】

　　小明最近发现,有些计算机可以访问学校的网页,有些计算机又不可以,这是为什么呢?如果要访问学校的网页需要什么样的条件呢?生活中常常听到各种网络术语,我们可以在网络上买东西、发邮件、聊天、看新闻等,那网络究竟是什么模样呢?它是由哪些部分组成的?他决定探个究竟,于是他带着这些问题去请网络中心的老师帮忙。网络中心的老师带他参观了网络中心机房,并给他介绍了网络的各个组成部分及其功能。

【任务目标】

　　通过各种手段了解并熟悉网络的结构、组成等。

# 1.1 知 识 准 备

## 1.1.1 计算机网络的构成

计算机网络由通信子网和资源子网构成(见图 1-1)。通信子网包括网络节点(例如路由器、防火墙、交换机、集线器和无线访问点 AP)、通信链路(例如光纤、双绞线、同轴电缆)以及信号变换设备(例如光纤收发器)等。资源子网包括各类主机(例如服务器、PC 和笔记本计算机、终端(连接到小型计算机上))以及外设(例如网络打印机)等,这些主机通过一定的方式向外界提供各种资源服务。

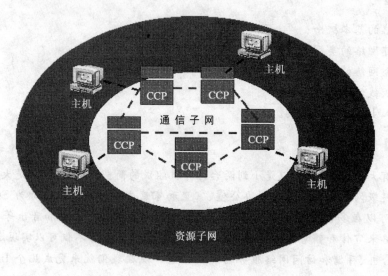

图 1-1

小明在计算机上看到的学校的网页是由学校中心机房中的某台服务器提供的,当小明在他的计算机的浏览器上输入学校主页的网址时,他的访问请求通过通信子网最终到达学校中心机房的网站服务器,服务器获取小明的请求后,将相关内容通过通信网络传递到小明的计算机上,于是,小明的计算机上出现了学校的主页。

## 1.1.2 网络的分类

### 1. 按覆盖范围分类

局域网(LAN):局限于一栋大楼或一个园区内的计算机网络,目前的局域网采用以太网技术,其他过时的技术有令牌环网、FDDI 等。

城域网(MAN):范围介于上述的计算机网络之间,距离一般在 10～100km 范围内。

广域网(WAN):在一个广泛范围内建立的计算机网络。广泛的范围是就地理范围而言,可以是一个城市、一个国家甚至于全球。采用的技术有 DDN、帧中继、ISDN 和 ATN 等。

### 2. 按传输介质分类

有线网:采用同轴电缆、双绞线、光纤等有形介质进行传输的计算机网络。

无线网:采用电磁波(包括微波、红外线、无线电等)作为介质进行传输的计算机网络。

### 3. 按网络拓扑结构分类

网络拓扑结构是指网络的通信链路和结点的几何排列。在局域网中常见的有总线型(见图 1-2)、环形(见图 1-3)和星形(见图 1-4),在广域网中常见的有网状形(见图 1-5)。还有由上述拓扑结构复合形成的,例如树形是由星形复合而成的(见图 1-6)。

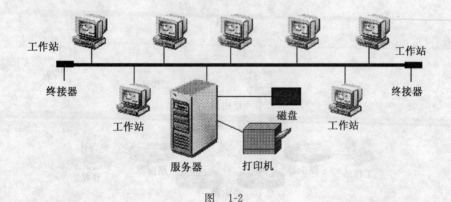

图　1-2

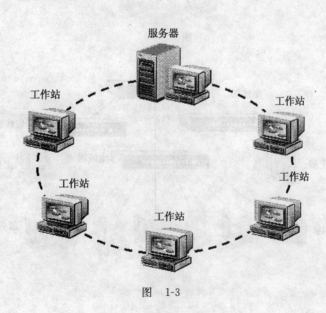

图　1-3

3

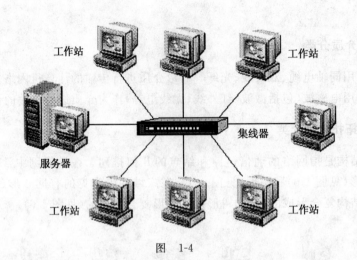

图　1-4

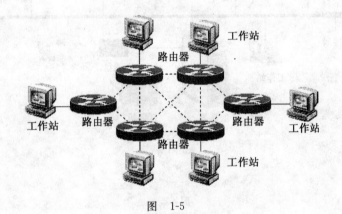

图　1-5

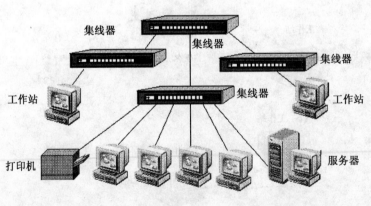

图　1-6

### 1.1.3  网络传输介质(各设备图)

(1) 同轴电缆:分粗缆和细缆两种,传输速率是 10Mbps,粗缆采用 AUI 接口,细缆采用 BNC 接口,最大传输距离为 500m(粗缆)或 185m(细缆),目前同轴电缆已基本被淘汰。

(2) 双绞线:是局域网的主要传输介质,传输速率是 10Mbps、100Mbps 以及 1Gbps,双绞线采用 RJ-45 接头,最大传输距离为 100m。

(3) 光纤:适宜于长距离的传输(达几十千米),是广域网的主要传输介质,传输速率可达 100Mbps、1Gbps、10Gbps 甚至 160Gbps,光纤传输需要光纤收发器作为信号变换设备,在一些高端的交换机和路由器上有光模块,内置了光纤收发器。

(4) 无线介质:无线介质就是电磁波,根据其波长的不同,用于无线传输的电磁波可分为红外线、微波、无线电。

红外线:频率在 100~1000GHz 之间,其特点是信号无法穿透障碍物,必须直视或经墙面反射传输。

微波:分为地面微波(4~6GHz 或 21~23GHz)和卫星微波(11~14GHz)两种,无法穿透障碍物。

无线电:频率在 10kHz~3GHz 之间的电磁波称为无线电,其用途包括无线电广播、电视广播、手机通信、蓝牙通信等。用于网络传输最常用的是 2.4GHz 频段,它可以穿透普通的障碍物。

### 1.1.4  网络设备

集线器:主要功能是对接收到的信号进行再生整型放大,以扩大网络的传输距离,同时把所有节点集中在以它为中心的节点上,以星形拓扑结构将以太网的主机连接起来。

交换机:具有集线器的功能,但性能有极大的提高,因为它能为每个用户提供专用的信息通道,从而提供比集线器效率更高的网络连接。

路由器:是一种连接多个网络或网段的设备,路由器具有判断网络地址和选择路由(路径)的功能,使数据以合适的路由从信源传输到信宿。

交换机和路由器在外形上有点相近,但它们的作用和功能不同,因此它们提供的网络接口的类型和数量有很大的不同。

防火墙:用于隔离公共网络和内部网络,保障内部网络安全的一种网络设备。

### 1.1.5  服务器

服务器属于资源子网,它是一种功能强大的计算机,提供各类网络服务,例如 DNS 服务、Web 服务(网站服务)、FTP 服务、电子邮件服务、文件服务和打印服务等。

## 1.1.6 网络辅助设施

网络辅助设施是用于支撑、保护网络设备和传输介质的设施,包括机柜、配线架、理线架、桥架、地沟和管道等。

# 1.2 任务实现

## 1.2.1 操作一:多媒体介绍,了解网络工作工程

老师首先回答了小明的问题,解释了小明提出的计算机是怎么访问学校的网页的疑问,并且介绍了在这过程中各部分的作用。访问网页的过程如下。

### 1. 向 Web 服务器请求网页的开始

请求详细说明:客户端向 Web 服务器发送 TCP 请求三次"握手"(首先客户端向 Web 服务器发送 SYN 同步请求,然后服务器收到请求后向客户端发送 SYN＋ACK 确认,然后客户端向服务器发送 ACK 确认)后进行建立连接。建立连接后通过 HTTP 协议进行"沟通"(首先在应用层含有 HTTP 协议的数据向下封装,到达传输层加上传输层的报头,主要包含源端口和目的端口,源端口号为大于 1023 的随机端口号,目的端口号为 80,形成新的 PDU;然后向下到达网络层继续封装,主要有源 IP 和目的 IP 和上一层的协议,形成新的 PDU;继续向下到达网络接口层,封装成数据帧,在数据包上加上帧头、帧尾。帧头包含前导码、设备源地址、目的地址,在帧尾加上 FCS 2 个字节校验序列,形成新的 PDU)。到达网卡的时候,网卡将二进制转换成电信号,在介质中传输。

### 2. 比特流从计算机出来的走向

比特流出来在双绞线上传输,当传输到路由器,路由器首先通过前导码知道帧的开始,接着数据帧通过 CRC 算法计算,算出的值与 FCS(占两个字节,广域网为四个字节)校验序列比对,确认帧没有错误,然后查看数据帧中的地址,看这个数据帧是不是发给自己的,如果是给自己的,然后解封装并成包,再查看自己的路由表,找到出去的接口,封装成适应下一种介质的帧,继续传输。

### 3. 在介质中传输与下一跳路由

在广域网介质中传输采用 PPP(PPP 协议的优点,首先是支持多种协议;其次是 PPP 协议比较简单,开销低)协议进行传输。由于是点到点网络,所以数据帧不必封装设备地址,只需要有一个字节的广播地址。数据帧发到下一跳路由器的时候,路由器首先通过 CRC 算法计算,算出的值与 FCS 校验序列比对,确认帧没有错误,然后查看数据帧中的地址,看这个数据帧是不是发给自己的,如果是给自己的,然后解封装并成包,再查看自己的路由表,找到

出去的接口,然后解封装查找地址,最后再找到它所在局域网中的那台 Web 服务器的 MAC 地址和所对应的 IP 地址。如果缓存中没有 MAC 地址和所对应的 IP 地址,那么路由器将发送 ARP 请求,询问 Web 服务器的 MAC 地址。局域网中的计算机将都会收到这个"广播",然后每个计算机都查看这个 ARP 报文。如果看到要找的不是"自己",那么对这个数据帧不做处理。当 Web 服务器看到这个数据帧的时候,如果它知道这是要找"自己",那么 Web 服务器把"自己"的 IP 地址"告诉"给路由器,然后路由器在把刚才发过来的数据帧重新封装并发给 Web 服务器。

**4. 到达服务器后服务器做出的"动作"**

数据帧已经成功到达服务器,然后服务器对数据帧进行解封装,并看里面的内容。当它看到数据的时候,包含要访问"我"的 80 端口,知道有台客户机要请求看某个网页,然后服务器根据客户机的要求发送客户机想要的数据。数据返回后,经过与数据传输过来的时候类似。最后客户机通过浏览器翻译出客户机想要的网页。这样客户机就可看到网页了!

## 1.2.2　操作二：参观网络中心,了解网络组成

听了老师的介绍,小明更加好奇,在网络浏览过程中,居然有这么多设备的参与,那这些设备是什么样子的呢? 它们还能做些什么工作?

(1) 在参观之前先听取有关网络中心各类设备和设施的多媒体介绍,熟悉计算机网络中心的设施、网络设备,如路由器、交换机、防火墙、各种服务器、机柜、配线架、理线架、模块、RJ-45 接头、双绞线、光纤、光纤收发器、无线设备(见图 1-7)等。

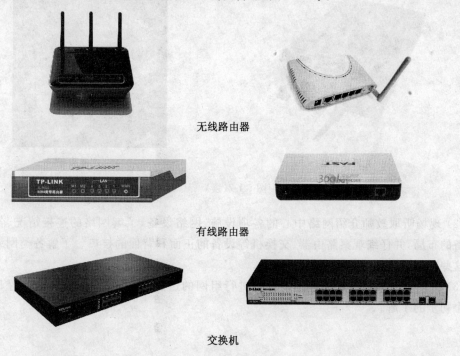

无线路由器

有线路由器

交换机

图　1-7

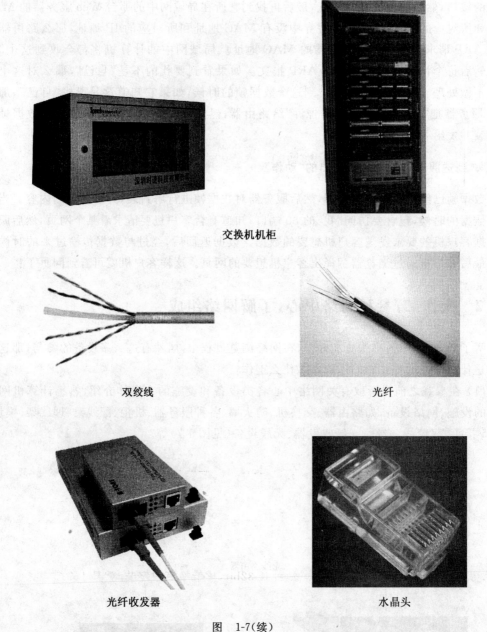

交换机机柜

双绞线　　　　　　　　　　　　　　　光纤

光纤收发器　　　　　　　　　　　　水晶头

图　1-7(续)

（2）现场听取教师介绍网络中心的各项设施、网络设备，了解网络的连接情况、各种网络设备的布局，并仔细观察路由器、交换机等设备的正面和背面的接口。了解各类网络设备以及这些网络设备在网络中所起的作用。

（3）现场观看教师通过各种网络设备进行组网的过程演示，对网络设备的配置和使用有一个初步的了解。

# 任务 2　网 络 规 划

**【任务背景】**

由于学校教学需要,学校需新建一个计算机机房,作为电子教室使用,该机房有学生计算机 50 台,教师计算机 2 台,并需要预留一些网络接口提供给笔记本接入网络使用,同时要为笔记本等终端提供无线的网络接入。小明在了解了网络的基本知识后,决定参与到这个机房的建设中来,帮助老师完成机房的网络建设。

**【任务目标】**

根据用户需求,完成小型办公网络的规划设计。

# 2.1　知 识 准 备

## 2.1.1　IP 地址

### 1. IP 地址的概念

众所周知,在电话通信中,电话用户是靠电话号码来识别的。同样,在网络中为了区别不同的计算机,也需要给计算机指定一个号码,这个号码就是"IP 地址"。

IP 地址也像我们的家庭住址一样,如果你要写信给一个人,你就要知道他(她)的地址,这样邮递员才能把信送到。计算机发送信息是就好比是邮递员,它必须知道唯一的"家庭地址",才不至于把信送错。只不过我们的地址使用文字来表示,计算机的地址用十进制数字表示。

实际上,每个连接在 Internet 上的主机分配的是一个 32bit 的地址。按照 TCP/IP 协议规定,IP 地址用二进制来表示,每个 IP 地址长 32bit,比特换算成字节,就是 4 个字节。例如一个采用二进制形式的 IP 地址是"00001010000000000000000000000001",这么长的地址,人们处理起来太费劲了。为了方便人们的使用,IP 地址经常被写成十进制的形式,中间使用符号"."分开不同的字节。于是,上面的 IP 地址可以表示为"10.0.0.1"。IP 地址的这种表示法叫做"点分十进制表示法",这显然比 1 和 0 容易记忆得多。

### 2. IP 构成

Internet 上的每台主机(Host)都有一个唯一的 IP 地址。IP 协议就是使用这个地址在主机之间传递信息,这是 Internet 能够运行的基础。IP 地址的长度为 32 位,分为 4 段,每段 8 位,用十进制数字表示,每段数字范围为 0～255,段与段之间用句点隔开,例如 159.226.1.1。

像电话号码包括区号和号码一样,IP 地址也由两部分组成,一部分为网络地址,另一部分为主机地址。将 IP 地址分成了网络号和主机号两部分,设计者就必须决定每部分包含多少位。网络号的位数直接决定了可以分配的网络数(计算方法:2^ 网络号位数－2);主机号的位数则决定了网络中最大的主机数(计算方法:2^ 主机号位数－2)。然而,由于整个互联网所包含的网络规模可能比较大,也可能比较小,设计者最后聪明地选择了一种灵活的方案:将 IP 地址空间划分成不同的类别,每一类具有不同的网络号位数和主机号位数。

### 3. IP 地址的分类

最初设计互联网络时,为了便于寻址以及层次化构造网络,每个 IP 地址包括两个标识码(ID),即网络 ID 和主机 ID。同一个物理网络上的所有主机都使用同一个网络 ID,网络上的一个主机(包括网络上工作站,服务器和路由器等)有一个主机 ID 与其对应。Internet 委员会定义了 5 种 IP 地址类型以适合不同容量的网络,即 A、B、C、D、E 这 5 类,如图 1-8 所示。其中 A、B、C 这 3 类(见表 1-1)由 Inter NIC 在全球范围内统一分配,D、E 类为特殊地址,未使用。常用的是 B 和 C 两类。

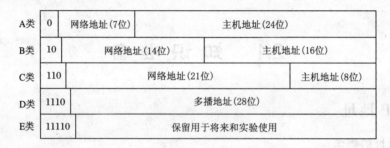

图　1-8

表　1-1

| 网络类别号 | 最大网络数 | 第一个可用的网络号 | 最后一个可用的网络号 | 每个网络中的最大主机数 |
|---|---|---|---|---|
| A | 126 | 1 | 126 | 16777214 |
| B | 16382 | 128.1 | 191.255 | 65534 |
| C | 2097150 | 192.0.1 | 223.255.255 | 254 |

(1) A 类 IP 地址

一个 A 类 IP 地址是指,在 IP 地址的四段号码中,第一段号码为网络号码,剩下的三段号码为本地计算机的号码。如果用二进制表示 IP 地址,A 类 IP 地址就由 1 字节的网络地址和 3 字节主机地址组成,网络地址的最高位必须是"0"。A 类 IP 地址中网络的标识长度为 7 位,主机标识的长度为 24 位,A 类网络地址数量较少,可以用于主机数达 1600 多万台的大型网络。

A 类 IP 地址地址范围 1.0.0.1~126.255.255.254(二进制表示为:00000001 00000000 00000000 00000001 ～ 01111110 11111111 11111111 11111110)。

A 类 IP 地址的子网掩码为 255.0.0.0,每个网络支持的最大主机数为 256 的 3 次方－2＝16777214(台)。

（2）B 类 IP 地址

一个 B 类 IP 地址是指,在 IP 地址的四段号码中,前两段号码为网络号码。如果用二进制表示 IP 地址,B 类 IP 地址就由 2 字节的网络地址和 2 字节主机地址组成,网络地址的最高位必须是 10。B 类 IP 地址中网络的标识长度为 14 位,主机标识的长度为 16 位,B 类网络地址适用于中等规模的网络,每个网络所能容纳的计算机数为 6 万多台。

B 类 IP 地址地址范围 128.1.0.1～191.254.255.254(二进制表示为:10000000 00000001 00000000 00000001～10111111 11111110 11111111 11111110)。

B 类 IP 地址的子网掩码为 255.255.0.0,每个网络支持的最大主机数为 $256^2-2=65534$(台)。

（3）C 类 IP 地址

一个 C 类 IP 地址是指,在 IP 地址的四段号码中,前三段号码为网络号码,剩下的一段号码为本地计算机的号码。如果用二进制表示 IP 地址的话,C 类 IP 地址就由 3 字节的网络地址和 1 字节主机地址组成,网络地址的最高位必须是 110。C 类 IP 地址中网络的标识长度为 24 位,主机标识的长度为 8 位,C 类网络地址数量较多,适用于小规模的局域网络,每个网络最多只能包含 254 台计算机。

C 类 IP 地址范围 192.0.1.1～223.255.254.254(二进制表示为:11000000 00000000 00000001 00000001 ～ 11011111 11111111 11111110 11111110)。

C 类 IP 地址的子网掩码为 255.255.255.0,每个网络支持的最大主机数为 256-2=254(台)。

除了以上三种类型的 IP 地址外,还有几种特殊类型的 IP 地址,TCP/IP 协议规定,凡 IP 地址中的第一个字节以 1110 开始的地址都叫多点广播地址。因此,任何第一个字节大于 223 小于 240 的 IP 地址是多点广播地址;IP 地址中的每一个字节都为 0 的地址(0.0.0. 0)对应于当前主机;IP 地址中的每一个字节都为 1 的 IP 地址(255.255.255.255)是当前子网的广播地址;IP 地址中凡是以 11110 的地址都留着将来作为特殊用途使用;IP 地址中不能以十进制 127 作为开头,该类地址中数字 127.0.0.1～127.1.1.1 用于回路测试,如:127. 0.0.1 可以代表本机 IP 地址,用"http://127.0.0.1"就可以测试本机中配置的 Web 服务器。网络 ID 的第一个 6 位组也不能全置为 0,全 0 表示本地网络。D 类 IP 地址第一个字节以 1110 开始,它是一个专门保留的地址,它并不指向特定的网络,目前这一类地址被用在多点广播(Multicast)中。多点广播地址用来一次寻址一组计算机,它标识共享同一协议的一组计算机。地址范围 224.0.0.1～239.255.255.254 。E 类 IP 地址以 11110 开始,保留用于将来和实验使用。特殊用途的地址如表 1-2 所示。

表 1-2

| 网络 ID | 主机 ID | 地址类型 | 用途 |
|---------|---------|---------|------|
| Any | 全 0 | 网络地址 | 代表一个网段 |
| Any | 全 1 | 广播地址 | 特定网段的所有节点 |
| 127 | Any | 环回地址 | 环回测试 |
| 全 0 | | 本机地址/所有网络 | 启动时使用/通常用于指定默认路由 |
| 全 1 | | 广播地址 | 本网段所有节点 |

**4. IP 的分配**

TCP/IP 协议需要针对不同的网络进行不同的设置,且每个节点一般需要一个"IP 地址"、一个"子网掩码"、一个"默认网关"。不过,可以通过动态主机配置协议(DHCP),给客户端自动分配一个 IP 地址,避免了出错,也简化了 TCP/IP 协议的设置。

(1) 公有 IP 和私有 IP

① 公有地址(Public Address)由 Inter NIC(Internet Network Information Center 因特网信息中心)负责。这些 IP 地址分配给注册并向 Inter NIC 提出申请的组织机构。通过它直接访问因特网。

② 私有地址(Private Address)属于非注册地址,专门为组织机构内部使用。以下列出留用的内部私有地址:

A 类 10.0.0.0~10.255.255.255

B 类 172.16.0.0~172.31.255.255

C 类 192.168.0.0~192.168.255.255

(2) 局域网中的可用 IP

在一个局域网中,有两个 IP 地址比较特殊,一个是网络号,一个是广播地址。网络号是用于三层寻址的地址,它代表了整个网络本身;另一个是广播地址,它代表了网络全部的主机。网络号是网段中的第一个地址,广播地址是网段中的最后一个地址,这两个地址是不能配置在计算机主机上的。

例如,在 192.168.0.0、255.255.255.0 这样的网段中,网络号是 192.168.0.0/24,广播地址是 192.168.0.255。因此,在一个局域网中,能配置在计算机中的地址比网段内的地址要少两个(网络号、广播地址),这些地址称之为主机地址。在上面的例子中,主机地址就只有 192.168.0.1~192.168.0.254 可以配置在计算机上了。

例如在 192.168.0.0、255.255.255.128 这样的网段中,网络号是 192.168.0.0/25,广播地址是 192.168.0.127。因此,在一个局域网中,能配置在计算机中的地址比网段内的地址要少两个(网络号、广播地址),这些地址称之为主机地址。在上面的例子中,主机地址就只有 192.168.0.1~192.168.0.126 可以配置在计算机上。

(3) IPv4 和 IPv6

现有的互联网是在 IPv4 协议的基础上运行的。IPv6 是下一版本的互联网协议,也可以说是下一代互联网的协议,它的提出最初是因为随着互联网的迅速发展,IPv4 定义的有限地址空间将被耗尽,而地址空间的不足必将妨碍互联网的进一步发展。为了扩大地址空间,拟通过 IPv6 以重新定义地址空间。IPv4 采用 32 位地址长度,只有大约 43 亿个地址,估计在 2005—2010 年间将被分配完毕,而 IPv6 采用 128 位地址长度,几乎可以不受限制地提供地址。按保守方法估算 IPv6 实际可分配的地址,整个地球的每平方米面积上仍可分配 1000 多个地址。在 IPv6 的设计过程中除解决了地址短缺问题以外,还考虑了在 IPv4 中解决不好的其他一些问题,主要有端到端 IP 连接、服务质量(QoS)、安全性、多播、移动性、即插即用等。

与 IPv4 相比,IPv6 主要有如下一些优势。① 明显地扩大了地址空间。IPv6 采用 128 位地址长度,几乎可以不受限制地提供 IP 地址,从而确保了端到端连接的可能性。

②提高了网络的整体吞吐量。由于 IPv6 的数据包可以远远超过 64KB,应用程序可以利用最大传输单元(MTU),获得更快、更可靠的数据传输,同时在设计上改进了选路结构,采用简化的报头定长结构和更合理的分段方法,使路由器加快数据包处理速度,提高了转发效率,从而提高网络的整体吞吐量。③使得整个服务质量得到很大改善。报头中的业务级别和流标记通过路由器的配置可以实现优先级控制和 QoS 保障,从而极大改善了 IPv6 的服务质量。④安全性有了更好的保证。采用 IPSec 可以为上层协议和应用提供有效的端到端安全保证,能提高在路由器水平上的安全性。⑤支持即插即用和移动性。设备接入网络时通过自动配置可自动获取 IP 地址和必要的参数,实现即插即用,简化了网络管理,易于支持移动节点。而且 IPv6 不仅从 IPv4 中借鉴了许多概念和术语,它还定义了许多移动 IPv6 所需的新功能。⑥更好地实现了多播功能。在 IPv6 的多播功能中增加了"范围"和"标识",限定了路由范围和可以区分永久性与临时性地址,更有利于多播功能的实现。

目前,随着互联网的飞速发展和互联网用户对服务水平要求的不断提高,IPv6 在全球将会越来越受到重视。

(4) 查互联网中已知域名主机的 IP

① 用 Windows 自带的网络小工具 Ping. exe。

如果你想了解 www. sina. com. cn 的 IP 地址,只要在 DOS 窗口下输入命令"ping www. sina. com. cn",就可以看到 IP 了。

② 用工具查。这里我们以网络刺客Ⅱ为例来说明。

网络刺客Ⅱ是天行出品的专门为安全人士设计的中文网络安全检测软件,运行网络刺客Ⅱ,进入主界面,选择"工具箱"菜单下的 IP→"主机名"命令,出现一个对话框,在"输入 IP 或域名"下面的框中写入对方的域名(我们这里假设对方的域名为 www. sina. com. cn),单击"转换成 IP"按钮,对方的 IP 就出来了,是 202. 106. 184. 200。

(5) 查询并设置本机的 IP

选择及输入"开始"→"运行"→ cmd → ipconfig/all 命令,可以查询本机的 IP 地址,以及子网掩码、网关、物理地址(Mac 地址)、DNS 等详细情况。

本机的 IP 地址可以通过"网上邻居"→"属性"→ TCP/IP 命令来设置。

下面介绍子网的计算方法。

在思科网络技术学院 CCNA 教学和考试当中,不少同学在进行 IP 地址规划时总是很头疼子网和掩码的计算。现在给大家一个小窍门,可以顺利地解决这个问题。

首先,我们看一个 CCNA 考试中常见的题型:一个主机的 IP 地址是 202. 112. 14. 137,掩码是 255. 255. 255. 224,要求计算这个主机所在网络的网络地址和广播地址。

常规办法是把这个主机地址和子网掩码都换算成二进制数,两者进行逻辑"与"运算后即可得到网络地址。其实大家只要仔细想想,可以得到另一个方法:255. 255. 255. 224 的掩码所容纳的 IP 地址有 256－224＝32 个(包括网络地址和广播地址),那么具有这种掩码的网络地址一定是 32 的倍数。而网络地址是子网 IP 地址的开始,广播地址是结束,可使用的主机地址在这个范围内,因此略小于 137 而又是 32 的倍数的只有 128,所以得出网络地址是 202. 112. 14. 128。而广播地址就是下一个网络的网络地址减 1。而下一个 32 的倍数是 160,因此可以得到广播地址为 202. 112. 14. 159。可参照图 1-9 来理解本例。

| | 0　　　　　　　　　　　　7 | 8　　　　　　　　　　　　31 |
|---|---|---|
| A 类地址 | 网络号 | 主机号 |
| A 类子网掩码 | 1111111 | 00000000000000000000000 |

| | 0　　　　　　　　　　　15 | 16　　　　　　　　　　31 |
|---|---|---|
| B 类地址 | 网络号 | 主机号 |
| B 类子网掩码 | 1111111111111111 | 0000000000000000 |

| | 0　　　　　　　　　　23 | 14　　　　　　　　　31 |
|---|---|---|
| C 类地址 | 网络号 | 主机号 |
| C 类子网掩码 | 111111111111111111111111 | 00000000 |

图　1-9

需要 $10+1+1+1=13$ 个 IP 地址。(注意加的第一个 1 是指这个网络连接时所需的网关地址,接下来的两个 1 分别是指网络地址和广播地址。)13 小于 16(16 等于 2 的 4 次方),所以主机位为 4 位。而 $256-16=240$,所以该子网掩码为 255.255.255.240。

如果一个子网有 14 台主机,不少同学常犯的错误是:依然分配具有 16 个地址空间的子网,而忘记了给网关分配地址。因为 $14+1+1+1=17$,大于 16,所以我们只能分配具有 32 个地址($32=2^5$)空间的子网。这时子网掩码为:255.255.255.224。

局域网 IP 的规划应注意的事项如下:

随着公网 IP 地址日趋紧张,中小企业往往只能得到一个或几个真实的 C 类 IP 地址。因此,在企业内部网络中,只能使用专用(私有)IP 地址段。在选择专用(私有)IP 地址时,应当注意以下几点。

- 为每个网段都分配一个 C 类 IP 地址段,建议使用 192.168.2.0～192.168.254.0 段 IP 地址。由于某些网络设备(如宽带路由器或无线路由器)或应用程序(如 ICS)拥有自动分配 IP 地址功能,而且默认的 IP 地址池往往位于 192.168.0.0 和 192.168.1.0 段,因此,在采用该 IP 地址段时,往往容易导致 IP 地址冲突或其他故障。所以,除非必要,应当尽量避免使用上述两个 C 类地址段。
- 可采用 C 类地址的子网掩码,如果有必要,可以采用变长子网掩码。通常情况下,不要采用过大的子网掩码,每个网段的计算机数量都不要超过 250 台计算机。同一网段的计算机数量越多,广播包的数量越大,有效带宽就损失得越多,网络传输效率也越低。
- 即使选用 10.0.0.1～10.255.255.254 或 172.16.0.1～172.31.255.254 段 IP 地址,也建议采用 255.255.255.0 作为子网掩码,以获取更多的 IP 网段,并使每个子网中所容纳的计算机数量都较少。当然,如果必要,可以采用变长子网掩码,适当增加可容纳的计算机数量。
- 为网络设备的管理 WLAN 分配一个独立的 IP 地址段,以避免发生与网络设备管理 IP 的地址冲突,从而影响远程管理的实现。基于同样的原因,也要将所有的服务器划分至一个独立的网段。

需要注意的是,不要以为同一网络的计算机分配不同的 IP 地址,就可以提高网络传输效率。事实上,同一网络内的计算机仍然处于同一广播域,广播包的数量不会由于 IP 地址的不同而减少,所以,仅仅是为计算机指定不同网段,并不能实现划分广播域的目的。若欲减少广播域,最根本的解决办法就是划分 VLAN,然后为每个 VLAN 分别指定不同的 IP 网段。

## 2.1.2 网络拓扑图绘制软件

常用的网络拓扑图绘制软件有 Visio、亿图等。以 Visio 为例,操作过程如下:

(1) 启动软件,界面如图 1-10 所示。

(2) 选择要做的图形类别。

(3) 将相关设备拖放到绘图区。

(4) 保存并退出。

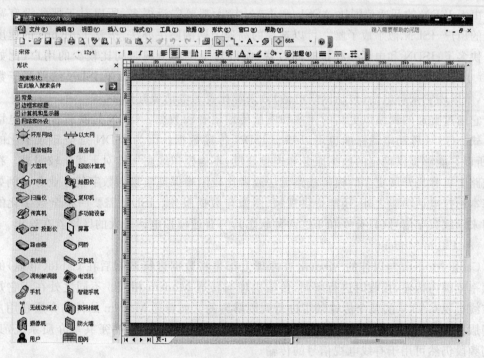

图 1-10

## 2.1.3 网络设备

### 1. 互联网接入设备

(1) 调制解调器

Modem,其实是 Modulator(调制器)与 Demodulator(解调器)的简称,中文称为调制解调器。根据 Modem 的谐音,人们亲昵地称之为"猫"。

15

调制解调器的作用是模拟信号和数字信号的"翻译员"。电子信号分两种,一种是"模拟信号",另一种是"数字信号"。我们使用的电话线路传输的是模拟信号,而 PC 之间传输的是数字信号。所以当你想通过电话线把自己的计算机连入 Internet 时,就必须使用调制解调器来"翻译"两种不同的信号。连入 Internet 后,当 PC 向 Internet 发送信息时,由于电话线传输的是模拟信号,所以必须要用调制解调器来把数字信号"翻译"成模拟信号,才能传送到 Internet 上,这个过程叫做"调制"。当 PC 从 Internet 获取信息时,由于通过电话线从 Internet 传来的信息都是模拟信号,所以 PC 想要看懂它们,还必须借助调制解调器这个"翻译",这个过程叫做"解调"。总的来说就称为"调制解调"。

（2）ISDN

综合业务数字网(ISDN),俗称"一线通"。它除了可以用来打电话,还可以提供诸如可视电话、数据通信、会议电视等多种业务,从而将电话、传真、数据、图像等多种业务综合在一个统一的数字网络中进行传输和处理。这也就是"综合业务数字网"名字的来历。

由于 ISDN 的开通范围比 ADSL 和 LAN 接入都要广泛得多,所以对于那些没有宽带接入的用户,ISDN 似乎成了唯一可以选择的高速上网的解决办法,毕竟 128Kbps 的速度比拨号快多了;ISDN 和电话一样按时间收费,所以对于某些上网时间比较少的用户(比如每月 20 小时以下的用户)还是要比使用 ADSL 便宜很多的。另外,由于 ISDN 线路属于数字线路,所以用它来打电话(包括网络电话)效果都比普通电话要好得多。

它通过普通的铜缆以更高的速率和质量传输语音和数据。ISDN 是欧洲普及的电话网络形式。GSM 移动电话标准也可以基于 ISDN 传输数据。因为 ISDN 是全部数字化的电路,所以它能够提供稳定的数据服务和连接速度,不像模拟线路那样对干扰比较明显。在数字线路上更容易开展更多的模拟线路无法或者比较困难保证质量的数字信息业务。例如除了基本的打电话功能之外,还能提供视频、图像与数据服务。ISDN 需要一条全数字化的网络用来承载数字信号(只有 0 和 1 这两种状态),与普通模拟电话最大的区别就在这里。

（3）Cable Modem

Cable Modem 与以往的 Modem 在原理上都是将数据进行调制后在 Cable(电缆)的一个频率范围内传输,接收时进行解调,传输机理与普通 Modem 相同。不同之处在于它是通过有线电视 CATV 的某个传输频带进行调制解调的。而普通 Modem 的传输介质在用户与访问服务器之间是独立的,即用户独享通信介质。Cable Modem 属于共享介质系统,其他空闲频段仍然可用于有线电视信号的传输。

有线电视网是一个非常宝贵的资源,通过双向化和数字化的发展,有线电视系统除了能够提供更多、更丰富、质量更好的电视节目外,还有着足够的频带资源来提供其他非广播业务。Cable Modem 彻底解决了由于声音图像的传输而引起的阻塞,其速率已达 10Mbps 以上,下行速率则更高。而传统的 Modem 虽然已经开发出了速率 56Kbps 的产品,但其理论传输极限为 64Kbps,再想提高已不大可能。

Cable Modem 也是组建城域网的关键设备,混合光纤同轴网(HFC)主干线用光纤,光节点小区内用树形总线同轴电缆网连接用户,其传输频率可高达 550/750MHz。在 HFC 网中传输数据就需要使用 Cable Modem。

可以看出 Cable Modem 是未来网络发展的一种重要选择,Cable Modem 已经有成熟的协议:DOCSIS。

（4）FTTB

FTTB，即 Fiber To The Building（光纤到楼），它是利用数字宽带技术，光纤直接连接到小区里，再通过双绞线（超五类双绞线或 4 对非屏蔽双绞线）到各个用户。

FTTB 采用的是专线接入，无须拨号，安装简便，客户端只需在计算机上安装一块网卡即可进行 24 小时高速上网。FTTB 提供最高上下行速率是 100Mbps（独享）。

FTTB（Fiber To The Building）：是 FTTX＋LAN 的一种网络连接模式，是一种基于优化光纤网络技术的宽带接入方式，采用光纤到楼、网线入户的方式实现用户的宽带接入，这是一种最合理、最实用、最经济有效的宽带接入方法。

（5）ADSL 接入

采用 ADSL 接入方式，需要使用 ADSL Modem 设备，将电话线路的模拟信号转换为数字信号传入网络，同时也将网络中的数字信号转换成模拟信号发送出去，此设备在申请 ADSL 服务时，由 ISP 服务商提供；对于多人用户还需要使用 ADSL 路由器，将 ADSL Modem 从 ISP 服务商获得的公网 IP 地址与局域网内的私有 IP 地址进行转换，实现局域网内多用户访问 Internet，ADSL 路由器一般可支持 4 个或 8 个用户。

**2．局域网接入交换设备**

对于公司内部具有 8 人以上的用户，可以考虑添置一台交换机，来扩展网络用户的数量，实现多机共享上网，交换机的接口数量一般为 16 或 24 端口。

**3．无线 AP**

从公司的需求情况来看，无线网络设备的使用本着最低的投入，获得满意的效果，因此选择神州数码 DCWL-3000AP，作为移动用户接入的 AP 产品。

**4．网络通信介质选型**

对于 20 人以内用户的 SOHO 网络来说，网络中的核心路由器除了要具有宽带接入的功能，还要考虑到公司网络在许多方面的业务应用。如传输语音、视频及传真信号、VoIP 的应用、VPN 功能和防火墙的功能等。所以基本上都要采用模块化的设计，可以对网络应用进行丰富的扩展，保护用户网络的长久投资。公司的这些业务需求就要求路由器必须具备以下特点：稳定可靠、高速高效、信息安全、操作简单、节约投资等。

前面已经对 Cisco 和 H3C 公司的两款互联网接入设备在性能上做了对比，考虑到本公司在网络组建的资金投入因素，H3C Aolynk BR104H 系列是最节省资金的选择。

各信息点与交换机相连接的线缆采用超五类非屏蔽双绞线（UTP CAT 5e），服务器与交换机之间采用六类非屏蔽双绞线（UTP CAT 6）连接到交换机 1000Base-T 以太网端口。

**5．网络设备厂商介绍（够用为度，突出性价比）**

（1）杭州华三通信技术有限公司

杭州华三通信技术有限公司（简称 H3C），致力于 IP 技术与产品的研究、开发、生产、销售及服务，是中国电信市场的主要供应商之一，并已成功进入全球电信市场。总部设在杭州，其前身华为 3COM 是 2003 年 11 月华为公司与 3Com 成立的合资公司，目前在国内

34 省市和海外多个国家或地区设有分支机构。产品型号以 H3C 标识。

（2）思科公司

思科（Cisco）公司是全球领先的互联网设备供应商。成立于 1985 年的思科公司生产了全球 80% 以上的网络主干设备路由器，总部位于美国加利福尼亚州的圣何塞，公司目前拥有全球最大的互联网商务站点，公司全球业务 90% 的交易是在网上完成的。Cisco 的交换机产品以"Catalyst"为商标，路由器产品以"Cisco"为商标。

（3）锐捷公司

锐捷网络，国内著名的网络设备及解决方案供应商，成立于 2000 年 1 月。中国网络市场三大供应商之一。目前已经发展成为一家分支机构遍布全国 37 个省、市、自治区，拥有包括交换、路由、软件、安全、无线、存储等全系列的网络产品线及解决方案的专业化网络厂商。其产品和解决方案被广泛应用于政府、金融、教育、医疗、公司、运营商等信息化建设领域。

（4）TP-Link

深圳市普联技术有限公司成立于 1996 年，是专门从事网络与通信终端设备研发、制造和行销的业内主流厂商，也是国内少数几家拥有完全独立自主研发和制造能力的公司之一，创建了享誉全国的知名网络与通信品牌：TP-Link。

（5）D-Link

友讯集团（D-Link）成立于 1986 年，并于 1994 年 10 月在中国台湾证券交易所挂牌上市，为台湾第一家公开上市的网络公司，以自创 D-Link 品牌行销计算机网络产品遍及全世界 100 多个国家。

（6）中兴通讯

中兴通讯是全球领先的综合性通信制造业上市公司，是近年全球增长最快的通信解决方案提供商。1985 年，中兴通讯成立。2005 年，中兴通讯作为中国内地唯一的 IT 和通信制造公司率先入选全球"IT 百强"。

（7）贝尔阿尔卡特

作为阿尔卡特朗讯在亚太地区的旗舰公司，上海贝尔阿尔卡特是中国电信领域第一家引进外资的股份制公司，拥有丰富的国际资源。

**6. 局域网接入的选购要点**

（1）要看接口数量及类型。

（2）要看支持的网络协议及标准。

（3）要看转发速率。

（4）要看 RAM 缓存容量。

（5）要看流量控制。

（6）要看是否可网管。

（7）要看性价比。

考虑到网络中信息点的数量，以及将来的发展、成本及级联接口速度瓶颈等因素，可选择 H3C S1526 二层交换机，此交换机具有 24 个 10/100Base-T 以太网端口，2 个 10/100/1000Base-T 以太网端口和 2 个 1000Base-X SFP 千兆以太网端口，支持网管 VLAN 划分，即使今后网络升级后也可以继续使用，性价比高。

现有某一公司位于写字楼内部的相邻两个房间内，是一个新建成的办公室，采用静电地板下布线，现有员工 18 人，每人配备计算机，需要接入互联网开展业务，文件服务器和网络打印机仅供局域网内部使用。

根据 SOHO 网络需求及应用领域，网络的稳定性、可靠性与实用性，以及网络组建的投入成本等方面都是应该考虑的问题。本处主要针对 20 人以内的小型办公场所，提出一套网络解决方案，并完成该方案的实施及测试，确保用户的正常使用。

根据用户方案的具体要求，绘制出该网络的拓扑结构图，确定网络中的 IP 地址规划方案，并完成网络设备的选型。

搭建一个网络，首先要清楚用户对网络的需求，明确网络的功能和用途，通过分析制定规划方案。

规划设计人员通过与用户方进行沟通了解得知如下用户信息：公司现在有员工 18 人，下设有业务部和技术部，位于写字楼 5 楼的相邻两个房间，每个房间使用面积约 100 平方米，目前公司的业务中，涉及了解市场商品信息、收发邮件。为了方便内部传输资料和访问互联网络，因此需搭建一个适合员工使用的 SOHO 网络。

根据用户的上述需求，本项目的设计与实施需要明确以下要点。

- 目前，Internet 接入主要有 ADSL 接入、光纤宽带接入、专线接入等。
- 在内部局域网中，为了确保数据的传输，在网络主干采用六类双绞线实现千兆数据的传输，用户终端采用百兆到桌面。

在这个办公网络中，现有总节点数为 20 个，其中 18 个节点为公司的用户计算机，1 个节点为服务器，1 个节点为网络打印机。

由于公司员工数量较少，规划在一个子网内就可以满足实际的需要，因此局域网内 IP 地址可采用 C 类 IP 地址。

根据实际情况，ADSL 路由器的 WAN 接口可以使用 ADSL Modem 从 ISP 动态获取互联网公有 IP 地址。内部用户配置 C 类私有 IP 地址：192.168.1.0/24，即可满足需求。配置 ADSL 路由器实现对私有 IP 地址段(192.168.1.0/24)进行 NAT 转换，从 ISP 动态获取的互联网公有 IP 地址。从而实现内部用户访问互联网。ADSL 路由器内部接口 IP 可设置为：192.168.1.1/24。

## 2.1.4 网络设备统计

根据以上分析，结合各厂商技术实力、产品技术水平和市场占有率和性能价格比等情况，经过多方比较，本项目设备采用的网络设备见表 1-3。

表 1-3

| 设 备 名 称 | 网络设备型号 | 数量 | 地 点 |
|---|---|---|---|
| 互联网接入设备 | H3C Aolynk BR104H | 1 | 技术部 |
| 局域网接入交换机 | H3C S1526 | 1 | 技术部 |
| 无线 AP | DCWL-3000AP | 2 | 服务部,技术部 |

# 2.2 任务实现

## 2.2.1 操作一：使用集线器组建小型局域网

（1）在集线器和计算机的电源处于关闭状态，将四台计算机和集线器用直通网线按图 1-11 所示方式连接起来。

（2）打开集线器电源，启动计算机，将四台计算机的 TCP/IP 分别配置为 192.168.1.1、192.168.1.2、192.168.1.3 和 192.168.1.4，子网掩码是 255.255.255.0，从而形成一个局域网。

（3）分别在 4 台计算机上运行 Ping "目标 IP 地址"命令，可以查看网络是否连通。

（4）在 PC2 上桌面单击"开始"菜单栏，选择"运行"命令，输入 Ping 192.168.1.1 - t，界面如图 1-12 所示。这表示 PC2 已连接上 PC1。其余 PC1、PC3、PC4 按步骤（4）进行验证。

这时所有的计算机之间应该可以相互连通。

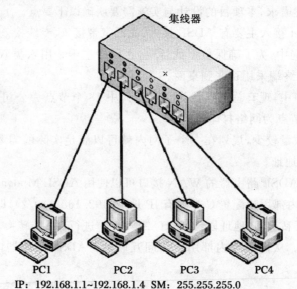

图 1-11

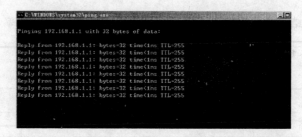

图 1-12

## 2.2.2　操作二:使用交换机组建小型局域网

(1) 在交换机和计算机的电源处于关闭状态的情况下,将 4 台计算机和交换机用直通网线按图 1-13 所示方式连接起来。

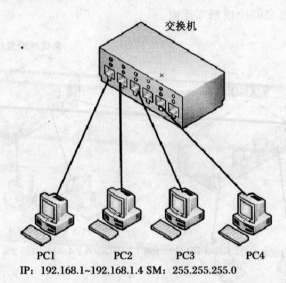

交换机

PC1　　PC2　　PC3　　PC4
IP: 192.168.1~192.168.1.4 SM: 255.255.255.0

图　1-13

(2) 打开交换机电源,启动计算机,将 4 台计算机的 TCP/IP 分别配置为 192.168.1.1、192.168.1.2、192.168.1.3 和 192.168.1.4,子网掩码是 255.255.255.0,从而形成一个局域网。

(3) 分别在 4 台计算机上运行 Ping "目标 IP 地址"命令,可以查看网络是否连通。

(4) 在 PC2 桌面上单击"开始"菜单栏,选择"运行"命令,输入 Ping 192.168.1.1 - t,界面如图 1-12 所示。这表示 PC2 已连接上 PC1。其余 PC1、PC3、PC4 按步骤(4)进行验证。

这时所有的计算机之间应该相互连通。

从以上集线器的组网与交换机的组网可以发现,只是将集线器与交换机进行了互换,其余设置完全相同。

## 2.2.3　操作三:集线器与交换机的级联应用

在组建小型局域网时,集线器和交换机除了性质上的差别外,没有太多的差别。可以互换使用。当集线器和交换上的端口不够用时,两个或两个以上的集线器或交换机可以级联使用,用以支持更多的计算机。

(1) 关闭计算机及交换机电源,用一条交叉线将集线器和交换机连接起来,用 4 条直通网络线分别将 PC 和集线器或交换机连接起来,如图 1-14 所示。有此集线器或交换机有 Uplink 端口,这时应该用直通网线将交换机的 Uplink 端口与另一台交换机的普通端口连接起来。

(2) 打开计算机、集线器和交换机的电源,启动计算机,将 4 台计算机的 TCP/IP 分别配置为 192.168.1.1、192.168.1.2、192.168.1.3 和 192.168.1.4,子网掩码是 255.255. 255.0,从而形成一个局域网。

（3）分别在 4 台计机上运行 Ping "目标 IP 地址"命令,可以查看网络是否连通。

（4）如在 PC2 上桌面单击"开始"菜单栏,选择"运行"命令,输入 Ping 192.168.1.1 - t, 界面如图1-12所示。这表示 PC2 已连接上 PC1。其余 PC1、PC3、PC4 按步骤(4)进行验证。

这时所有的计算机之间应该相互连通。

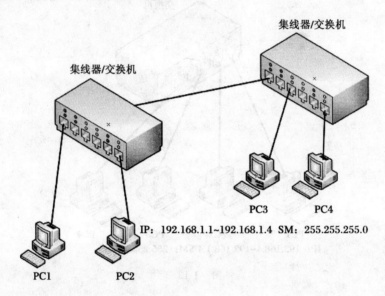

图 1-14

# 任务 3  小型网络组建

【任务背景】

网络结构规划好了,设备选好了,现在需要使用线缆将这些计算机和网络设备连起来, 实现网络畅通。小明现在需要做的就是根据之前的规划图,布置好网络设备,铺设好线缆, 并做好接口,将计算机和网络设备连接起来。

计算机只有通过通信设备和通信线路的连接才能实现数据的传输,计算机的通信接口 采用的是水晶头接口,水晶头是如何制作的呢? 下面让我们来一起来学习水晶头的制作 方法。

【任务目标】

熟练掌握 RJ-45 接头的制作(EIA/TIA 568A 和 EIA/TIA 568B 标准)方法。

# 3.1 知 识 准 备

局域网中使用的网络传输介质有同轴电缆、双绞线、光纤以及无线传输介质。应根据传输距离、性能要求来选择传输介质。目前局域网的传输介质是双绞线。

## 3.1.1 双绞线

双绞线是网络布线工程中最常用的一种传输介质,具有低成本、高速度和高可靠性的优势。它可分为非屏蔽双绞线(UTP)和屏蔽双绞线(STP)两大类。除某些特殊场合(如受电磁辐射严重、对传输质量要求较高等)下使用 STP 外,一般情况下普遍采用 UTP。

目前常用的 UTP 有五类线、超五类线、六类线。六类线的最高传输速率是 100Mbps,用于快速以太网;超五类线的最高传输速率是 155Mbps;六类线的最高传输速率是 1000Mbps,用于千兆以太网。

双绞线内含有 8 条芯线,8 条线分为不同颜色的 4 对(见图 1-15)。每对的两条线又有纯色和杂色的区别,由此形成 8 种不同标志的线(白橙—橙、白绿—绿、白蓝—蓝、白棕—棕),每一对的两条线相互绞合在一起,四对线再相互绞合,因此称为双绞线。绞合的目的是为了减少对相邻线的电磁干扰。双绞线用于星形网的布线连接,布线时两端安装有 RJ-45 连接器(俗称水晶头),分别接到网卡和交换机上的以太网(RJ-45)端口上,网线最大长度为 100m。

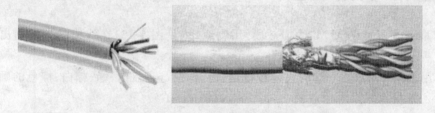

图 1-15

RJ-45 水晶头的引脚编号顺序是,当金属引脚面对自己,并朝向正上方时,从左向右顺序为 1～8。水晶头的接线应按标准连接,否则网络无法通信。由 EIA/TIA 布线标准规定的接线标准有 T568A 与 T568B 两种,T568A 标准的 1～8 线序为白绿、绿、白橙、蓝、白蓝,实际使用的双绞线网络传输线有两种:直通网线和交叉网线。直通线两端的水晶头接法相同,要么都是 T568A 标准,要么都是 T568B 标准,两种方式效果相同,但通常人们使用 T568B 标准。交叉网线两端的水晶头接法不同,一端是 T568A 标准;另一端则是 T568B 标准。千兆交叉网线的接法与百兆交叉网线不同。

直通网线和交叉网线有不同的用途,当连接两个不同的端口(一个为 MDI 端口;而另一个为 MDI-X 端口)时,应当使用直通网线。当连接两个相同的端口(两个均为 MDI-X 或均为 MDI 端口)时,则应当使用交叉网线。PC 网卡的 RJ-45 端口为 MDI 端口,交换机、路由器的 RJ-45 端口为 MDI-X 端口,因此连接 PC 网卡和交换机使用直通网线,而连接交换机和路由器、交换机和交换机或 PC 和 PC 直连时则应该使用交叉网线。有些老式的交换机上除了普通的 MDI-X 端口,还有一个额外的 MDI 端口,常常标识为 Uplink 端口。因此,当连接交换机上的 Uplink 端口到另一台交换机上的普通端口(MDI-X 端口)时则要有直通网线。目前新式交换机上的所有端口通常都支持 MDI/MDI-X 自动翻转,即不论使用直通网线还是交叉网线都能正常工作。

### 3.1.2 双绞线的检测

对于制作完成的网线传输线,使用前可以用网络电缆测试仪进行测试,检查线序是否正确以及网线的质量。有时制作得不好,会出现断线或时通时断的现象,这是由于金属引脚压得不紧,芯线没有顶到头或者是网线弯曲过度造成的。

测试直通网线时,网络电缆测试仪双方指示灯都按 1~8 顺序闪烁,而测试交叉网线时,网络电缆测试仪的测试端指示灯按 3、6、1、4、5、2、7、8 的顺序闪烁。测试千兆交叉网线时,网络电缆测试仪的测试端指示灯按 3、6、1、7、8、2、4、5 的顺序闪烁。

当质量不过关时,不论是线序错误,还是时通时段,这时都应该换水晶头重新制作,原有的水晶头只能报废。

# 3.2 任 务 实 现

### 3.2.1 操作一:制作直通线

(1) 取适当长度的 UTP 线缆一段,用剥线钳(见图 1-16)在线缆的一端剥出一定的长度。

(2) 用手将 4 对绞在一起的线缆按橙白、橙、绿白、蓝、蓝白、绿、棕白、棕色的顺序拆分开来并小心地拉直。

(3) 按表 1-4 中 T568A 的顺序调整线缆的颜色顺序,即交换蓝线与绿线的位置。

(4) 将线缆整平直并剪齐,确保平直线缆的最大长度不超过 1.2cm。

(5) 将线缆放入 RJ-45 插头(见图 1-17),在放置过程中注意 RJ-45 插头的把子朝下,并保持线缆的颜色顺序不变。

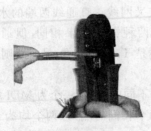

图 1-16

图 1-17

表　1-4

| 脚位 | 1 | 2 | 3 | 4 | 5 | 6 | 7 | 8 |
|------|------|------|------|------|------|------|------|------|
| T568A | 橙白 | 橙 | 绿白 | 蓝 | 蓝白 | 绿 | 棕白 | 棕色 |
| T568B | 绿白 | 绿 | 橙白 | 蓝 | 蓝白 | 橙 | 棕白 | 棕色 |

(6) 检查放入 RJ-45 插头的线缆颜色顺序,并确保线缆的末端已位于 RJ-45 插头的顶端。

(7) 确认无误后,用压线工具用力压制 RJ-45 插头(见图 1-18),以使 RJ-45 插头内部的金属薄片能穿破线缆的绝缘层。

(8) 重复步骤(1)～步骤(7),制作线缆的另一端,直至完成完成直连线的制作(见图 1-19)。

(9) 用网线测试仪检查自己所制作完成的网线(见图 1-20),确认其达到直连线线缆的合格要求,否则按测试仪提示新制作直连线。

图　1-18　　　　　　　　　图　1-19　　　　　　　　　图　1-20

## 3.2.2　操作二:制作交叉线

(1) 按照制作直连线中的步骤(1)～步骤(7),制作线缆的一端。

(2) 用剥线工具在线缆的另一端剥出一定长度的线缆。

(3) 用手将 4 对绞在一起的线缆按绿白、绿、橙白、蓝、蓝白、橙、棕白、棕色的顺序拆分开来并小心地拉直。

(4) 按表 1-4 中的 T568B 的顺序调整线缆的颜色顺序,也就是交换橙线与蓝线的位置。

(5) 将线缆整平直并剪齐,确保平直线缆的最大长度不超过 1.2cm。

(6) 将线缆放入 RJ-45 插头(见图 1-17),在放置过程中注意 RJ-45 插头的把子朝下,并保持线缆的颜色顺序不变。

(7) 检查已放入 RJ-45 插头的线缆颜色顺序,并确保线缆的末端已位于 RJ-45 插头的顶端。

(8) 确认无误后,用压线工具用力压制 RJ-45 插头(见图 1-18),以使 RJ-45 插头内部的金属薄片能穿破线缆的绝缘层。

(9) 用网线测试仪检查自己所制作完成的网线(见图1-20),确认其达到交叉线线缆的合格要求,否则按测试仪提示重新制作交叉线。

# 任务4  网络测试与故障排除

## 【任务背景】

网络线路已经连接好,小明满怀希望地打开计算机,他打开浏览器想访问一个网页,可显示"该页无法显示"。这是为什么呢?是网络的线路出了什么问题?或者是什么地方的配置没做好?小明决定在老师的帮助下,对网络进行测试,找出问题所在,解决这个问题。

## 【任务目标】

对上面实施好的网络进行测试,对常见故障进行排除。

# 4.1  知 识 准 备

## 4.1.1  局域网故障的诊断

一旦局域网发生故障,就会给网络中用户的工作带来极大的不便。要想迅速地诊断并排除网络故障,首先要有一个明确的策略。当局域网发生故障时,首先应重视故障重现并尽可能全面地收集故障信息,然后对故障现象进行分析,根据分析结果定位故障范围并对故障进行隔离,之后根据具体情况排除故障。

### 1. 重现故障

当网络出现故障后,如果可能,第一步应该是重现故障,这是获取故障信息的最好办法。在重现故障的过程中回答下列问题将有助于收集故障信息。

- 每次操作都能使故障重现吗?
- 在多次操作中故障是偶然重现吗?
- 故障是在特定的操作环境下才重现吗?例如,以不同的 ID 登录或从其他计算机上进行相同的操作时,故障还会重现吗?

重现故障时,应严格按照发现问题用户的操作步骤进行,也可请用户亲自演示,这是因为计算机功能可以用不同的方式实现。例如,在一个查询处理程序中可以用菜单存储文件,也可以用组合按键,或者单击工具栏中的按钮,这三种方法的结果是一样的。同样,在登录时,可以用命令行的方式登录,也可以从一个包括批处理文件的预备脚本登录,或者从客户软件提供的窗口中登录。如果试图用不同于用户的操作重现故障,也许不能发现用户所描述的故障现象,而认为是用户人为所导致的错误,这就失去了一个排除该故障的线索。

为了能够可靠地重现一个故障,应仔细询问用户在故障之前做了什么。例如,用户说正在浏览网页时网络突然中断了,这时应在他的计算机上重现这个故障,另外,还要查清在他的计算机上是否还运行着其他程序以及正在访问什么样的网站。在试图重现故障时要注意判断可能带来的严重后果。在某些情况下,重现故障会使网络瘫痪、计算机上的数据丢失以及设备损坏。

**2. 分析故障现象**

收集了足够的故障信息后,就可以开始从以下几个方面对故障进行分析。

(1) 检查物理连接

物理连接是网络连接中可能存在的最直接的缺陷,但它很容易被发现和修复。物理连接包括:

- 从服务器或工作站到接口的连接。
- 从数据接口到信息插座模块的连接。
- 从信息插座模块到信息插头模块的连接。
- 从信息插头模块到物理设备的连接。
- 设备的物理安装(网卡、集线器、交换机、路由器)。

回答下面问题将有助于确认物理连接是否有故障。

- 设备打开了吗?
- 网卡安装正确吗?
- 设备的电缆线与网卡或墙座的连接有松动吗?
- 网线接头与网卡及集线器(或交换机)的连接正确吗?
- 集线器、交换机或路由器正确地连接到主干网上了吗?
- 所有的电缆线都是好的吗(有无老化和损坏)?
- 所有的接头都处在完好状态吗?

(2) 检查逻辑连接

如果物理连接中没有发现故障原因,就必须检查逻辑连接,包括软硬件的配置、设置、安装和权限。逻辑上的问题要复杂一些,比物理问题要难以分离和解决。例如,一个用户说已有 3 个小时不能登录到网络,而检查物理连接后没有发现异常,并且用户说没做什么改动,这时就可能需要检查逻辑连接了。某些与网络连接有关的基于软件的可能原因有:资源与网卡的配置冲突,某个网卡的配置不恰当,安装或配置客户软件不正确以及安装或配置的网络协议或服务不正确。

回答下面问题有助于诊断逻辑连接错误。

- 出错信息是否表明发现了损坏的或找不到的文件、设备驱动程序?
- 出错信息表明是资源(如内存)不正常或不足吗?
- 最近操作系统中的配置、设备驱动程序改动过吗?添加、删除过应用程序吗?
- 故障只出现在一个设备上还是多个相似的设备上?

(3) 参考网络最近的变化

参考网络最近的变化并不是一个独立的步骤,而是诊断和排除故障的过程中需要经常考虑并且相互关联的一个步骤。开始排错时,应该了解网络上最近有什么样的变动,包括添加新设备、修复已有设备、卸载已有设备、在已有设备上安装新元件、在网络上安装新服务或应用程序、设备移动、地址或协议改变、服务器连接设备或工作站上软件配置改变、工作组或用户改变等。

回答下面的问题有助于找出网络变动所导致的故障。

- 服务器、工作站或连接设备上的操作系统或配置改动过吗?
- 服务器、工作站或连接设备的位置移动过吗?
- 在服务器、工作站或连接设备上添加了新元件吗?
- 从服务器、工作站或连接设备移走了旧元件吗?
- 在服务器、工作站或连接设备上安装了新软件吗?
- 从服务器、工作站或连接设备上删除了旧软件吗?

### 3. 定位故障范围

在对故障现象进行了分析之后,就可以根据分析结果来定位故障范围。也就是说,要限定故障的范围是否仅在特定的计算机、某一地区的机构或某一时间段。例如如果问题只影响某一网段内的用户,则可以推断出问题出在该网段的网线、配置、端口或网关这些方面。但如果问题只限于一个用户,只需关注一条网线、计算机软硬件的配置或用户个人。

回答下面的问题有助于定位故障范围。

- 有多少用户或工作组受到了影响? 是一个用户或工作站、一个工作组、一个部门、一个组织地域还是整个组织?
- 什么时候出现的故障?
- 网络、服务器或工作站曾经正常工作过吗?
- 故障是在很长一段时间中有规律地出现吗?
- 故障是仅在一天、一周、一月中的特定时刻出现吗?

定位故障范围排除了其他的原因和对其他范围问题的关注,可以帮助区分是工作站(或用户)问题,还是网络问题。如果故障只影响到机构中的一个部门或一个楼层,就需要检测该网段,包括它的交换机接口、网线以及为那些用户提供服务的计算机;如果故障影响到一个远程用户,则应检测广域网连接或路由器结构;如果故障影响到所有部门和所有位置的所有用户,这时应检查关键部件,例如中心交换机和主干网连接。

### 4. 隔离故障

定位故障范围以后,还有一项非常重要的工作,就是隔离故障。这主要有以下三种情况。

(1) 如果故障影响到整个网段,则应该通过减少可能的故障来源隔离故障。除两个节点外断开所有其他节点,如果这两个节点能正常通信,再增加其他节点。如这两个节点不能通信,就要对物理层的有关部分,如电缆的接头、电缆本身或与它们相连的集线器和网卡等进行检查。

(2) 如果故障能被隔离至一个节点,可以更换网卡,使用好的网卡驱动程序(不能使用该结点现有的网络软件或配置文件),或是用一条新的电缆与网络相连。如果网络的连接没有问题,则检查是否只是某一个应用有问题,使用相同的驱动器或文件系统运行其他的应用程序。

（3）如果只是一个用户出现使用问题,检查设计该节点的网络安全系统。检查是否对网络的安全系统进行了改变以至影响该用户。是否删除了与该用户安全等级相同的其他用户？该用户是否被网络中的一个安全组所删除？是否某项应用被移到网络中的其他部分？是否改变了系统的注册方法或是改变了该用户的注册方法？比较该用户与其他执行相同任务的用户。

**5. 排除故障**

一旦确定了故障源,识别故障类型就比较容易了。

对于硬件故障来说,最方便的措施就是简单的更换,对损坏部分的维修可以推迟。故障排除的目的就是尽可能迅速地恢复网络的所有功能。

对于软件故障来说,解决办法是重新安装有问题的软件,删除可能有问题的文件并且确保拥有全部所需的文件。如果问题是单一用户的问题,通常最简单的方法是整个删除该用户,然后从头开始或重复步骤,使该用户重新获得原来有问题的应用。

在故障排除以后还应请操作人员测试一下故障是否依然存在,这样可以确保是否整个故障都已排除。操作人员只需简单地按正常方法操作有关网络设备,同时快速地执行其他几种正常操作即可。

## 4.1.2　局域网常用测试命令

### 1. IP 测试工具 Ping

Ping 是 Windows 98 以上操作系统中集成的一个 TCP/IP 协议测试工具,它只能在使用 TCP/IP 协议的网络中使用。

使用 Ping 命令可以向计算机发送 ICMP(Internet 控制消息协议)数据包并监听回应数据包的返回,以检验与其他计算机的连接。对于每个发送的数据包,Ping 最多等待 1s。Ping 可以显示发送和接收数据包的数量,并对每个发送和接收的数据包进行比较,以检验其有效性。

此外,还可以使用 Ping 命令来测试计算机名和 IP 地址。如果成功检验 IP 地址却不能检验计算机名,则说明名称解析有问题,要保证在本地 Hosts 文件中或 DNS 数据库中存在要查询的计算机名。

Ping 命令使用的格式为:

Ping [-参数 1][-参数 2][…] 目的地址

其中,"目的地址"是指被测试的计算机的 IP 地址或域名。Ping 命令可以用来验证与远程计算机的连接。(该命令只有在安装了 TCP/IP 协议后才能使用。)

ping [-t] [-a] [-n count] [-l length] [-f] [-i ttl] [-v tos] [-r count] [-s count] [-j computer-list] [-k computer-list] [-w timeout] destination-list

参数说明如下。

-t:一直 Ping 指定的计算机,直到停止。

若要查看统计信息并继续操作,请输入 Ctrl+Break;

若要停止操作,请输入 Ctrl+C。

-a:将地址解析为计算机 NetBIOS 名。

-n:发送 count 指定的 ECHO 数据包数,通过这个命令可以自己定义发送的个数,对衡量网络速度很有帮助。能够测试发送数据包的返回平均时间,及时间的快慢程度。默认值为 4。

-l:发送指定数据量的 ECHO 数据包。默认为 32 字节;最大值是 65 500 字节。

-f:在数据包中发送"不要分段"标识,数据包就不会被路由上的网关分段。通常你所发送的数据包都会通过路由分段再发送给对方,加上此参数以后,路由就不会再分段处理。

-i:将"生存时间"字段设置为 TTL 指定的值。指定 TTL 值在对方的系统里停留的时间。同时检查网络运转情况。

-v:tos 将"服务类型"字段设置为 tos 指定的值。

-r:在"记录路由"字段中记录传出和返回数据包的路由。通常情况下,发送的数据包是通过一系列路由才到达目标地址的,通过此参数可以设定想探测经过路由的个数。限定能跟踪到 9 个路由。

-s:指定 count 指定的跃点数的时间戳。与参数-r 差不多,但此参数不记录数据包返回所经过的路由,最多只记录 4 个。

-j:利用 computer-list 指定的计算机列表路由数据包。连续计算机可以被中间网关分隔(路由稀疏源),IP 允许的最大数量为 9。

-k:利用 computer-list 指定的计算机列表路由数据包。连续计算机不能被中间网关分隔(路由严格源),IP 允许的最大数量为 9。

-w:timeout 指定超时间隔,单位为毫秒。

destination-list:指定要 Ping 的远程计算机。

一般情况下,通过 Ping 目标地址,可让对方返回 TTL 值的大小,通过 TTL 值可以粗略判断目标主机的系统类型是 Windows 还是 UNIX/Linux,一般情况下 Windows 系统返回的 TTL 值在 100~130 之间;而 UNIX/Linux 系统返回的 TTL 值在 240~255 之间。但 TTL 的值是可以修改的。故此种方法可作为参考。

Ping 命令可以在"开始"→"运行"命令中执行,也可以在 MS-DOS 方式下执行。下面看一个实际的例子。

如果要检查一下另一台计算机上 TCP/IP 协议的工作情况,可以在网络中其他计算机上 Ping 该计算机的 IP 地址。假如要检测的计算机 IP 地址为 192.168.1.31,运行 Ping 命令将显示如下信息。

```
Pinging 192.168.1.3 with 32 bytes of data:
Reply form 192.168.1.3:bytes = 32 time = 1ms TTL = 128
Reply form 192.168.1.3:bytes = 32 time<10ms TTL = 128
Reply form 192.168.1.3:bytes = 32 time<10ms TTL = 128
```

```
Reply form 192.168.1.3:bytes = 32 time<10ms TTL = 128
Ping statistics for 192.168.1.3:
Packets:Sent = 4,Received = 4,Lost = 0(0 % loss)
Approximate round trip times in milli-seconds:
Minimum = 0ms,Maximum = 1ms,Average = 0ms
```

以上返回了4个测试数据包,其中,bytes＝32 表示测试中发送的数据包的大小为 32 字节,time<10ms 表示与对方主机往返一次所用的时间小于 10 毫秒,TTL＝128 表示当前测试使用的 TTL(time to live)值为 128(系统默认值)。

如果和对方计算机连接有问题,则会返回如下信息。

```
Pinging 192.168.1.3 with 32 bytes of data:
Request timed out.
Request timed out.
Request timed out.
Request timed out.
Ping statistics for 192.168.1.3:
Packets:Sent = 4,Received = 4,Lost = 4(100 % loss)
Approximate round trip times in milli-seconds:205
Minimum = 0ms,Maximum = 1ms,Average = 0ms
```

出现上面的情况一般做如下检查。
- 本机和对方计算机的网卡显示灯是否亮,以判断连接线路是否完好。
- 是否已经安装了 TCP/IP 协议。
- 网卡是否安装正确,IP 地址是否被其他用户占用。
- 网卡的 I/O 地址,IRQ 值和 DMA 值是否与其他设备发生冲突。
- 服务器的网络服务功能是否已经启动。

如果还是无法解决,建议重新安装和配置 TCP/IP 协议。

Ping 工具在 Internet 中也经常用来验证本地计算机和网络主机之间的路由是否存在。例如,发邮件时可以先 Ping 对方服务器地址,假如收件方为 zhangsan@abc.com,可以先用 Ping abc.com。如果没通,发了邮件对方也收不到。

### 2. 测试 TCP/IP 协议配置工具 Ipconfig 和 Winipcfg

(1) Ipconfig

使用 Ipconfig 可以在运行 Windows 且启用了 DHCP 的客户机上查看和修改网络中的 TCP/IP 协议的有关配置,例如 IP 地址、子网掩码、网关等。Ipconfig 对网络侦探非常有用,尤其当使用 DHCP 服务时,可以检查、释放或续订客户机的租约。

Ipconfig 的命令格式:

```
Ipconfig[/参数 1][/参数 2][…]
```

若不带参数,可获得的信息有 IP 地址、子网掩码、默认网关。

Ipconfig 命令参数的作用可在 MS-DOS 提示符下用"ipconfig/?"来查看,下面两个参数最常用。
- all:如果使用该参数,执行 Ipconfig 命令将显示与 TCP/IP 协议有关的所有细节,包括主机名、DNS 服务器、节点类型、是否启用 IP 路由、网卡的物理地址、主机的 IP 地址、子网掩码以及默认网关等。

- release 和 renew：这两个选项只能在向 DHCP 服务器租用其 IP 地址的计算机上起作用。如果输入"ipconfig/release"，立即释放主机的当前 DHCP 配置。如果用户输入"ipconfig/renew"，则使用 DHCP 的计算机上的所有网卡都尽量连接到 DHCP 服务器，更新现有配置或者获得新配置。

（2）Winipcfg

Winipcfg 的功能与 Ipconfig 基本相同。Winipcfg 命令用于 Windows 95/98 操作系统，以图形界面方式显示，操作更加方便。

**3. 网路协议统计工具 Netstat 和 Nbtstat**

（1）Netstat

使用 Netstat 命令可以显示与 IP、TCP、UDP 和 ICMP 协议相关的统计信息以及当前的连接情况（包括采用的协议类型、本地计算机与网络主机的 IP 地址以及它们之间的连接状态等），可以得到非常详细的统计结果，有助于了解网络的整体使用情况。

Netstat 命令的语法格式：

Netstat [-参数 1][-参数 2]…
netstat [-a][-c][-i][-n][-r][-t][-u][-v]

主要参数的含义如下。

-a 显示所有 socket，包括正在监听的。

-c 每隔 1 秒就重新显示一遍，直到用户中断它。

-i 显示所有网络接口的信息，格式为"netstat -i"。

-n 以网络 IP 地址代替名称，显示出网络连接情形。

-r 显示核心路由表，格式同"route -e"。

-t 显示 TCP 协议的连接情况。

-u 显示 UDP 协议的连接情况。

-v 显示正在进行的工作。

（2）Nbtstat

Nbtstat 是解决 NetBIOS 名称解析问题的有用工具。可以使用 Nbtstat 命令删除或更正预加载的项目。

Nbtstat 命令的语法格式：

Nbtstat [-参数 1][-参数 2][…]
nbtstat[-a RemoteName] [-A IPAddress] [-c] [-n] [-r] [-R] [-RR] [-s] [-S] [Interval]

主要参数的含义如下。

-a RemoteName：显示远程计算机的 NetBIOS 名称表，其中，RemoteName 是远程计算机的 NetBIOS 计算机名称。NetBIOS 名称表是与运行在该计算机上的应用程序相对应的 NetBIOS 名称列表。

-A IPAddress：显示远程计算机的 NetBIOS 名称表，其名称由远程计算机的 IP 地址指定（以小数点分隔）。

　　-c：显示 NetBIOS 名称缓存内容、NetBIOS 名称表及其解析的各个地址。

　　-n：显示本地计算机的 NetBIOS 名称表。Registered 的状态表明该名称是通过广播还是 WINS 服务器注册的。

　　-r：显示 NetBIOS 名称解析统计资料。在配置为使用 WINS 且运行 Windows XP 或 Windows Server 2003 操作系统的计算机上，该参数将返回已通过广播和 WINS 解析和注册的名称号码。

　　-R：清除 NetBIOS 名称缓存的内容并从 Lmhosts 文件中重新加载带有 ♯PRE 标记的项目。

　　-RR：释放并刷新通过 WINS 服务器注册的本地计算机的 NetBIOS 名称。

　　-s：显示 NetBIOS 客户端和服务器会话，并试图将目标 IP 地址转化为名称。

　　-S：显示 NetBIOS 客户端和服务器会话，只通过 IP 地址列出远程计算机。

　　Interval：重新显示选择的统计资料，可以在每个显示内容之间中断 Interval 中指定的秒数。按 Ctrl+C 组合键停止重新显示统计信息。如果省略该参数，netstat 将只显示一次当前的配置信息。

### 4. 跟踪工具 Tracert 和 Pathping

（1）Tracert

Tracert（跟踪路由）是路由跟踪实用程序，用于确定 IP 数据包访问目标所采取的路径。

Tracert 命令用 IP 生存时间（TTL）字段和 ICMP 错误消息来确定从一个主机到网络上其他主机的路由。通过向目标发送不同 IP 生存时间（TTL）值的 Internet 控制消息协议（ICMP）回应数据包，Tracert 诊断程序确定到目标所采取的路由。要求路径上的每个路由器在转发数据包之前至少将数据包上的 TTL 递减 1。数据包上的 TTL 减为 0 时，路由器应该将 ICMP 已超时的消息发回源系统。Tracert 先发送 TTL 为 1 的回应数据包，并在随后的每次发送过程将 TTL 递增 1，直到目标响应或 TTL 达到最大值，从而确定路由。通过检查中间路由器发回的"ICMP 已超时"的消息确定路由。某些路由器不经询问直接丢弃 TTL 过期的数据包，这在 Tracert 实用程序中看不到。Tracert 命令按顺序打印出返回"ICMP 已超时"消息的路径中的近端路由器接口列表。

可以使用 Tracert 命令确定数据包在网络上的停止位置。Tracert 实用程序对于解决大网络问题非常有用，因为此时可以采取几条路径到达同一个点。

Tracert 命令的语法格式：

Tracert [-参数 1][-参数 2][ … ] 目的主机名
tracert [-d] [-h maximum_hops] [-j host-list] [-w timeout] target_name

主要参数含义如下。

　　-d：指定不将 IP 地址解析到主机名称。

　　-h maximum_hops：指定跃点数以跟踪到称为 target_name 的主机的路由。

　　-j host-list：指定 Tracert 实用程序数据包所采用路径中的路由器接口列表。

　　-w timeout：等待 timeout 为每次回复所指定的毫秒数。

target_name：目标主机的名称或 IP 地址。

（2）Pathping

Pathping 命令是一个路由跟踪工具，它将 Ping 和 Tracert 命令的功能和这两个工具所提供的其他信息结合起来。Pathping 命令在一段时间内将数据包发送到最终目标路径上的每个路由器，然后基于数据包的计算机结果从每个跃点返回。由于命令显示数据包在任何给定路由器或链接上丢失的程度，因此可以很容易地确定可能导致网络问题的路由器或链接。

Pathping 命令的语法格式：

```
Pathping [-参数 1][-参数 2][…] 目的主机名
pathping [-n] [-h MaximumHops] [-g HostList] [-p Period] [-q NumQueries] [-w Timeout] [-i
IPAddress] [-4 IPv4] [-6 IPv6][TargetName]
```

主要参数含义如下。

-n：阻止 Pathping 试图将中间路由器的 IP 地址解析为各自的名称。这有可能加快 Pathping 的结果显示。

-h MaximumHops：指定搜索目标（目的）的路径中存在的跃点的最大数。默认值为 30 个跃点。

-g HostList：指定回响请求消息利用 HostList 中指定的中间目标集在 IP 数据头中使用"稀疏来源路由"选项。使用稀疏来源路由时，相邻的中间目标可以由一个或多个路由器分隔开。HostList 中的地址或名称的最大数为 9。HostList 是一系列由空格分隔的 IP 地址（用带点的十进制符号表示）。

-p Period：指定两个连续的 ping 之间的时间间隔（以毫秒为单位）。默认值为 250 毫秒（1/4 秒）。

-q NumQueries：指定发送到路径中每个路由器的回响请求消息数。默认值为 100 个查询。

-w Timeout：指定等待每个应答的时间（以毫秒为单位）。默认值为 3000 毫秒（3 秒）。

-i IPAddress：指定源地址。

-4 IPv4：强制使用 IPv4。

-6 IPv6：强制使用 IPv6。

TargetName：指定目的端，它既可以是 IP 地址，也可以是主机名。

## 4.1.3 故障实例及排除方法

### 1. 无法安装网卡

故障分析：所谓安装不上网卡，是指在 Windows 系统中网卡无法正确识别，查看故障来源的步骤为网卡与 PCI 插槽接触是否良好；I/O 或 IRQ 是否正确或与别的设备冲突；网卡驱动程序是否正确；系统网络属性设置是否正确。如果还不能解决问题，可以判断为网卡物理性问题。

排除方法：网卡与 PCI 插槽的接触问题很容易被忽略。由于机箱的设计误差、钢板的强度、网卡的做工等因素,造成网卡插入主板 PCI 槽时主板变形,网卡不能正确地与 PCI 槽接触,导致通信故障,而且这种问题有可能导致连网时断时续。

一般查看网卡的指示灯可以初步判断网卡与主板是否接触良好,但如果在网卡中插入回路环,在系统中使用 Ping 命令,Ping 本机 IP 地址指示灯不闪烁,就可以判定为网卡的问题或接触问题。

计算机上安装了过多其他类型的接口卡,造成中断和 I/O 地址冲突。可以先将其他不重要的卡拔下来,再安装网卡,最后再安装其他接口卡,或者试着将网卡换个 PCI 插槽。网卡驱动程序不正确也导致网卡无法正常工作。

**2. 客户端无法连接服务器(Ping 不通服务器)**

故障分析:客户端无法连接服务器有下面几种可能:IP 地址不在同一网段或子网掩码不同;物理链路不正常。对物理链路问题,需要按照下面的步骤去查看、分析、解决故障:网卡与网线的接触情况、网线与交换机的接触情况、交换机与服务器的连接情况。

排除方法:对于这种故障的软件设置问题,查看一下客户机的网络属性即可判断是否 IP 地址网段不同或子网掩码不同。

物理链路问题的解决方法如下:首先检查网线和网卡是否接触良好,将网线拔出,检查水晶头是否压制合格、是否有导线与弹片接触不良,如果怀疑水晶头没压好,则重新压制;然后将网线插入网卡,在主机加电的情况下网卡的指示灯会亮。如果问题还存在,进行下一步分析。

检查网线中间是否有断路,既可以用测线仪的子母端分别连接网线两头,也可以把网线一端接交换机或网卡(计算机加电),另一端接测线仪母端,若测线仪的1、2、3、6 指示灯闪烁可以排除网线问题(注意线序)。如果问题还未解决,进行下一步分析。

检查网线与交换机接触情况。确保客户机加电,网卡的指示灯亮,交换机或集线器对应的端口指示灯也应该亮或闪烁。需要特别注意,有些集线器长时间工作可能有部分端口不正常,可用如下办法判断:接入该集线器的计算机以前工作正常,突然有两台以上计算机不能正常连网,但网卡和集线器的指示灯都正常,Ping 服务器或其他能正常连入网络的计算机 IP 地址时提示为“Destination Unreachable”(目标机器无法到达),这时可将集线器的电源切断,停一会儿接通可暂时解决问题,长远考虑应更换集线器。

**3. 在查看“网上邻居”时出现“无法浏览网页,网络不可访问,想得到更多信息请查看‘帮助索引’中的‘网络疑难解答’专题”的错误提示**

(1) 由于 Windows 启动后,要求输入 Microsoft 网络用户登录口令时,单击“取消”按钮造成的。如果是要登录 Windows NT/2000 服务器,必须以合法的用户登录,并且正确输入口令。

(2) 系统还没有启动完毕,需要等一段时间(视 CPU 和操作系统的综合处理速度而定),系统才能完成网络设置的初始化和网络中计算机的信息采集。

(3) 与其他的硬件有冲突。选择“控制面板”→“系统”→“设备管理”命令,查看硬件的前面是否有黄色的问号、感叹号或者红色的问号。如果有,必须更改这些设备的中断或 I/O 地址设置。

**4. 在"网上邻居"中只能看到本机的计算机名**

网络通信错误,一般是网线断路或与网卡接触不良,也可能是集线器有问题。

**5. 可以访问服务器,也可以访问 Internet,但无法访问其他工作站**

(1) 如果使用了 WINS 解析,可能是 WINS 服务器地址设置不当。
(2) 检查网关设置,若双方分属不同的子网而网关设置有误,则不能看到其他工作站。
(3) 检查子网掩码设置。

**6. 可以 Ping 通 IP 地址,但 Ping 不通域名**

TCP/IP 协议中的"DNS 设置"不正确,检查其中的配置。对于对等网,"主机"应填自己计算机的名字,"域"不需填写,DNS 服务器应填自己的 IP。对于服务器/工作站网,"主机"应填服务器的名字,"域"填局域网服务器设置的域,DNS 服务器应填服务器的 IP。

**7. 网络上其他的计算机无法与我的计算机连接**

(1) 确认是否安装了该网络使用的网络协议,如果要登录到域,还必须安装 NetBEUI 协议。
(2) 是否安装并启用了文件和打印共享服务。
(3) 如果要登录到 NT 服务器网络,在"网络"属性"主网络登录"中,应选择"Microsoft 网络用户",并选中"登录到 Windows 域"复选框,在 Windows 域中填入正确的域名。

**8. 安装网卡后计算机启动的速度慢了很多**

可能在 TCP/IP 设置中设置了"自动获取 IP 地址",这样每次启动计算机时,计算机都会搜索当前网络中的 DHCP 服务器,对于没有 DHCP 服务器的网络,计算机启动后速度会大大降低。解决的方法是指定 IP 地址。

**9. 在"网上邻居"中看不到任何计算机**

主要原因可能是网卡的驱动程序或协议工作不正常。必要时删除驱动程序,重新安装驱动程序或重新安装协议。

**10. 别人能看到我的计算机,但不能读取我计算机上的数据**

(1) 首先必须设置好资源共享。选择"网络"→"配置"文件及打印共享"命令,将两个选项全部选中并确定,安装成功后在"配置"中会出现"Microsoft 网络上的文件与打印机共享"选项。
(2) 检查所安装的所有协议中,是否设置了"Microsoft 网络上的文件与打印机共享"。选择"配置"中的协议(如 TCP/IP 协议),单击"属性"按钮,确保"Microsoft 网络上的文件与打印机共享"、"Microsoft 网络用户"已经选中。

**11. 在安装网卡后,通过"控制面板"→"系统"→"设备管理器"查看时,报告"可能没有该设备,也可能此设备未正常运行,或没有安装此设备的所有驱动程序"错误信息**

(1) 没有安装正确的驱动程序,或驱动程序版本不对。

(2) 中断号与 I/O 地址没有设置好。有一些网卡通过跳线开关设置,还有一些通过随卡的 Setup 程序设置。

**12. 已经安装了网卡和各种网络通信协议,但"文件及打印共享"无法选择**

这是因为没有安装"Microsoft 网络上的文件与打印机共享"组件。在"网络"属性窗口的配置选项卡中单击"添加"按钮,在"请选择网络组件"对话框中单击"服务"按钮,单击"添加"按钮,在"选择网络服务"左边的窗口中选择"Microsoft",在右边窗口选择"Microsoft 网络上的文件与打印机共享",单击"确定"按钮,系统可能会要求插入 Windows 安装盘,重新启动系统即可。

**13. 无法在网络上共享文件和打印机**

(1) 确认是否安装了文件和打印机共享服务组件,要共享本机上的文件或打印机,必须安装"Microsoft 网络上的文件与打印机共享"服务。

(2) 确认是否已经启用了文件或打印机共享服务。在"网络"属性对话框的"配置"选项卡中单击"文件与打印机共享"按钮,然后选择"允许其他用户访问我的文件"和"允许其他计算机使用我的打印机"。

(3) 确认访问服务是共享级服务。在"网络"属性对话框的"访问控制"选项卡中选中"共享级访问"复选框。

**14. 无法登录到网络**

(1) 检查计算机是否安装了网卡,网卡是否正常工作。

(2) 确保网络通信正常,即网线等连接设备完好。

(3) 确认网卡的中断和 I/O 地址没有与其他硬件冲突。

(4) 网络设置可能有问题。

**15. 网络中很多采用自动获得 IP 地址的计算机无法连入网络**

(1) 如果以前工作正常,则证明网络存在 DHCP 服务器;在客户机上检查 IP 地址是否属于网络中的地址段。

(2) 如果确认客户端没有得到正确的 IP 地址,首先检查 DHCP 服务器是否正常运行。

(3) 如果 DHCP 服务器运行正常,则检查服务器 DHCP 作用域的 IP 地址池是否已满,清除 IP 地址池中未使用的 IP 地址。

# 4.2 任 务 实 现

公司局域网的连通性怎样? 速度如何? 数据通信量如何? 网络地址是否合法? ……作为公司的网管你对这些网络指标了解吗? 实时了解网络运行状态,有助于网络管理人员对网络运行状况做出准确评估,从而做到未雨绸缪,尽可能地把故障消除在萌芽阶段。下面我们就从以下几个方面对局域网进行测试。

## 4.2.1 操作一:连通性测试

测试工具:网络测试仪。

测试方法:

(1) 先把网络测试仪连接到待测试的信息点与交换机之间。(注意:不能打开交换机电源,否则就会损坏测试仪。)

(2) 到终端各信息点用直通线连接简易网络测试仪的主机和信息插座。打开简易网络测试仪电源,局域网连通性测试就可以进行了。网络连通正常,"8 灯"简易网络测试仪就会循环流水式亮起 8 个灯,"4 灯"简易网络测试仪 4 个灯都呈红色且循环流水式亮起绿色。有灯不亮,则相应的线路就有故障。

(3) 如用 Hub 替代远端终端进行测试,网络连通正常时,"8 灯"简易网络测试仪只有 1、2、3、6 灯循环流水式亮起,"4 灯"简易网络测试仪只有 1、2 号和 3 号灯呈红色,且这两个灯循环流水式亮起绿色,其他灯都不亮。此时只测试了 1、2 和 3、6 两组线对,4、5 和 7、8 两组线对不能测试。所以,最好使用交换机作为远端终端进行完整的连通测试。

说明:不同档次的网络测试仪可能功能不尽相同,但操作方式类似,大家可以用它来测试局域网的连通性。

## 4.2.2 操作二:网速测试

测试工具:Q Check V1.3。

测试操作:

(1) 安装并运行 Q Check。打开如图 1-21 所示的界面,然后在"From Endpoint1"下的文档框中输入测试端 IP 地址,在"To Endpoint2"中输入被测试端的 IP 地址。单击最下方的 Run(运行)按钮。

(2) 稍等片刻,在"Throughput Results"下面出现连接的速度,如图 1-22 所示。

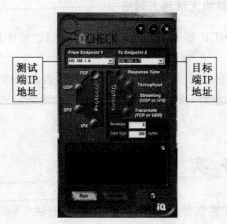

图 1-21

图 1-22

### 4.2.3　操作三：数据通信量测试

测试工具：Net IQ Chariot v5.4。

**1. 测量网络中任意两个节点的带宽**

环境描述：经常有人反映网络速度缓慢，那么怎样确定网络间带宽是多少呢？SNIFFER 只能抓包不能给出实际带宽，这时候就需要 CHARIOT 来帮忙了。我们假定要测量网络中 A 计算机 10.91.30.45 与 B 计算机 10.91.30.42 之间的实际带宽。

实现方法：

（1）首先在 AB 计算机上运行 CHARIOT 的客户端软件 ENDPOINT，双击 endpoint.exe，出现的界面如图 1-23 所示，确认后你会发现任务管理器中多了一个名为 endpoint 的进程。

（2）被测量的机器已经准备就绪了，这时候就需要运行控制端的 CHARIOT 了，可以选择网络中的其他计算机，也可以在 A 或 B 计算机上直接运行 CHARIOT。

（3）主界面中单击 New 按钮，弹出的界面中单击上方一排按钮的 ADD PAIR。

（4）在 Add an Endpoint Pair 窗口（见图 1-24）中输入 PAIR 名称，然后在 Endpoint 1 处输入 A 计算机的 IP 地址 10.91.30.45，在 Endpoint 2 处输入 B 计算机的 IP 地址 10.91.30.42，单击 Select Script 按钮并选择一个脚本，由于是测量带宽，所以选择软件内置的 Throughput.scr 脚本。

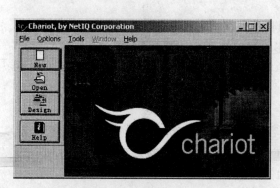

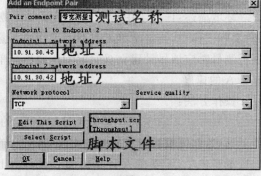

图　1-23　　　　　　　　　　　　　　　图　1-24

**提示**：CHARIOT 可以测量包括 TCP、UDP、SPX 在内的多种网络传输层协议，我们在测量带宽时选择默认的 TCP 即可。

（5）确定后，在主菜单中选择 RUN 命令启动测量工作，当然直接单击工具栏中的 RUN 按钮也可以。

（6）之后软件会测试 100 个数据包从 A 计算机发送到 B 计算机。由于软件默认的传输数据包很小，所以很快测量工作就结束了。在结果中单击 Throughput 标签，可以查看具体测量的带宽大小。图 1-25 显示了 A 与 B 计算机之间的实际最大带宽为 83.6Mbps。

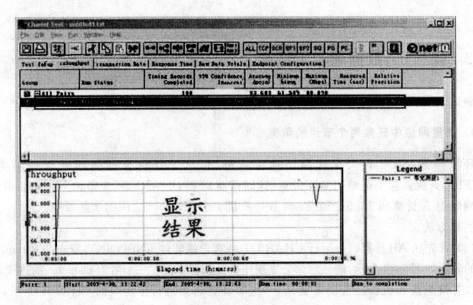

图 1-25

**提示：**由于交换机和网线的损耗，往往真实带宽达不到 100Mbps，所以本例得到的 83.6Mbps 基本可以说明 A、B 计算机之间的最大带宽为 100Mbps，去除损耗可以达到 80Mbps 以上的传输速度。

### 2. 一次性测量两个方向

环境描述：任务 1 中为大家介绍了单向测量的方法，也就是只检测 A 到 B 的带宽。然而，实际工作中，网络是单工或双工工作也是影响网络速度的主要因素，因此用 CHARIOT 进行测量时应该尽量建立双向 PAIR 而不是单向的，测量结果会显示出 A 到 B 的速度以及 B 到 A 的速度。

操作方法：

（1）在 A、B 计算机上运行 CHARIOT 的客户端软件 Endpoint。被测量的机器已经准备就绪，这时需要运行控制端的 CHARIOT，在 A 或 B 计算机上直接运行 CHARIOT。（为保证测量成功，需要在 A 计算机和 B 计算机上关闭防火墙。）

（2）在主界面中单击 New 按钮，接着单击 Add Pair 按钮。在 Add an Endpoint Pair 窗口中输入 Pair 名称，然后在 Endpoint 1 处输入 A 计算机的 IP 地址 10.91.30.45，在 Endpoint 2 处输入 B 计算机的 IP 地址 10.91.30.42。单击 Select Script 按钮并选择一个脚本，由于是测量带宽，所以选择软件内置的 Throughput.scr 脚本。

（3）现在建立了从 A 到 B 的单向测量。由于要求测量网络双向吞吐量，所以还要添加一个从 B 到 A 的单向测量，这样结果显示的就是双向数据了。在 Endpoint 1 处输入 B 计算机的 IP 地址 10.91.30.42，在 Endpoint 2 处输入 A 计算机的 IP 地址 10.91.30.45，同样选择 Throughput.scr 脚本。现在，两对 PAIR 已经建立起来了（见图 1-26），单击主菜单中的 RUN 命令启动测量工作。

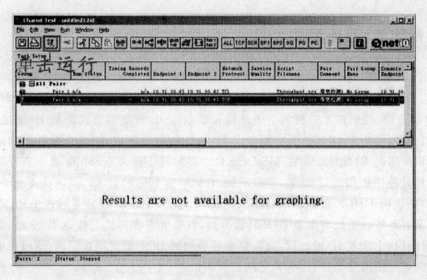

图 1-26

（4）软件会将 100 个数据包从 A 计算机发送到 B 计算机，还会测量 100 个数据包从 B 发送到 A 的情况。在结果页面中单击 THROUGHPUT 标签，可以查看具体测量的带宽大小。如图 1-27 所示，在下方图表中，绿色曲线表示带宽检测 2 的数值，而红色曲线代表的是带宽检测 1 的数值，从这个图中可以看出 A 到 B 的带宽比 B 到 A 的带宽要大。在上方的速度中也可以看出 A 到 B 的平均带宽为 72Mbps，而 B 到 A 的带宽只有 42Mbps。这说明什么呢？通过 CHARIOT 测量 A、B 之间的双向带宽可以得出以下结论：A 到 B 的带宽是 100Mbps（去除损耗真实带宽为 72Mbps），而 B 到 A 的带宽只有 50Mbps。此时，我们应该检查网络连接设备，特别是网线，很可能是网线制作上出现了问题才造成 B 到 A 的速度不是 100Mbps 而是 50Mbps。

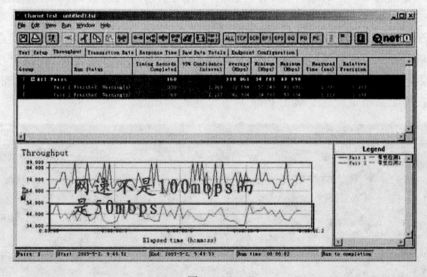

图 1-27

### 4.2.4 操作四:地址测试

在一个 TCP/IP 网络中,每一台计算机都至少要有一个唯一确定的 IP 地址,否则无法进行通信。管理员为客户机分配 IP 地址有两种方法:自动分配和手工分配。若网络中配置了 DHCP 服务器,我们在客户机上一般采用自动获取 IP 地址的方式配置 IP 地址,客户机启动后会自动向网络中 DHCP 服务器发出 IP 地址的租用申请,DHCP 服务器响应后会分配给客户机所需的 IP 地址。可在 MS DOS 命令提示符下输入 Ipconfig 命令查看从 DHCP 服务器的地址池中租用的 IP 地址,若显示的 IP 地址为 169.254.*.*(*为 1～254 之间的任意数字)则说明 DHCP 服务器未启用或已损坏,客户机的 IP 地址是通过 APIPA 自动随机生成的私有地址。若没有配置 DHCP 服务器,就需要在客户机上指定 IP 地址,当我们在局域网的计算机上配置 IP 地址后,就需要验证和测试 IP 的配置是否正确,这可以通过下面的步骤来测试网络的连通性,迅速判定问题所出位置。

操作方法:

(1) 用 Ipconfig 命令查看本机正在使用的地址,在 MS-DOS 命令提示符下输入 Ipconfig 命令,可显示出本机正在使用的 IP 的设置,若显示 IP 地址为 0.0.0.0,则说明所设地址在局域网中已被使用而发生了冲突,可改用其他地址试一下。

(2) Ping 127.0.0.1 测试 TCP/IP 协议初始化是否正常,如 Ping 不通,则说明 TCP/IP 协议栈被损坏,需重新安装 TCP/IP 协议。Ping 本机 IP 地址,用来测试网卡的工作情况及网卡与协议绑定情况,若 Ping 不通,说明网卡的驱动没有安装好或协议绑定有问题,而出现这种情况大多数都是网卡驱动有问题,重新装网卡驱动就可解决。

(3) Ping 同一子网的另一台机器,测试网线或集线器是否正常,若 Ping 不通,则有可能是网线断了或 RJ-45 头接线有问题,还有可能是集线器坏了。

(4) Ping 网关 IP,若 Ping 不通,有可能是本机的子网掩码配置错误或网关地址错误,或路由器端口有问题。

(5) Ping 远程主机 IP,若 Ping 不通(见图 1-28),可能是路由器上的配置错误或远程主机的问题所引起。根据笔者的实践经验,在配置静态 IP 地址时如果出错,按以上步骤基本可找出原因,但注意在启用了安全策略的网络里,Ping 不通并不一定说明网络出现故障,而有可能是在安全策略里设置了禁止 Ping 对方计算机的功能。

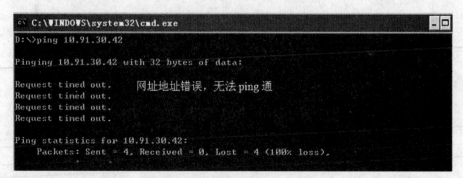

图 1-28

# 任务 5 网络互联

**【任务背景】**

借助电信部门的数据通信网络系统,并采用合适的接入技术,可将一台计算机或一个网络接入 Internet。接入 Internet 有两种常用的方式,即专线方式和电话拨号方式。对于学校、企事业单位或公司的要求来说,通过局域网以专线接入 Internet 是最常见的接入方式。对于个人(家庭)用户而言,普通电话拨号则是目前最流行的接入方式。

**【任务目标】**

掌握如何把个人(或家庭)局域网的计算机接入 Internet。

## 5.1 知 识 准 备

人们可能会经常听到一些与接入 Internet 相关的俗语,如专线上网、拨号上网、宽带上网、无线上网等,这些俗语实际上就是指用户的计算机或网络接入 Internet 的方式。

所谓入网式是指用户采用什么设备、通过什么数据通信网络系统或线路接入 Internet。根据所采用的数据通信网络系统类型,接入 Internet 可以分为两种基本方式。一是专线上网,它是指通过光纤、无线网络等,使计算机通过局域网接入 Internet。二是拨号入网,它是指通过电话线,借助 Modem(调制解调器)以电话拨号的方式将个人计算机接入 Internet。

### 5.1.1 拨号上网

个人在家里或单位使用一台计算机,利用电话线连接 Internet,如图 1-29 所示,通常采用的方法是 PPP(点对点协议)拨号上网。采用这种连接方式的好处是终端有独立的 IP 地址,因而发给你的电子邮件和文件可以直接传送到你的计算机上。

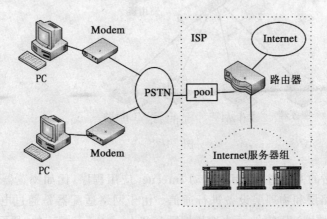

图 1-29

主机拨号上网联入 Internet 的基本过程。

（1）拨电话号码。需要访问 Internet 时,用户通过计算机启动软件拨号程序,输入 ISP（因特网服务提供商）方式提供的入网电话号码,进行电话拨号。

（2）协商速率。ISP 方收到用户拨入请求,其调制解调器摘机应答,双方的调制解调器根据电话线和各自的最高速率等实际情况,协商得出一个双方都能支持的允许最高连接速率,物理连接建立完成。

（3）检验身份。ISP 方的远程通信服务器发送指令,要求检验拨号用户的用户名和口令。在判定用户的输入合法后,验证完毕,完成身份验证。

（4）指定协议。ISP 方的远程通信服务器询问用户采用何种串行线的通信协议来传输 TCP/IP 数据包,一般是采用 PPP。一旦用户指定好协议,双方协商通过,远程通信服务器就将用户接通的异步端口的 IP 地址分配给用户计算机,完成 IP 层连接。

（5）运行应用。用户有了 IP 地址,就可开始运行网络应用程序（如浏览器等）,查询和使用 Internet 资源,实现自己的目的。

（6）关闭应用。用户完成网络应用后,关闭网络应用程序。

（7）断开连接。关闭所有应用程序后,通过软件拨号程序断开连接。这时电话线也自动挂断,最终完成一个完整的拨号操作。

## 5.1.2　专线入网

目前,各种局域网在国内已经应用得比较普遍。对于多用户系统来说,通过局域网与 Internet 主机之间连接是一种行之有效的方法,这种方法在国外也应用十分普遍。

单机通过局域网直接访问 Internet,其原理和过程要简单得多。用户的计算机内安装好专用的网络适配器（网卡）,使用专用的网线（双绞线）连接到服集线器或交换机上,再通过路由器与远程的 Internet 连接,即在物理上实现了与 Internet 的连接,如图 1-30 所示

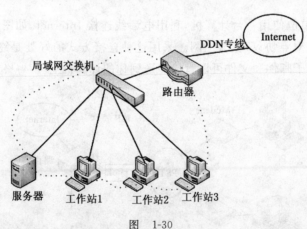

图　1-30

用户访问网络的基本过程:用户启动 Internet 应用程序,比如浏览器,它会激活 TCP/IP 驱动程序与网络层和物理层设备进行通信。由于网络适配器是通过电缆直接与集线器或交换机（本地局域网）相连的,而本地局域网又和 Internet 是相连的,从而用户的请求信息

就会沿着连接线一直送到远程服务器,如 Web 服务器。服务器对请求做出应答,并将请求结果返回到用户的本地机。

相对于拨号上网,通过局域网访问 Internet 的速度快、响应时间短、稳定可靠。

## 5.1.3　网络连接测试

连入 Internet 时,可能会由于某种原因使网络不通,这时可以通过网络部件提供的 Ping 工具来进行测试。

网络不通的可能原因有四个,即网络线路出错、计算机网卡出错、网络的 DNS 出错和网络的网关出错。

下面通过一个例子来说明网络各部分的测试方法。假设,一个网络的 DNS 的 IP 地址为 202.112.144.30,网关为 202.205.97.2;在该网络的外部有一台主机,IP 地址为 162.105.129.12,域名为 www.pku.eud.cn。现在该网络内部安装一台主机,网卡 IP 地址设为 202.205.97.228。

**1. 验证网络适配器(网卡)是否工作正常**

如果要验证网卡工作是否正常,可以测试本地计算机的 IP 地址。

在命令提示符状态下,输入 D:\>Ping 202.205.97.228,如果显示类似如下的信息。

```
Reply from 202.205.97.228:bytes = 32 time<10ms TTL = 128
```

说明网络适配器工作正常。

如果显示如下信息。

```
Request timeout
```

说明网络适配器工作不正常。

**2. 验证网络线路是否正确**

在命令提示符下,输入 D:\>ping 202.112.144.30,如果显示类似以下的信息。

```
Reply from 202.112.144.30:bytes = 32 time<10ms TTL = 128
```

说明网络线路正常。

如果显示如下信息。

```
Request timeout
```

说明网络线路有故障。

**3. 验证网络 DNS 是否正确**

在命令提示符下,输入 D:\>ping www.pku.edu.cn,如果显示以下的信息。

```
Pinging rock.pku.edu.cn [162.105.129.12] with 32 bytes of data:
Reply from 162.105.129.12:bytes = 32 time<10ms TTL = 128
```

```
Reply from 162.105.129.12:bytes = 32 time<10ms TTL = 128
```

说明 DNS 服务器配置正确。

如果显示如下信息。

```
Pinging rock.pku.edu.cn [162.105.129.12] with 32 bytes of data:
Request timeout
```

也说明 DNS 服务器配置正确,因为我们只需注意在域名 www. pku. edu. cn 后是否跟有 IP 地址即可。

如果显示如下信息。

```
Unknown host name
```

则说明域名错误或 DNS 配置出错。

**4. 验证网络网关是否正确**

在命令提示符下,输入 D:\>ping 162.105.129.12,如果显示类似以下的信息。

```
Reply from 202.112.144.30:bytes = 32 time<10ms TTL = 128
```

说明网关配置正确。

如果显示如下信息。

```
Request timeout
```

说明网关可能有错误,应继续检查。

# 5.2 任务实现

## 5.2.1 操作一:创建拨号网络

(1)打开"控制面板"窗口。

(2)在"控制面板"窗口,双击"网络和拨号连接",打开"网络和拨号连接"窗口,如图 1-31 所示。

(3)双击"新建连接"按钮,打开"网络连接向导"对话框。

(4)单击"下一步"按钮,选择网络连接类型,这里选中"拨号到 Internet"选项,如图 1-32 所示。

(5)单击"下一步"按钮,在出现的对话框中,选择用来拨号的设备,这里选中"拨号连接"选项,如图 1-33 所示。

(6)单击"下一步"按钮,在"公司名"框中输入要连接到服务器的名称,如图 1-34 所示。

(7)单击"下一步"按钮,在"电话号码"框中输入连接的电话号码,如图 1-35 所示。

(8)单击"下一步"按钮,选中"在我的桌面上添加一个到此连接的快捷方式"复选框,如图 1-36 所示。

（9）单击"完成"按钮，这时屏幕上弹出拨号对话框；在"用户名"框中输入用户名，在"密码"框中输入密码，如图 1-37 所示。

（10）单击"拨号"按钮，屏幕上出现在拨号的窗口，在该窗口中显示正在拨入的电话号码，如图 1-38 所示；连入网络（Internet）之后，在桌面任务栏的右边将显示已连入网络图标，同时显示连入网络的速度，如图 1-39 所示。

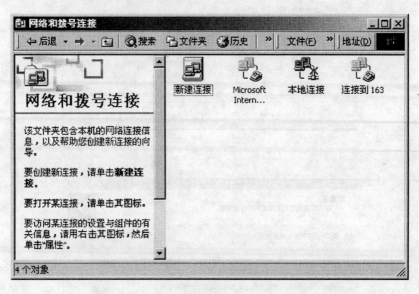

图　1-31

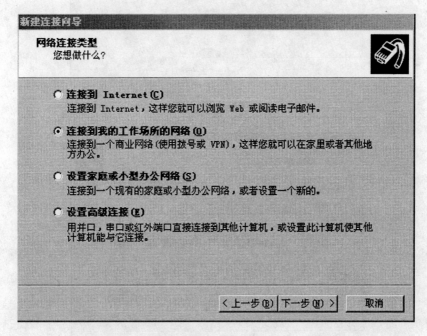

图　1-32

47

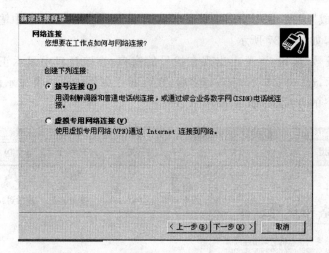

图 1-33

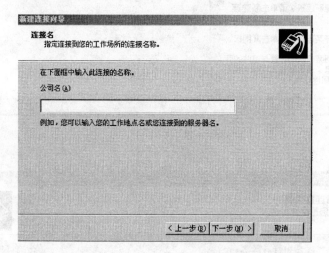

图 1-34

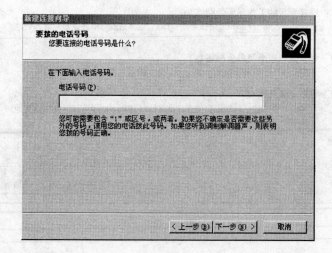

图 1-35

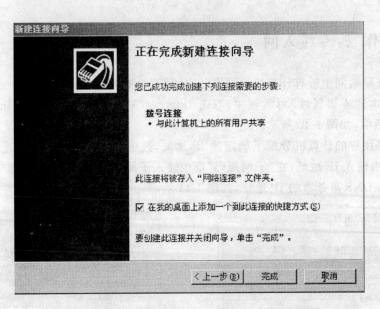

图 1-36

图 1-37

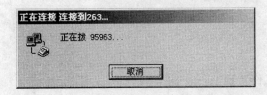

图 1-38

图 1-39

### 5.2.2 操作二:专线入网

(1) 检查局域网中所有计算机的网线已连接好,如图 1-39 所示。

(2) 在"本地连接属性"对话框中,双击 Internet(TCP/IP)按钮,打开"Internet(TCP/IP)属性"对话框,如图 1-40 所示。

(3) 如果用户的计算机分配了确定的 IP 地址,选中"使用下面的 IP 地址"复选框。在"IP 地址"框中输入 IP 地址;在"子网掩码"框中输入子掩码;在"默认网关"框中输入网关的 IP 地址;输入 DNS 服务器的 IP 地址,如图 1-41 所示。

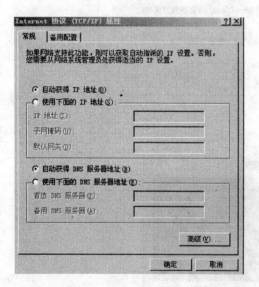

图 1-40                           图 1-41

(4) 单击"确定"按钮,IP 地址配置完成。

**注意**:如果局域网络上有专门的网络服务器,而且该服务器负责 IP 地址的分配,则选择"自动获取 IP 地址"单选按钮即可。

## 【拓展训练】

〔训练项目〕
参观网络实训室。

〔训练目的〕
(1) 了解网络的组成;
(2) 了解网络设备的功能,分析网络的工作工程。

〔训练环境〕
两台以上计算机组成的局域网,有网络互联设备和网络介入设备。

〔训练指导〕
(1) 使用网络互联设备和相应的传输介质组成局域网;

（2）通过某种方式接入互联网；

（3）在客户端计算机上使用某个网络应用，了解网络工作过程。

## 【课后思考】

1. 网络实训室（或网络中心）有哪些网络设备？它们的作用分别是什么？

2. 网络实训室中使用的传输介质有哪些类型？不同类型的传输介质分别连接什么设备？

3. 画出网络实训室（或网络中心）的网络拓扑图，并在图上标注设备名称和连接方式。

4. 交换机和路由器的分别有什么作用？它们有什么区别？

5. 集线器与交换机有什么区别？

6. 集线器或交换机的级联如何实现？

7. 在自己宿舍找两台或三台计算机进行组网练习。

8. 双绞线中的线缆为何要成对地绞在一起？其作用是什么？实验过程中，为什么把线缆整平直后的最大长度不超过 1.2cm？

9. 网线测试仪除了测试线缆的连通性外，还能提供其他有关线缆性能的测试吗？

10. 简述 T568A 和 T568B 的连线标准。

11. 若网线中间有断线，如何利用已有网线？

12. 请叙述拨号上网与专线入网的基本原理。

13. 要以拨号方式上网，是否一定要到 ISP 营业场所或其代理场所提出申请？

# 情境二　网络配置与管理

能使用 ADSL 调制解调器接入广域网,连接 Internet;

能对交换机、路由器等网络设备进行设置与管理,并实现信息与资源的共享;

会进行应用服务器配置,能使用 IIS 建立 Web 服务,能使用 Sev-U 建立 FTP 服务器解决日常工作、生活中的一些问题。

【知识目标】

掌握 ADSL 宽带接入的使用方法和技巧;

掌握网络连接共享的操作方法和技巧;

掌握文件共享、打印机共享的操作方法;

掌握 Web 服务器和 FTP 服务器常用软件的使用方法和技巧。

【情境解析】

Internet,中文正式译名为因特网,又叫做国际互联网,它是一个信息资源和资源共享的集合,能为人们在工作、学习和生活上提供丰富的信息服务。

去年 9 月,刚上大学的郭明同学新买了一台计算机,放在宿舍用于平时学习和娱乐,但是没有连接网络的计算机,其信息资源实在是太少了,现在他想在宿舍里就能享受丰富的学习资源,感受网上冲浪的激情,他该如何去实现呢? 后来宿舍里同学的计算机渐渐多了起来,为了节约费用,他们想一起共享连接并同时上网,他们又该如何处理呢? 再后来,同学们在学习和生活娱乐中有了更多的要求,比如想共享学习文档、使用同一台打印机打印文档,甚至想建立起自己的个人网站,提供 FTP 下载服务等,他们又该如何操作呢? 接下来,我们将会跟随郭明同学一起,解决他所碰到的问题,以便让大家掌握一些最常用的网络操作知识和技能。

# 任务 1　接入 Internet

【任务背景】

在学校 5 栋 502 宿舍的郭明同学这学期买了台计算机,为了让自己拥有更多的学习和娱乐资源,他决定在宿舍里安装宽带上网。通过一番了解后,他选择了目前最为流行且应用广泛的 ADSL 宽带接入方式。今天是周末,他办理好相关手续后领回来了一台 ADSL 调制解调器,原本可以等到第二天让工作人员来给他安装调试的,但他打算自己动手,因为他现在已经迫不及待地想体验网上生活了,再说以后万一出现一些简单网络接入故障,自己也会打理,说干就干……

**【任务目标】**

使用 ADSL 终端配置虚拟拨号接入 Internet。

# 1.1　知　识　准　备

## 1.1.1　Internet 与广域网

### 1. Internet

Internet 是指那些使用公共语言互相通信的计算机连接而成的全球网络。1995 年 10 月 24 日,联合网络委员会通过了一项关于 Internet 的决议,联合网络委员会认为,下述语言反映了对 Internet 这个词的定义:Internet 指的是全球性的信息系统。

通过全球性的唯一的地址逻辑链接在一起。这个地址是建立在"Internet 协议"或今后其他协议基础上的。

可以通过"传输控制协议"和"Internet 协议",或者今后其他接替的协议或与"Internet 协议"世界各国的协议来进行通信。

让公共用户或者私人用户使用高水平的服务。这种服务是建立在上述通信及相关的基础设施之上的。联合网络委员会是从技术的角度来定义 Internet 的,这个定义至少提示了 3 个方面的内容:首先,Internet 是全球性的;其次,Internet 上的每一台主机都需要有"地址";最后,这些主机必须按照共同的规则(协议)连接在一起。

### 2. 广域网

前边我们已经学习过局域网,知道一个局域网内主机之间的距离是有限制的,但当主机之间距离较远时,网络如何连通呢,这个时候就要用到另一种类型的网络——广域网,见图 2-1。广域网主要是为了实现大范围内的远距离数据通信,因此广域网在网络特性和技术实现上与局域网存在着明显的差异。广域网的设备主要是节点交换机和路由器,设备之间采用点到点线路连接。为了提高网络的可靠性,通常一个节点交换机往往会与多个节点交换机相连。

由于广域网造价较高,一般都是由国家或较大的电信公司主持建造。一个广域网和由其他连接起来的多个局域网合起来就构成一个自治系统(AS),互联网就是由许多这样的 AS 组成的。

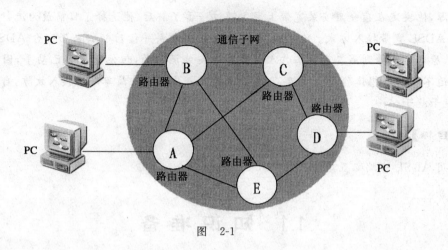

图 2-1

## 1.1.2 ISP

要想使计算机连入 Internet,都必须通过或者间接通过 ISP。ISP(Internet Service Provider),即互联网服务提供商,它是用户接入 Internet 的服务代理和用户访问 Internet 的入口点(见表 2-1),向广大用户综合提供互联网接入业务、信息业务和增值等业务。

表 2-1

| ISP 服务商 | 相关服务信息 |
| --- | --- |
| 中国电信 | 拨号上网、ADSL、1X、CDMA1X、EVDO rev. A 等 |
| 中国移动 | GPRS 及 EDGE 无线上网、一小部分 FTTx 等 |
| 中国联通 | GPRS、W-CDMA 无线上网、拨号上网、ADSL、FTTx 等 |
| 长城宽带 | 覆盖北京、天津、广东、湖北、福建、四川、上海,宽频接入 |
| 创威宽带 | 覆盖北京市,光纤到楼、专线接入 |
| …… | …… |

### 1. ISP 服务商的选择

目前中国三大基础 ISP 服务商分别是中国电信、中国移动和中国联通,也有一些其他的部门提供相关服务。选择 ISP 的时间通常根据以下几个方面来决定。

- ISP 的位置。
- ISP 离接入点越近效果越好,通常选择当时的 ISP 接入商。
- ISP 的出口带宽。
- ISP 提供给用户分享的带宽越高,相对用户上网速率的瓶颈就越小。表 2-2 提供了 CNNIC 在 2009 年 12 月 31 日统计的我国各 ISP 的出口带宽。

表　2-2

| ISP 服务商 | 出口带宽（Mbps） |
| --- | --- |
| 中国电信 | 516 650 |
| 中国移动 | 298 834 |
| 中国科技网 | 10 322 |
| 中国移动互联网 | 30 559 |
| 中国教育和科研计算机网 | 10 000 |
| 中国国际经济贸易互联网 | 2 |

**2. ISP 的传输速率和可靠性**

ISP 提供的各种传输速率方案和传输信号的稳定性也起着很重要的作用，例如移动无线接入在信号过弱或受外界因素影响导致时容易掉线、连接不上等情况出现。

【思考】　如果你是郭明同学，会选择哪一家 ISP 呢？

# 1.1.3　接入 Internet 的方式

**1. 接入 Internet 的方式有很多，常见的有如下几种**

（1）通过 DSL 接入 Internet

DSL 是数字用户线技术，可以利用双绞线高速传输数据。现有的 DSL 技术已有多种，如 HDSL、ADSL、VDSL、zSDSL 等。

（2）通过电缆调制解调器接入 Internet

目前，我国有线电视网遍布全国，而且现在能使用电缆调制解调器（Cable Modem）把网络信号转化成计算机数据信息，这就是我们常说的通过有线电视信号线上网。

（3）无线接入

一些城市的 ISP 服务商为用户提供无线接入服务，用户通过高频天线和 ISP 连接非常方便，但是受地形、距离、电磁干扰等方面的限制，适合城市里与 ISP 无线接入点不远的用户。

（4）小区宽带

小区宽带是现在接入互联网的一种常用方式，ISP 通过光纤将信号接入小区交换机，然后通过交换机接入家庭。

**2. 接入方式的选择**

Internet 接入方式的选择通常根据用户接入点的线路情况来决定，安装点有电话线的可选择 ADSL；有小区宽带的选择以太网接入；有有线电视可选择 HFC 接入，这个要看当地的情况而定，目前还没有普及。表 2-3 所列为各种接入方式的相关信息。

表 2-3

| Internet 接入技术 | 主要传输设备 | 主要传输介质 | 传输速率 | 窄带/宽带 | 有线/无线 | 特　点 |
|---|---|---|---|---|---|---|
| 电话拨号 | 普通 Modem | 电话线（PSTN） | 33.6～56Kbps | 窄带 | 有线 | 简单方便,速度慢,上网时不能打电话 |
| ADSL（xADSL） | ADSL Modem、网卡、Hub | 电话线 | 上行 1Mbps,下行 8Mbps | 宽带 | 有线 | 安装方便,操作简单,能同时上网和打电话,费用适中,速度快,但受距离影响（3～5km）,对线路质量要求高 |
| 以太网接入,高速以太网接入 | 以太网网卡,交换机 | 五类双绞线 | 10Mbps、100Mbps、1000Mbps、1Gbps、10Gbps | 宽带 | 有线 | 技术成熟、速度快,结构简单,稳定性高,可扩充性好,不能利用现在线路,只能重新铺设线缆 |
| HFC 接入 | Cable Modem、机顶盒 | 光纤＋同轴电缆 | 上行 320Kbps～10Mbps,下行 27Mbps 和 36Mbps | 宽带 | 有线 | 利用现有有线电视网上网,信道带宽同整个社区用户共享,用户数越多,速度越慢,安全上有缺陷,易被窃听 |
| 光纤 FTTx 接入 | 光分配单元 ODU、交换机、网卡 | 光纤铜线（引入线） | 10Mbps、100Mbps、1Gbps | 宽带 | 有线 | 带宽大、速度快,通信质量高,网络可升级,性能好,用户接入简单,提供双向实时业务的优势明显,但投入成本高,无源光节点损耗大 |
| 电力线接入 | 电力线 Modem、以太网桥 | 电力线 | 14Mbps、200Mbps | 宽带 | 有线 | 利用现有电力网上网,带宽大、速度快,价格低 |
| 卫星通信 | 卫星天线和卫星接收 Modem | 卫星链路 | 按频段、卫星、技术而变 | 兼有 | 无线 | |
| LMDS | 基站设备 BSE、室外单元、室内单元、无线网卡 | 高频微波 | 上行 1.544Mbps,下行 51.84～155.52Mbps | 宽带 | 无线 | 方便、灵活,具有一定程序的终端移动性,投资少,建网周期短,提供业务快,可提供多种多媒体宽带服务,但占用无线频谱,易受干扰 |
| 移动无线接入 | 移动终端 | 无线介质 | 19.2Kbps、144Kbps、384Kbps、2Mbps | 窄带 | 无线 | |

【思考】　如果你是郭明同学,根据宿舍的情况,你会选择哪一种 Internet 接入方式呢?

## 1.1.4　ADSL

现在家庭及个人接入 Internet,大多使用的是 ADSL 宽带接入。ADSL(Asymmetric Digital Subscriber Line,非对称数字用户环路)是一种数据传输方式。它的连接方法是将计算机主机通过 ADSL 调制解调器(也称 ADSL 猫或 ADSL 终端)连接到电话线,通过电话线接到 ISP,通过 ISP 连接到 Internet。

在 ISP 服务提供商端,需要将开通 ADSL 业务的线路连接在数字用户线路访问多路复用器(DSLAM)上。而在用户端,用户需要使用一个 ADSL 来连接电话线路,此时进行虚拟拨号才能成功接入 Internet。

一般的 ADSL 调制解调器都有一个电话 Line-In,一个以太网口,有些终端集成了 ADSL 信号分离器,还提供一个连接的 Phone 接口。某些 ADSL 调制解调器使用 USB 接口与计算机相连,需要在计算机上安装指定的软件以添加虚拟网卡来进行通信。图 2-2 就是一个典型的 ADSL 调制解调器。

利用 ADSL 接入的方式主要有 PPPoA(PPP over ATM,基于 ATM 的端对端协议)、PPPoE 虚拟拨号方式(PPP over Ethernet,基于以太网的端对端协议)、专线方式和路由方式 4 种,每种方式支持的协议都不一样。家庭用户多采用 PPPoE 虚拟拨号方式,而 PPPoA 主要用于电信、邮政等通信领域。这两种方式的用户都没有固定的 IP 地址,使用的是 ISP 分配的用户账号进行身份验证,接入

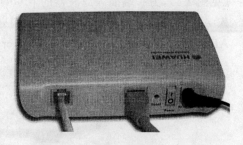

图　2-2

Internet 后动态分配 IP。而企业用户则更多是选择表态 IP 地址的专线方式和路由方式。

通过以上种种分析和判断,郭明最终选择了中国电信 ADSL 的 PPPoE 虚拟拨号方式接入 Internet。

# 1.2　任务实现

## 1.2.1　操作一:硬件设备的准备与连接

(1) 检查所需硬件。

进行 ADSL 硬件安装前,必须做好以下准备:

网卡 1 张(其安装方法见情境一,通常计算机已经标配)、ADSL 调制解调器 1 台(有时候也叫做 ADSL 终端或者 ADSL 猫)、1 根两端做好 RJ-45 接头的网线、1 个滤波器、2 根两端做好 RJ-11 接头的电话线(这三样东西在新购置 ADSL 调制解调器时已经配送)。

（2）安装 ADSL 滤波分离器（见图 2-3）。

安装时先装宿舍的电话线 RJ-11 接头插入滤波器的输入端（Line），然后使用两端做好 RJ-11 接头的电话线一端插入电话机，一端插入滤波器的语音信号输出口（Phone），这样可以保证电话与网络同时连通。

图　2-3

**注意**：在采用 G. Line 标准的系统中由于降低了输入信号的要求，可以不再使用滤波器了。

（3）安装 ADSL 调制解调器。

使用两端做好 RJ-11 接头的电话线一端插入 ADSL 调制解调器的 ADSL 接口（见图 2-4），另一端插入滤波器的 Modem 接口。再将两端做好 RJ-45 接头的网线的一端插入 ADSL 调制解调器的 Ethernet 接口，另一端插入计算机网卡的 RJ-45 接口。最后将接好 ADSL 调制解调器的电源并打开 Power 开关。

图　2-4

硬件设备连接完成后，连接结构图如图 2-5 所示。

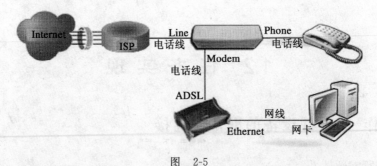

图　2-5

## 1.2.2　操作二：软件配置

安装 PPPoE 虚拟拨号，此时需要准备好 ISP 提供给你的用户名和账号，这些信息最好记下来，以备忘记之后查看。

（1）新建拨号连接。执行桌面左下角的"开始"→"程序"→"附件"→"通信"→"新建连接向导"命令，如图 2-6 所示。

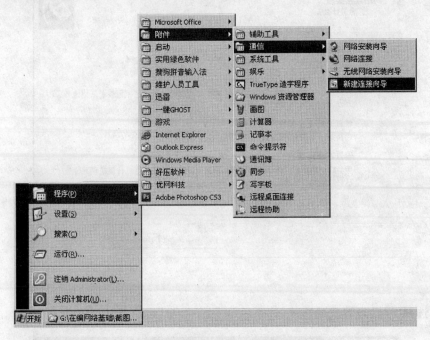

图　2-6

（2）在打开的"新建连接向导"窗口中单击"下一步"按钮，如图 2-7 所示。

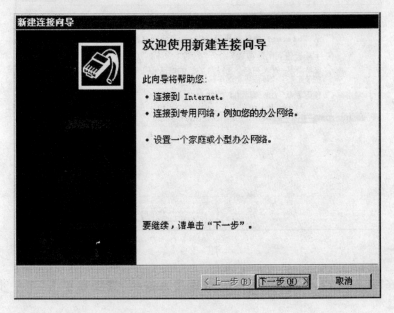

图　2-7

（3）选择"连接到 Internet"后单击"下一步"按钮，如图 2-8 所示。

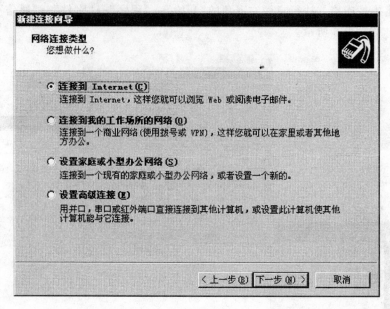

图　2-8

（4）选择"手动设置我的连接"选项后单击"下一步"按钮，如图 2-9 所示。

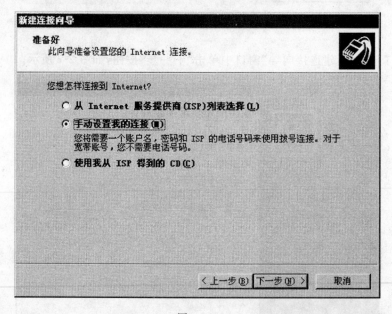

图　2-9

（5）选择"用要求用户名和密码的宽带连接来连接"选项后单击"下一步"按钮，如图 2-10所示。

（6）在 ISP 名称的文本输入框中输入"中国电信 ADSL"，然后单击"下一步"按钮，如图 2-11所示。

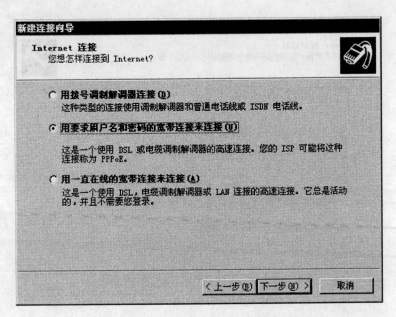

图 2-10

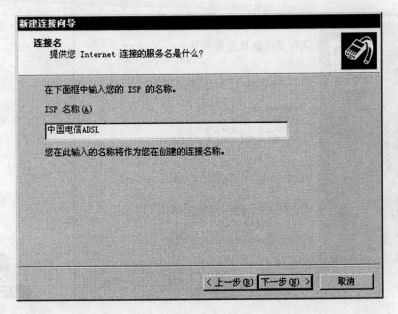

图 2-11

**注意**：此时输入的名称与实际的 ISP 无关，主要是方便用户自己识别区分。

（7）按要求分别输入 ISP 提供给你的用户名和密码后，单击"下一步"按钮，如图 2-12 所示。

（8）选中"在我的桌上添加一个到此连接的快捷方式"复选框后单击"下一步"按钮，如图 2-13所示。

操作完成后，会在桌面上生成一个快捷图标，如图 2-14 所示，此时虚拟拨号设置完成。

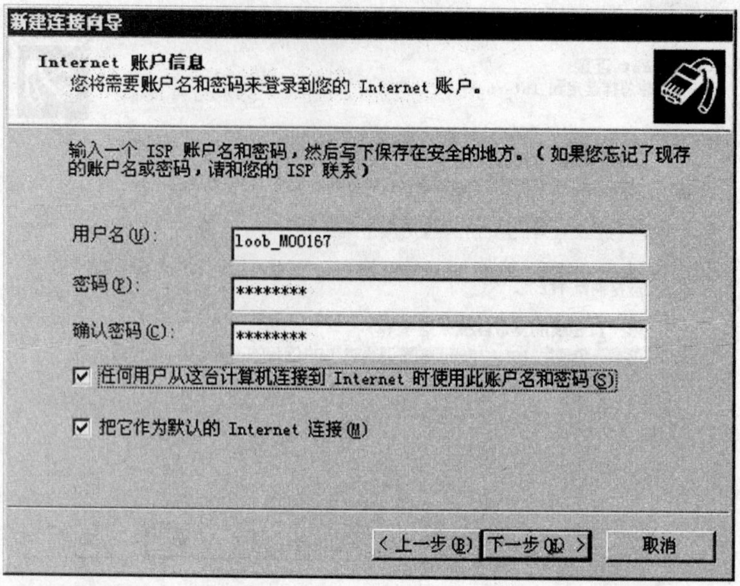

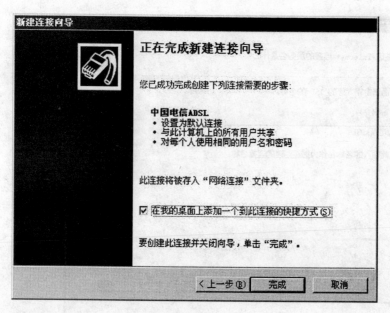

图　2-12

图　2-13

图　2-14

### 1.2.3　操作三:测试与故障排除

**1. 拨号接入测试**

双击桌面上的快捷图标"中国电信 ASDL",打开"连接 中国电信 ASDL"的窗口,如图 2-15所示,再单击"连接"按钮。

如果在短暂出现"正在连接 中国电信 ADSL"对话框（见图 2-16）后，在计算机桌面的右下角任务栏中新增加了一个"已连接"的计算机图标（见图 2-17），则表示你的所有设置已完成并成功接入 Internet 了。

如果出现的是"连接到 中国电信 ADSL 时出错"窗口（见图 2-18 只是错误的一种），那就要检查故障原因了。

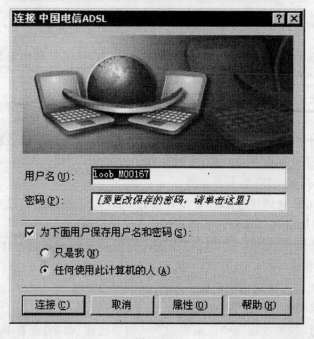

图　2-15

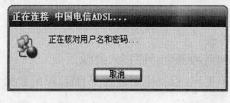

图　2-16

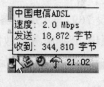

图　2-17

### 2. 故障排除

当拨号无法成功连接时，故障通常为两种情况。一是硬件故障，包括线路问题，比如哪一根连接线没接或者接触不良，线路信号不好等；网卡问题，比如网卡不稳定或者坏了什么的；ADSL 调制解调器问题，比如电源线没接或者电源开关没开，电压过低导致 ADSL 不稳定或者坏了等情况。二是软件故障，ADSL 调制解调器或者网卡设置问题，比如网卡被禁用了，IP 或协议设置有误（大都出现在通过局域网上网的情况下）；病毒破坏了 ADSL 相关组件，防火墙软件设置不当等。那么如何判断是何种故障并加以解决呢？通常的检测方法有以下几种。

图 2-18

（1）通过错误信息的提示进行判断。因错误码太多，下面只列出常见错误代码的故障原因和排除方法。

① 错误 691：无法连接到指定目标。

故障原因：输入的用户名和密码不对，无法建立连接。

解决方法：使用正确的用户名和密码，应注意大小写，如果忘记就致电 ISP 询问。也有可能是网络服务提供商的服务器故障，不过这种原因很少。

② 错误 678：与 ISP 服务器不能连接。

故障原因：ADSL 电话线故障或者没有插好，ADSL 调制解调器没有连接或者电源没有开启，ADSL 网络服务提供商的服务器故障。

解决方法：配合检查 ADSL 信号灯是否能正确同步来判断解决具体是哪个原因，并对相应线路进行重新拨插。

③ 错误 769：无法连接到指定目标。

故障原因：计算机的网络设备有问题。

解决方法：执行"我的电脑"→"控制面板"→"网络连接"命令，查看本地连接的是否处在"禁用"状态，确认后只需双击本地连接，看到状态变为"已启用"即可。若是连本地连接都没有，那你的网卡 100%有问题了——不是没装好就是坏了。那就需要联系计算机供应商，或者自己解决。

④ 错误 769：与 ISP 服务器不能建立连接。

故障原因：ISP 服务器故障，ADSL 调制解调器电话线接入故障。

解决方法：检查 ADSL 信号灯是否显示正确，检查电话线与 ADSL 段的连接情况，打电话咨询 ISP。

（2）通过 ADSL 调制解调器的指示灯（见图 2-19）判断。

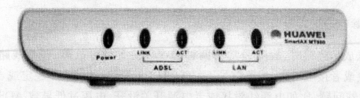

图 2-19

当 Power 灯亮时，表示 ADSL 调制解调器电源接入正常，反之应检查电源接入是否正常或者查看 ADSL 调制解调器的电源开关是否开启。

当 ADSL 的 Link 灯亮时，表示电话线与 ADSL 调制解调器连通，反之应检查电话线接入是否正常,比如重新拨插电话线与 ADSL 调制解调器的接头。

当 LAN 的 Link 灯亮时,表示计算机的网卡与 ADSL 调制解调器连通,反之应检查网卡与 ADSL 调制解调器之间的网线接头是否有接触不良,网线本身是否有问题,比如拿测线仪检测,或查看网卡或者 ADSL 调制解调器是否损坏。

(3) 最后的办法也是比较有效的办法,就是找台能上网的计算机,输入你的故障状况或者故障的提示信息,到网上查询解决办法,或者找有经验的同学或朋友帮你解决。

### 1.2.4　操作四:其他情况

#### 1. 恢复丢失的拨号连接桌面快捷方式

如果在桌面上找不到快捷方式或者将其误删了,那么可在"网上邻居"图标上右击,选择"属性"命令,打开"网络连接"窗口,如图 2-20 所示,窗口中有以前已建立的拨号连接的图标"中国电信 ADSL"。

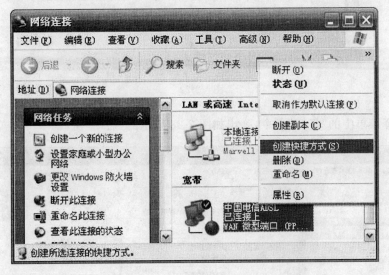

图　2-20

在该图标上右击,选择"创建快捷方式"命令,弹出如图 2-21 所示窗口,因为当前窗口无法创建快捷方式,此是选择"是"即可,之后桌面的拨号连接快捷方式的图标就重新出现了。

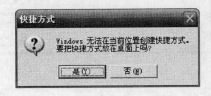

图　2-21

65

**2. 设置自动拨号连接**

每次开机都要单击计算机桌面上的拨号连接图标,对于 PC 用户来说很麻烦。现在介绍一种可以每次开机就自动拨号上网的设置方法,具体操作步骤如下:

(1) 单击桌面左下角"开始"菜单,执行"程序"→"启动"命令,在"启动"菜单上右击,弹出如图 2-22 所示的菜单。

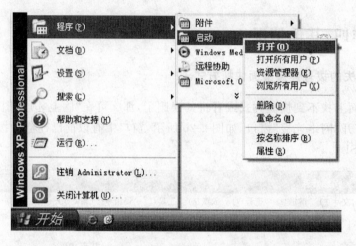

图　2-22

(2) 选择菜单中的"打开"命令,弹出如图 2-23 所示的"启动"窗口。

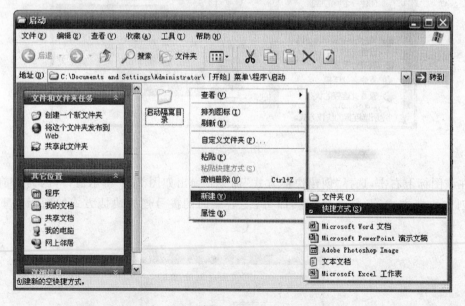

图　2-23

(3) 在"启动"窗口空白处右击,在弹出的窗口中选择"新建"→"快捷方式"命令,如图 2-24 所示。

（4）在弹出的窗口中输入"rasdial 中国电信 ADSL loob_M00167 rejoy7958"，如图 2-24
所示。

图　2-24

**注意**：此时"loob_M00167"和"rejoy7958"分别换成你自己的用户名和密码。

（5）单击"下一步"按钮，在"选择程序标题"的窗口中输入"电信宽带自动拨号"，给你的
快捷方式命名，如图 2-25 所示。

图　2-25

（6）单击"完成"按钮后，会在你的启动项里增加一个图标，这样开机自动上网的设置就
完成了，如图 2-26 所示。

如果以后不希望开机就拨号上网，只需要单击"开始"菜单，执行"程序"→"启动"命令，
然后找到"电信宽带自动拨号"图标并右击，选择"删除"命令将其删除就可以了，如
图 2-27 所示。

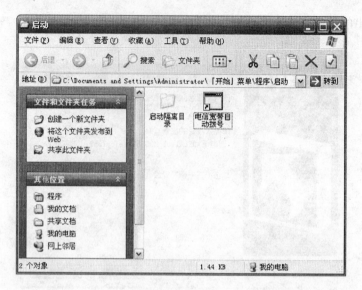

图　2-26

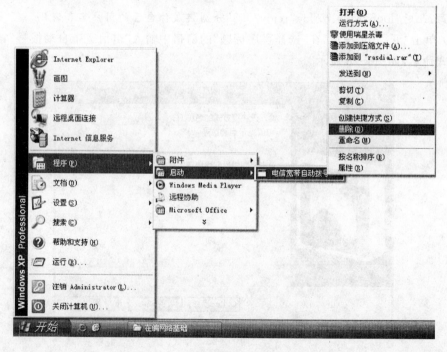

图　2-27

# 任务 2　连 接 共 享

【任务背景】

经过前面的安装配置后,郭明终于如愿以偿,老师发布的资料他可以下载了、网上的视频学习教程他可以看了、每天的新闻他只要轻点鼠标也可以看到了,最重要的是还能天天上QQ与分布在各地高校里的高中同学交流大学生活……于是,室友们都心动起来,台式计算机、笔记本电脑都摆满了宿舍,还有想用手机上网的。不过只有一个宽带接入口和账号,这下该怎么办呢?他们自己查过了资料,书上说的是如此这般,但大家还是不懂,于是请来了有经验的师哥师姐帮着他们一起解决问题,我们也一起跟着干吧。

【任务目标】

通过增加路由器和交换机组建局域网的方式来实现连接共享。

# 2.1　知识准备

## 2.1.1　路由器

路由器(Router)是一种连接多个网络或网段的网络设备。它有两个主要功能,一个是连通不同的网络,能将不同网络或网段之间的数据住处进行“翻译”后,使它们能够相互识别对方的数据,从而构成一个更大的网络。另一个是选择信息传送的线路。能为经过路由器的每个数据帧寻找一条最佳传输路径,并将该数据有效地传送到目的站点,大大提高通信速度,减轻网络系统通信负荷,节约网络系统资源,提高网络系统畅通率。路由器按不同的标准可以分很多种,按照郭明同学的需求,选择使用的是接入级的路由器。

## 2.1.2　宽带路由器

宽带路由器是近几年来新兴的一种网络产品,它伴随着宽带的普及应运而生。宽带路由器集成了路由器、防火墙、带宽控制和管理等功能,具备快速转发能力,灵活的网络管理和丰富的网络状态等特点。多数宽带路由器针对中国宽带应用优化设计,可满足不同的网络流量环境,具备满足良好的电网适应性和网络兼容性。多数宽带路由器采用高度集成设计,集成 10/100Mbps 宽带以太网 WAN 接口、并内置多口 10/100Mbps 自适应交换机,方便多台机器连接内部网络与 Internet,可以广泛应用于家庭、学校、办公室、网吧、小区接入、政府、企业等场合。

一般来说,中、低端的宽带路由器只具有一个 WAN 口和四个 LAN 口,而一些面向小型办公室或商业用户的宽带路由器,还增加了共享打印端口等功能,以满足不同的需要。图 2-28 为无线宽带路由器,图 2-29 为有线宽带路由器。

无线宽带路由器就是带有无线覆盖功能的路由器,它主要应用于用户上网和无线覆盖,还可以通过 WiFi 技术与用户的手机、笔记本等设备通信。市场上流行的无线宽带路由器一般都支持专线 XDSL/CABLE、动态 XDSL、PPTP 几种接入方式,它还具有其他一些网络管理的功能,如 DHCP 服务、NAT 防火墙、MAC 地址过滤等功能。

简单地说,通过宽带路由器共享连接去上网,就是让宽带路由路来进行拨号,并且将网络资源共享出来,让大家都可以通过它来接入 Internet。打个比方说,它就像是我们家里的电源插线板一样。

图 2-28

图 2-29

### 2.1.3 默认网关

默认网关(Gateway)是一个用于 TCP/IP 协议的配置项,是一个可直接到达的 IP 路由器的 IP 地址,它相当于一个网络连接到另一个网络的"关口"。配置默认网关可以在 IP 路由表中创建一个默认路径,一台主机可以有多个网关。默认网关的意思是一台主机如果找不到可用的网关,就把数据包发给默认指定的网关,由这个网关来处理数据包。现在主机使用的网关,一般指的是默认网关。一台计算机的默认网关是不可以随随便便指定的,必须正确地指定,否则一台计算机就会将数据包发给不是网关的计算机,从而无法与其他网络的计算机通信。默认网关的设定有手动设置和自动设置两种方式。

那么网关到底是什么呢？网关实质上是一个网络通向其他网络的 IP 地址。比如有网络 A 和网络 B,网络 A 的 IP 地址范围为 192.168.1.1~192.168.1.254,子网掩码为 255.255.255.0；网络 B 的 IP 地址范围为 192.168.2.1~192.168.2.254,子网掩码为 255.255.255.0。在没有路由器的情况下,两个网络之间是不能进行 TCP/IP 通信的,即使是两个网络连接在同一台交换机(或集线器)上,TCP/IP 协议也会根据子网掩码(255.255.255.0)判定两个网络中的主机处在不同的网络里从而不能相互进行通信。而要实现这两个网络之间的通信,则必须通过网关。如果网络 A 中的主机发现数据包的目的主机不在本地网络中,就把数据包转发给它自己的网关,再由网关转发给网络 B 的网关,网络 B 的网关再转发给网络 B 的某个主机。网络 B 向网络 A 转发数据包的过程也是如此。所以说,只有设置好网关的 IP 地址,TCP/IP 协议才能实现不同网络之间的相互通信。

## 2.2 任 务 实 现

能够达到连接共享的方法有几种,郭明通过资料查找,收集了最常见的三种方法,如图 2-30 所示。

通过取舍,他选择了以下方法即有线宽带路由器连接法,这种方法最稳定也最经济。

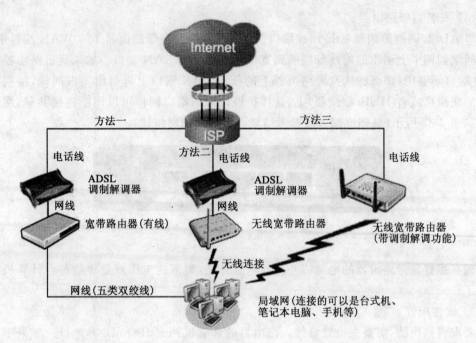

图　2-30

1) 硬件设备的准备与连接

(1) 检查所需硬件。

参照任务 1,准备好相应硬件,然后购置一台有线宽带路由器(见图 2-31),再依据每台计算机加配一根网线的标准,给宿舍里每位有计算机的同学都做一根网线,如果宿舍里的计算机台数超过了宽带路由器上的 LAN 端口数,那还得再准备 1 台交换机或者 HUB(集线器)。

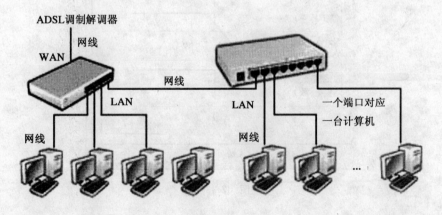

图　2-31

(2) 安装 ADSL 滤波分离器和调制解调器。

参照任务 1,进行安装,如果宿舍不使用固定电话了,可以把 ADSL 滤波分离器也省去安装。

（3）安装宽带路由器。

将 ADSL 调制解调器 Ethernet 端口引出的网线插到宽带路由器上的 WAN 端口中，然后将同学们网卡上引出的网线分别插到宽带路由器上的 LAN 端口。如果宽带路由器上的 LAN 端口不够用，那么就从宽带路由器上的任意 LAN 端口上再引出 1 根网线，接到你准备好的交换机或者 HUB（集线器）上，这样扩展出来的端口同样可以用于连接共享，网络结构图如图 2-32 所示（具体连接方法参考情境一中的局域网组建）。

图　2-32

现在接好宽带路由器的电源线并打开电源开关，剩下的工作就是要给每台计算机进行设置了。

2）软件配置

要配置路由器，需要先设置好接入路由器的计算机网卡 IP 和 DNS 地址。如果不知道路由器的地址，可以设置为自动获取，如图 2-33 所示。

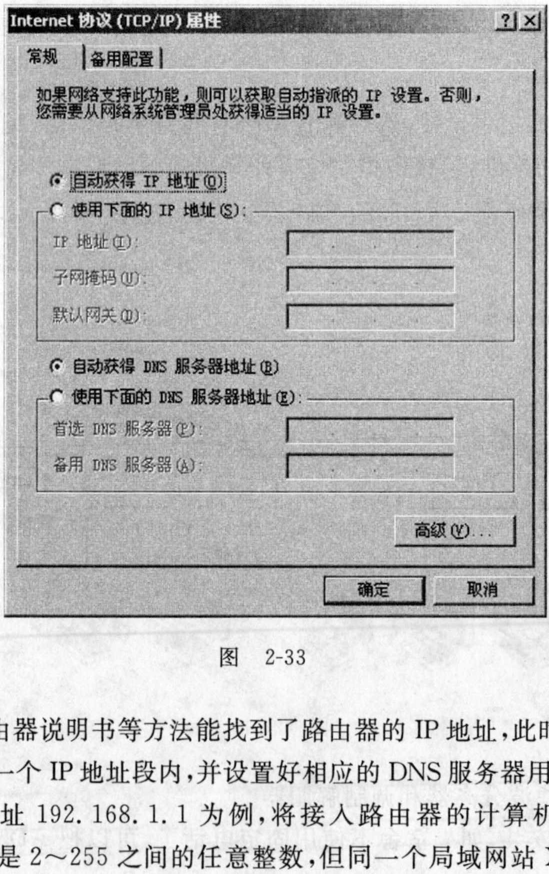

图　2-33

如果通过查看路由器说明书等方法能找到了路由器的 IP 地址，此时可以将计算机网卡的 IP 地址与其设置在同一个 IP 地址段内，并设置好相应的 DNS 服务器用于上网时解析域名。

下面以路由器地址 192.168.1.1 为例，将接入路由器的计算机 IP 地址分别配置为 192.168.1.X（X 可以是 2～255 之间的任意整数，但同一个局域网站 X 值不能相同）。网关则指向路由器，即 192.168.1.1。

注意：每个路由器都有自己默认的 IP 地址并且可以修改，如果忘记了还可以通过恢复出厂设置进行还原，路由器的 IP 地址一般的为：192.168.1.1 或者 192.168.0.1，也有的是 10.0.0.1。

具体操作步骤如下：

（1）右击桌面上的"网上邻居"图标，选择"属性"命令，如图 2-34 所示。

（2）在弹出的"网上邻居"窗口中右击"本地连接"图标，然后再选择"属性"命令，如图 2-35 所示。

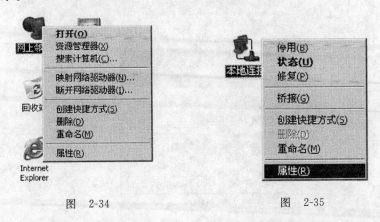

图　2-34　　　　　　　　　　　　　　　图　2-35

（3）在弹出的"本地连接 属性"窗口中找到"Internet 协议（TCP/IP）"，再选择"属性"命令，如图 2-36 所示。

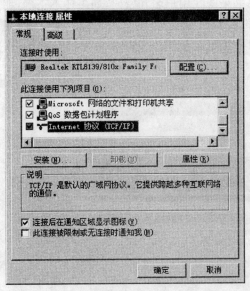

图　2-36

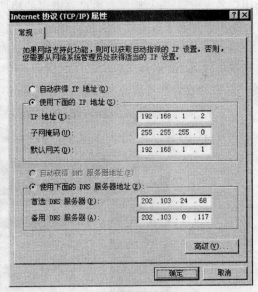

图　2-37

（4）在弹出的"Internet 协议（TCP/IP）属性窗口"中，选择"使用下面的 IP 地址"，然后设置 IP 地址为 192.168.1.2，子网掩码为 255.255.255.0，默认网关为 192.168.1.1。此时，顺便将 DNS 服务器的地址也设置好。不同地区的 DNS 服务器地址各不相同，这些都是可以在网上查找到的,也可以致电你的 ISP 进行咨询。例如湖北电信的 IP 地址是 202.103.24.68,202.103.0.117,如图 2-37 所示。

设置好本地的 IP 地址后,就可以登录路由器进行设置了。

(5) 登入路由器。打开 IE 浏览器窗口,在地址栏中输入路由器的 IP 地址,然后按 Enter 键确认,如图 2-38 所示。

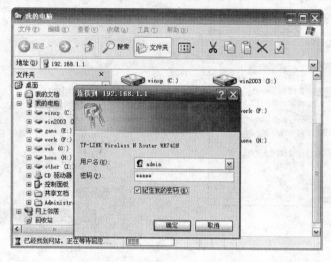

图 2-38

连接上网络后,会提示输入用户名和密码,一般默认的用户名和密码都是 admin。如果提示用户名或密码错误,则需要通过路由器的说明书来查找用户名和密码,如果还不正确,那只有将路由器重置了。重置方法是将路由器背面的 RESET 键长按 3 秒(时间根据说明书来定)。

输入正确后可以进入到路由器的管理页面。接下来使用设置向导来配置路由器,以便自动拨号接入 Internet。

① 首先在管理页面的右边选择"设置向导"命令,并单击打开向导页面,如图 2-39 所示。

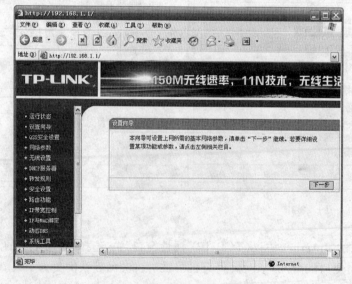

图 2-39

② 看完"设置向导"的说明后单击"下一步"按钮,在"设置向导—上网方式"的窗口中提供了三种最常见的方式,现在使用的是"PPPoE(ADSL 虚拟拨号)"方法,选择后单击"下一步"按钮,如图 2-40 所示。

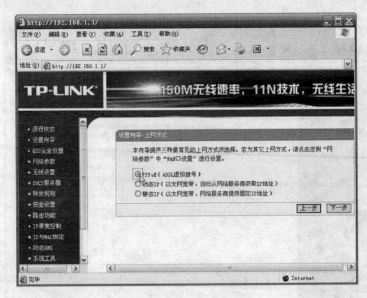

图 2-40

③ 此时进入的页面将要求输入上网账号和密码,也就是你在 ISP 那里申请到的上网账号和密码。按要求输入上网账号和上网口令(密码)后,单击"下一步"按钮,如图 2-41 所示。

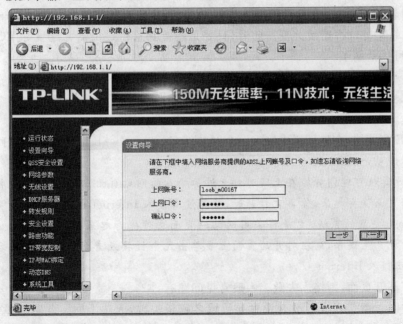

图 2-41

④ 最后是设置完成的提示页面。你需要按要求单击页面"重启"按钮后,将路由器重

启,才能使刚才的设置生效,如图 2-42 所示。

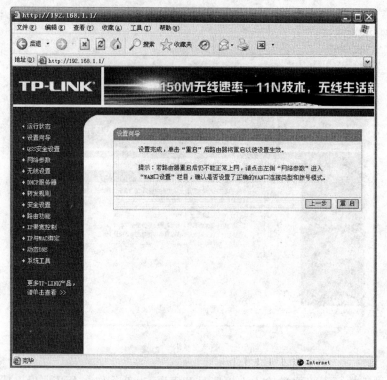

图 2-42

等路由器重启后,它会自动按刚才设置的 PPPoE 账户进行拨号接入 Internet,并通过其提供的 LAN 接口将连接共享。此时,只要是连接到这台路由器并配置好 TCP/IP 的计算机,就都可以上网了。

## 2.2.1 操作一:连接共享测试与故障排除

打开 IE 浏览器,在地址栏中输入一个网站域名,如:www.baidu.com ,能打开其页面,才表示设置成功,如图 2-43 所示。

注意:计算机可能因曾经在上网时打开过你输入的网站页面,其页面有可能被操作系统用于离线浏览而保存起来,你再次打开时,就算没有接入 Internet 也会成功打开页面。特别是使用 Ghost 安装的系统,更是将常用网站的页面文件保存起来并作为主页。那么,为了防止这种情况产生误导,则在打开的页面上多单击几个链接或者多输入几个域名来打开页面,确保真正接入 Internet。

如果打不开页面,则接入失败。一般常见问题有:

(1) DNS 设置错误或者没有设置导致域名解析失败,无法上网。此时故障表现为,能上 QQ 不能打开网站页面。修正操作参考 2.2.2 小节中的第(4)步。

(2) 路由器设置错误。如上网方式设置错误,修正操作参考 2.2.2 小节中的第(8)步。上网账号信息设置错误,修正操作参考 2.2.2 小节中的第(9)步。

图　2-43

## 2.2.2　操作二：如何识别正确的无线信号

如果是无线路由器，还需要进行一些其他的配置与管理。因为无线路由器是通过无线信号来进行连接的，可能在同一个区域有多个无线信号，那么通过哪个无线信号才能连接到自己的路由器呢？这就需要进行识别，接入到正确的路由器之后，才能进入路由器进行相关设置。

（1）打开"网上邻居"→"属性"命令，在弹出的窗口中可以看到你的无线网络连接是断开的，如图 2-44 所示。

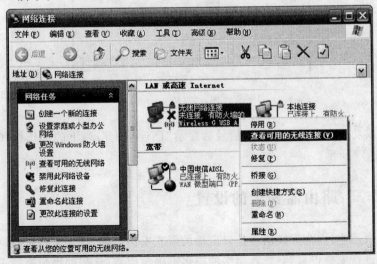

图　2-44

（2）在"无线网络连接"图标上右击,选择"查看可用的无线连接"命令,会打开"无线网络连接"页面,在页面中找到"网络任务"栏下的"刷新网络列表",单击"确认"按钮,等待一会儿后会在窗口右边显示出找到的所有无线信号。要识别哪一个是自己的宽带路由器,通常要根据路由器型号,这个可能看说明书来比对。其次还可以根据无线信号是否"启用安全的无线网络"来判断。一般设置好的无线信号都设置了"启用安全的无线网络",这就不是你要找的路由器了。当然也有一些无线信号没有设置,这通常是一些网络接入服务的商家提供的,它们的名称很容易识别,比如 ChinaNet,如图 2-45 所示。

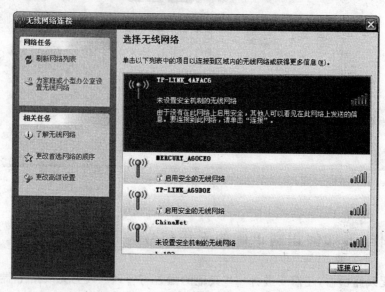

图　2-45

（3）选择好正确的无线信号后单击"连接"按钮,会提示正在进行连接,如图 2-46 所示。

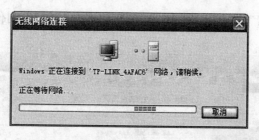

图　2-46

（4）连接成功后会在对应的无线信号后显示"已连接上",剩下的操作就和有线路由器一样了,如图 2-47 所示。

## 2.2.3　操作三:路由器安全的设置

在无线路由器中,因为无线信号是以广播的形式发出去的,任何人都可收到信号并要求接入。如果不进行安全设置,会导致网络的很多不确定因素,比如网络带宽被未经允许的人占用,路由器设置被篡改等。所以在无线路由器的设置向导中会比有线的多出一个步骤,就是安全设置。

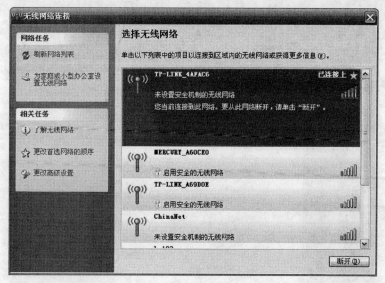

图　2-47

（1）在图 2-48 中,建议修改两个地方,一是 SSID,即无线信号识别名称。修改它是为了在其他计算机接入时,很容易从众多的无线信号中找出对应的路由器信号。二是 WPA-PSK/WPA2-PSK 的 PSK 密码,如图 2-49 所示,设置好后,其他计算机在接入路由器时会提示要求输入接入的密码,防止无授权接入。

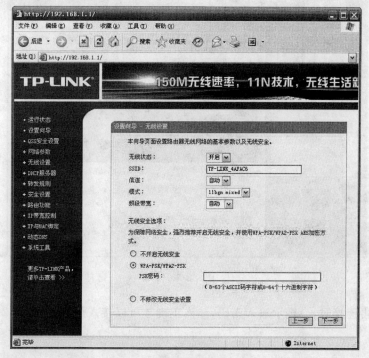

图　2-48

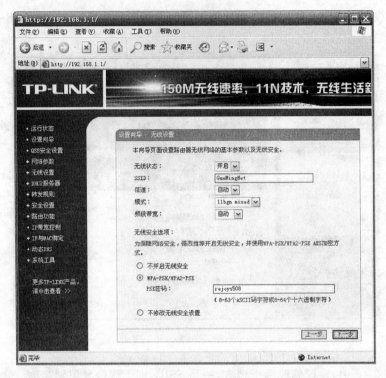

图 2-49

（2）设置完成后，其他计算机在"选择无线网络"中看到的是如图 2-50 所示的效果。

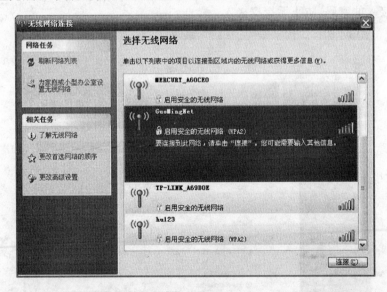

图 2-50

（3）此时再连接时，会提示输入密码，输入正确才可以接入路由器，如图 2-51 所示。

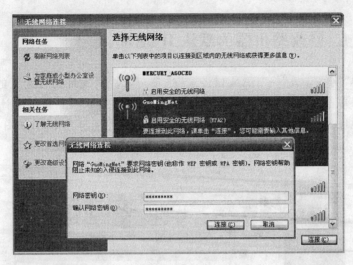

图　2-51

## 2.2.4　操作四：路由器限制网速的设置

　　一般 ADSL 提供的带宽都有限，如果局域网内有人使用迅雷等 BT 工具进行下载，或者有看电影等操作，都会占用过多的带宽，导致其他的计算机打不开页面，网络时断时续，此时可对每台计算机进行网速限制。具体操作为：打开路由器设置页面中的"IP 带宽控制"，在右边的窗口中先选中"开启 IP 带宽控制"复选框，再设置好对应的带宽线路类型和带宽大小。然后在"IP 带宽控制规则"中输入要控制的 IP 或者 IP 段，"模式"中选择相应的限制方式，以及输入对应的带宽大小并启用，最后保存设置，如图 2-52 所示。

图　2-52

### 2.2.5 操作五:修改路由器的默认 IP 地址

选择页面中"网络参数"→"LAN 口设置"选项,修改 IP 地址为自定义的地址,如 192.168.0.254,然后单击"保存"按钮即可。此处修改过,需将接入该路由器的计算机网关设置为路由器的新地址,并且保证局域网中没有计算机的 IP 地址与之相同,如图 2-53 所示。

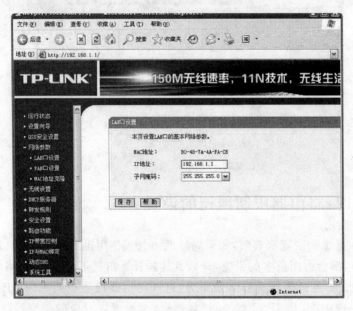

图 2-53

# 任务3 资源共享

**【任务背景】**

这段时间,郭明下载了几部新电影,室友们都想复制过去欣赏一下,但是这几个文件有几千兆,如果用 U 盘复制就太慢了。后来一想才发现,既然大家都连成局域网了,不如像网上说的那样通过网络将电影共享给大家,这样复制起来既方便又快捷。另外有位同学装备了一部打印机,也准备一起共享出来,这样大家在自己的电脑上直接就可以打印文件资料了。想法是有了,但是应该如何设置呢?通过这几次的 DIY 操作,郭明有了很强的成就感,于是又开始自己动手了,这次他是否仍然会成功呢?我们不如看看他接下来是怎样做的。

**【任务目标】**

掌握设置文件共享和打印机共享的方法。

# 3.1　知　识　准　备

## 3.1.1　资源共享

在计算机领域,资源共享是指通过网络平台,将计算机能够使用的一切资源以免费的形式提供给其他用户使用。常见的共享资源如下:

(1) 数据文件共享。比如共享计算机上的文件,以便提供给其他用户浏览、复制等。

(2) 设备共享。如将局域网的打印机共享出来为局域网所有用户提供打印服务。

(3) 语音和视频共享。比如土豆网提供的免费视频,QQ 和 MSN 提供的在线聊天等。

(4) 连接共享。比如前一任务中的宽带连接共享。

(5) 资源共享的方法也有很多,目前常见的如:

① 简单共享。如个人计算机把文件(资料、影音、游戏、技术书籍、研究成果等)设置成共享,然后本网段的计算机可以访问。

② 服务器模式。通常是营利机构或个人爱好者把资料数据上传到服务器上供 Internet 用户下载,可以分为 FTP 模式(UTP 协议)和 Web 模式(TCP/IP 协议)。

③ 云计算技术。这是未来网络的发展方向,它让一个服务器集群来完成一个特定功能。比如瑞星的云查杀病毒,就是运用服务器集群上的数据库(病毒库)来为 Internet 用户提供在线查毒等功能。

本次任务中,郭明使用到的是局域网文件共享和打印机共享。共享资源是指用户主动地在网络上(互联网或局域网络)共享自己的文件供他人使用。文件本身存储在共享者的计算机上,使用户通过局域网或 Internet 来访问共享者的共享文件,并经相应授权后可以对共享文件进行读写操作。

## 3.1.2　共享权限

为了共享时的安全性和可控性,在资源共享时系统提供了共享权限的配置选项。以 Windows XP 中的文件共享为例,它可以配置五种共享的权限级别。可以使用简单文件共享用户界面来配置级别 1、2、4 和 5。右击文件夹,然后选择"共享和安全"命令,打开简单文件共享用户界面。要配置级别 3,则需要将文件或文件夹复制到"我的电脑"下的"共享文档"文件夹中。级别 1 是专用性和安全性最高的设置,级别 5 是公共性和可更改性(不安全)最高的设置。

不同的访问级别的共享权限各有差异,如表 2-4 所示。

表　2-4

| 访问级别 | 所有人(文件) | 所有者 | 系　统 | 管理员 | 所有人(共享) |
|---|---|---|---|---|---|
| 级别 1 | 不可用 | 完全控制 | 完全控制 | 不可用 | 不可用 |
| 级别 2 | 不可用 | 完全控制 | 完全控制 | 完全控制 | 不可用 |

续表

| 访问级别 | 所有人（文件） | 所有者 | 系　统 | 管理员 | 所有人（共享） |
|---|---|---|---|---|---|
| 级别 3 | 读取 | 完全控制 | 完全控制 | 完全控制 | 不可用 |
| 级别 4 | 读取 | 完全控制 | 完全控制 | 完全控制 | 读取 |
| 级别 5 | 更改 | 完全控制 | 完全控制 | 完全控制 | 完全控制 |

共享权限说明如下。

- 完全控制：查看该共享文件夹内的文件名称、子文件夹名称；查看文件内数据、运行程序；遍历子文件夹；向该共享文件夹内添加文件、子文件夹；修改文件内数据；删除子文件夹及文件；更改权限；取得所有权权限。
- 更改：查看该共享文件夹内的文件名称、子文件夹名称；查看文件内数据、运行程序；遍历子文件夹；向该共享文件夹内添加文件、子文件夹；修改文件内数据。
- 读取：查看该共享文件夹内的文件名称、子文件夹名称；查看文件内数据、运行程序；遍历子文件夹权限。
- 不可用：即无法访问和使用。

# 3.2　任务实现

## 3.2.1　文件的共享

**操作一：文件共享配置**

一台计算机的资源要想分享给同一个网络中的其他计算机使用，通常可以使用"网络安装向导"来进行配置。如果你的计算机没有进行相应配置，则会在共享操作时提示你运行"网络安装向导"，如图 2-54 所示

下面介绍具体的操作。

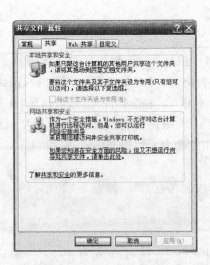

图　2-54

（1）打开"开始"菜单，选择"程序"→"附件"→"通信"→"网络安装向导"命令，如图 2-55 所示。

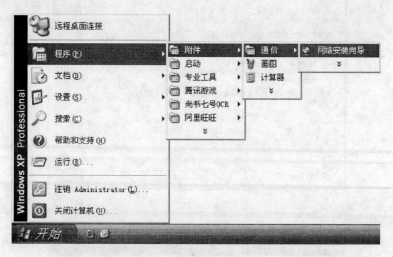

图　2-55

（2）在弹出的"网络安装向导"窗口中单击"下一步"按钮，如图 2-56 所示。

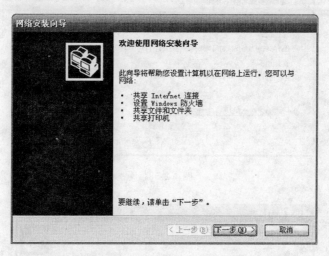

图　2-56

（3）在继续之前，确认提示信息中的操作都已完成，然后单击"下一步"按钮，如图 2-57 所示。

（4）接下来选择连接方法。郭明宿舍里的计算机都是通过一个宽带路由器共享连接上网的，所以不属于这个窗口中的前两项。于是选择"其他"选项，然后单击"下一步"按钮，选择其他的连接方法，如图 2-58 所示。

（5）此时选择第一项。可以通过"查看示例"来检验你的选择是否正确。确认后单击"下一步"按钮，如图 2-59 所示。

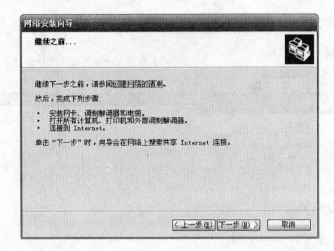

图　2-57

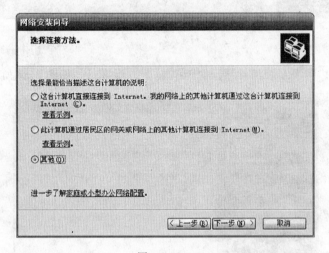

图　2-58

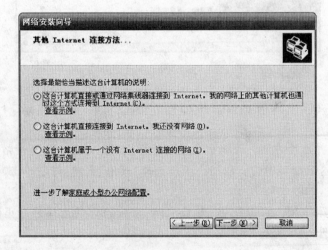

图　2-59

（6）在接下来的窗口中给这台计算机提供描述和名称。计算机名是用于标识这台计算机的名字。在同一个局域网中，计算机名不能重名，另外还可以使用这个名字在局域网中快速查找到指定的计算机。计算机描述是对这台计算机标识的补充说明。计算机名和描述是用户自定义的，但最好简单易识别。例如：郭明的计算机名取名为 GM_PC(计算机名均为大写)，对其进行补充时，即在计算机描述中输入 GuoMingPC，如图 2-60 所示。

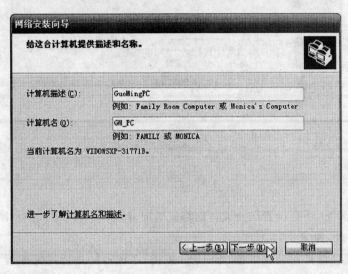

图　2-60

（7）接下来给网络命名，也称工作组。命名时通常为 MSHOME 或者 WORKGROUP，也可以自定义。同一个局域网里的计算机一般都设置在同一个工作组里，如图 2-61 所示。

（8）最后是设置是否启用文件和打印机共享服务。这里选择启用，然后单击"下一步"按钮，如图 2-62 所示。

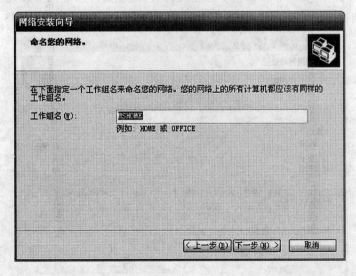

图　2-61

87

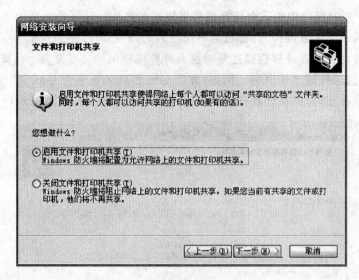

图 2-62

（9）到目前为止，所有设置已完成，"网络安装向导"窗口会向用户提示刚才所有成功的网络设置项目列表，如图 2-63 所示。

（10）确认信息设置正确后单击"下一步"按钮，系统开始进行网络配置，完成后会提示"必须重新启动计算机才能使新的设置生效"，并询问是否现在就重新启动计算机，单击"是"按钮后重启，再次进入系统时，共享文件的网络配置就全部完成了。

**操作二：共享文件的访问测试与故障排除**

在同一个局域网中的其他计算机上进行"操作一"的配置后，就可以很方便地进行共享文件的互访了。接下来以图 2-64 所示的局域网为例，进行共享文件的访问测试。

（1）在计算机 GM_PC 中的 C 盘下建立文件夹"共享文件"，在该文件夹上右击，在弹出的快捷菜单中选择"属性"命令或者"共享和安全"命令，如图 2-65 所示。

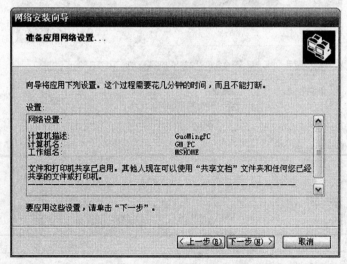

图 2-63

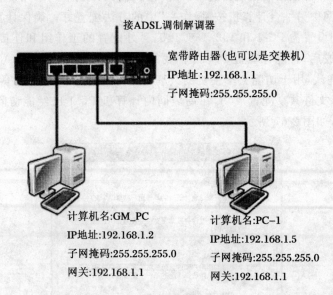

接ADSL调制解调器

宽带路由器(也可以是交换机)
IP地址:192.168.1.1
子网掩码:255.255.255.0

计算机名:GM_PC
IP地址:192.168.1.2
子网掩码:255.255.255.0
网关:192.168.1.1

计算机名:PC-1
IP地址:192.168.1.5
子网掩码:255.255.255.0
网关:192.168.1.1

图 2-64

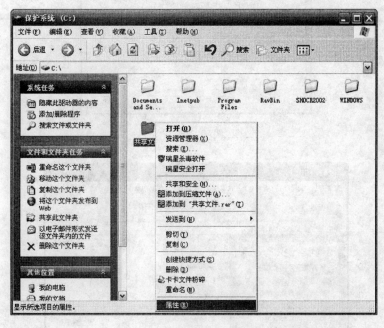

图 2-65

 (2) 在"共享文件 属性"窗口中选择"共享"选项卡,此时可以看到有两组选项,分别是"本地共享和安全"与"网络共享和安全"。"本地共享和安全"是配置此文件夹是否共享给该计算机的其他用户使用,而"网络共享和安全"是配置该文件夹是否共享给网络上的其他计算机用户使用,如图 2-66 所示。

 (3) 如果选中"在网络上共享该文件夹"复选框,则访问到该主机的用户拥有"读取"权限。如果再选中"允许网络用户更改我的文件"复选框,则访问到该主机的用户拥有"读取"

和"更改"权限,用户可根据需要进行选择。此时,我们只开放给网络用户"读取",即只选中第一项。将局域网中另一台计算机按"操作一"中的方法配置好。确保计算名和 IP 地址不会相同,这里分别设置为 PC-1 和 192.168.1.5,另外配置的工作组和连接 Internet 方法均要一致。配置完成后,打开计算机 PC-1 的"我的电脑",在地址栏中输入\\192.168.1.2 或者\\GM_PC 后确认,用于访问共享主机的共享资源,比如打印机和文件等。如果看到的是以下窗口,则表示文件共享配置成功,在局域网内计算机 PC-1 已经能访问计算机 GM_PC中的共享文件了,如图 2-67 所示。

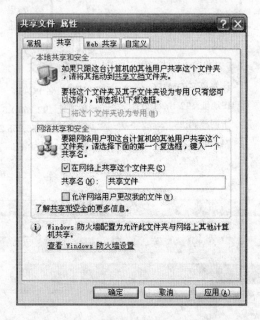

图 2-66

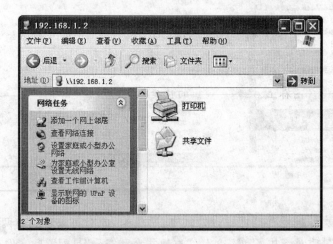

图 2-67

**注意:**

(1) 如果提示无法访问窗口,则表示未成功。通常导致无法访问的原因有:防火墙禁止访问。此时通过共享文件夹的属性窗口找到"查看 Windows 防火墙设置",并单击打开

"Windows 防火墙"设置窗口后再将其关闭。另外,将第三方软件的其他的防火墙最好也暂时关闭,如图 2-68 所示。

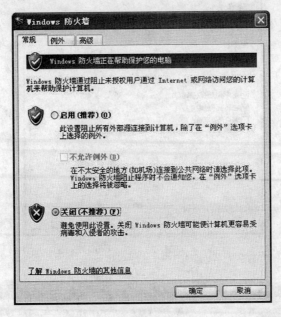

图　2-68

(2) GUEST 用户没有开启,其故障提示如图 2-69 所示。

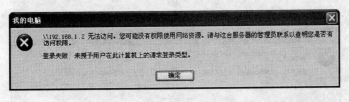

图　2-69

GUEST 开启方法为:

① 在"我的电脑"图标上右击,在弹出的快捷菜单中选择"管理"命令,如图 2-70 所示。

② 在打开的"计算机管理"窗口中,选择"系统工具"→"本地用户和组"→"用户"命令,然后在窗口右边找到名称为"Guest"的用户,并右击,选择"属性"命令,取消选中"Guest 属性"窗口中"账户已停用"复选框,如图 2-71 所示。

图　2-70

③ 共享主机没有开启或 IP 地址不在同一个网段内,其故障提示如图 2-72 所示。

④ 登录用户账户没有设置密码等情况也会导致无法访问,其故障提示如图 2-73 所示。

⑤ 最简单的解决办法是给用于远程登录的账户设置密码,这样也有利于共享主机的信息安全,如给 Guest 账户设置密码,如图 2-74 所示。

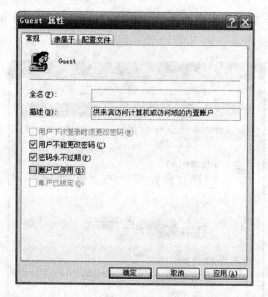

图 2-71

图 2-72

图 2-73

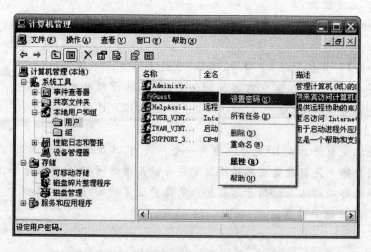

图 2-74

操作三：其他情况

为了方便地提供文件共享服务在网络中的用户，在 Windows XP 中还提供了一种快速访问的方式——映射网络驱动器。操作和使用方法如下：

（1）打开"我的电脑"，在地址栏中输入共享主机的地址或者计算机名后确认。然后在共享的文件中找到"共享文件"，选择后右击，在弹出的快捷菜单中选择"映射网络驱动器"命令，如图 2-75 所示。

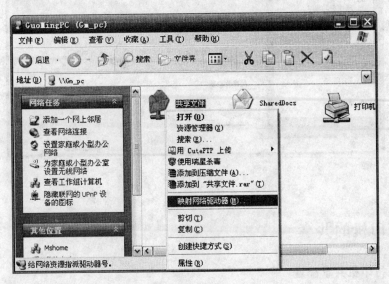

图 2-75

（2）在打开的"映射网络驱动器"窗口中设置好映射后的驱动器盘符，如 Z 盘。同时选中"登录时重新连接"复选框并单击"完成"按钮，如图 2-76 所示。

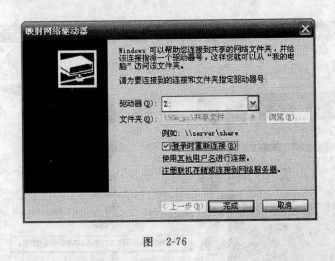

图 2-76

（3）设置完成后，以后再要访问 GM_PC 上的"共享文件"这个文件夹，就只需要在本地计算机的"我的电脑"中就可以直接访问了，如图 2-77 所示。

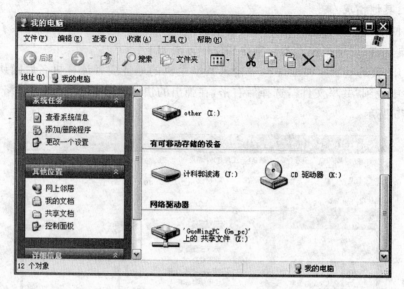

图 2-77

## 3.2.2 打印机的共享

**操作一:打印机共享配置**

在局域网内的一台计算机上安装调试好一台打印机,确保网络用户可以访问此台装有打印机的主机,具体方法与文件的共享设置相似。

(1) 在装有打印机的计算机上选择"控制面板"→"打印机和传真"命令,如图 2-78所示。

图 2-78

（2）在打开的"打印机和传真"窗口中检查安装的打印机是否已经共享，如果已经共享了，则打印机图标下会有类似人手的图像。如果没有共享，则在打印机图标上右击，选择"共享"命令，将其共享到网络上，如图 2-79 所示。

（3）现在到需要安排共享打印机的计算机上进行配置。在桌面"网上邻居"图标上右击，在弹出的快捷菜单中选择"搜索计算机"命令，如图 2-80 所示。

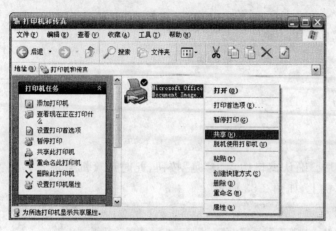

图 2-79　　　　　　　　　　　　　　　　　　　　图 2-80

（4）在打开窗口的左侧输入安装有打印机的主机，如 GM_PC，也可以是该计算机的局域网 IP 地址，然后单击"搜索"命令。此时在窗口右侧会显示已找到的主机，如图 2-81 所示。

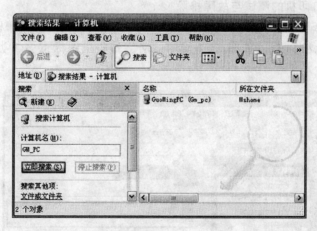

图　2-81

**注意**：这种方法与文件共享设置中"操作二"的第（3）步输入"\\192.168.1.2"的作用一样，都是打开共享主机的共享资源。

（5）在如图 2-81 所示的"搜索结果－计算机"窗口中，双击打开已找到的共享主机，打开其共享的资源目录，找到"打印机"并右击，在弹出的快捷菜单中选择"连接"命令，如图 2-82所示。

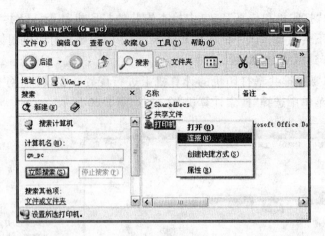

图　2-82

（6）在弹出的"连接到打印机"确认窗口中单击"是"按钮，此时计算机会将安装配置好的这台打印机共享到你的计算机上，如图 2-83 所示。

图　2-83

**操作二：共享打印机的测试与故障排除**

等待计算机自动安装配置好共享打印机后，打开"控制面板"→"打印机和传真"窗口，检查是否多了一台网络打印机，如图 2-84 所示。网络打印机图标下多了类似于一根管道的图像。

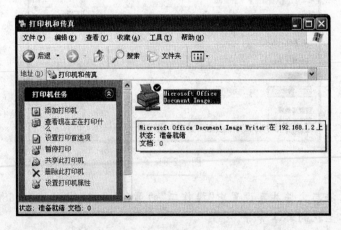

图　2-84

接下来是打印测试。打开本地计算机上的任意一个 Word 文档，同时按下 Ctrl＋P 组合键，会弹出"打印"窗口。此时在打印机名称中也可以查看到新配置好的网络打印机，如

图 2-85所示。

单击"确认"按钮进行打印后,就可以打印出文件来了。

如果打印没有反应,一般都是对方打印机没有开户或者停止共享了,或者网络故障。解决办法可以参考文件共享的操作方法。

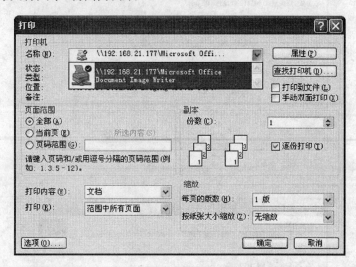

图　2-85

**操作三:其他情况**

在局域网计算机上安装网络打印机,可以使用打印机安装向导完成。

(1)打开"控制面板"→"打印机和传真"窗口,选择"添加打印机"命令,如图 2-86 所示。

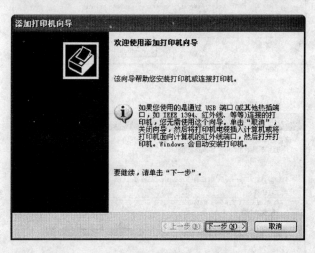

图　2-86

(2)在打开的"添加打印机向导"窗口中单击"下一步"按钮,选择"网络打印机或连接到其他计算机的打印机"单选按钮来安装网络打印机,如图 2-87 所示。

(3)单击"下一步"按钮后,进行"指定打印机"的选择,此时选择"浏览打印机"单选按钮来寻找要安装的网络打印机,如图 2-88 所示。

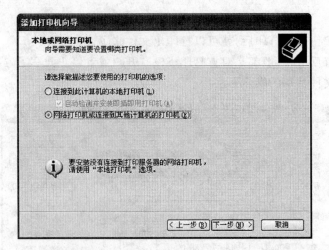

图 2-87

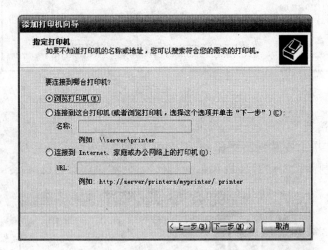

图 2-88

图 2-89

(4) 单击"下一步"按钮后,在"浏览打印机"的"共享打印机"选项中选择"MSHOME"工作组→"GM_PC"→"打印机"命令,如图 2-89 所示。

(5) 单击"下一步"按钮后,在窗口中将这台打印机设置为默认打印机,如图 2-90 所示。

最后显示的是刚才添加完成的网络打印机的设置信息,单击"完成"按钮后,网络打印机配置就完成了。

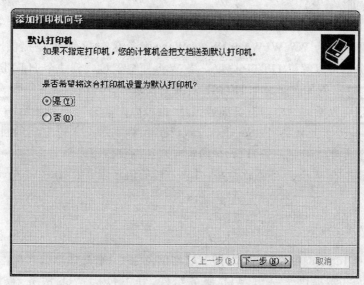

图  2-90

# 任务 4  应用服务器配置

【任务背景】

通过上网,郭明了解了什么是个人网站,对此产生了浓厚的兴趣。通过一段时间的学习和探索,他自己做了个简单的个人网站,如何才能发布到网上让大家看到自己的成果呢? 其实可以把自己的计算机设置成 Web 服务器,先在局域网内测试成功了,再去申请一个免费域名,并将内容上传到 Internet 上展示自己的成果。为了增加自己网站的信息内容和功能,他还准备同时建一个 FTP 服务器,将自己的一些资料共享给别人下载,对于一些特殊的文件,他还可以通过授权的方式供自己在外地的同学进行查阅下载。

这一次不同,为了快速地搭建起这部个人服务器,他请了一位有经验的同学来手把手地教他如何做。

【任务目标】

掌握使用 IIS 构建 Web 服务器的方法;

掌握使用 Serv-U 搭建 FTP 服务器的方法。

# 4.1 知 识 准 备

## 4.1.1 Web 服务器

Web 服务器也称为 WWW(World Wide Web)服务器,主要功能是提供网上信息浏览服务。Web 服务器可以解析 HTTP 协议。当 Web 服务器接收到一个 HTTP 请求时,会返回一个 HTTP 响应,例如送回一个 HTML 页面给请求者。

Web 服务器可以响应一个静态页面或图片,也可以把动态响应委托给一些其他的程序或服务器端技术,例如 JSP、ASP、Servlets、JavaScript 脚本等。无论它们的目的如何,这些服务器端的程序通常都产生一个 HTML 的响应来让浏览器可以浏览。

目前使用最多的 Web 服务器软件是:微软公司的信息服务器(IIS)和 Apache。

## 4.1.2 IIS

IIS(Internet Information Server),即互联网信息服务,它是微软公司的一款 Web 服务器产品。该产品主要提供了一组 Web 服务组件,其中包括 Web 服务器、FTP 服务器、NNTP 服务器和 SMTP 服务器,分别用于网页浏览、文件传输、新闻服务和邮件发送等方面,它使得在网络(包括互联网和局域网)上发布信息成了一件很容易的事。同时它还提供了一个图形界面的管理工具,称为 Internet 服务管理器,可用于监视配置和控制 Internet 服务。另外通过它提供的 Internet 数据库连接器,还可以实现对数据库的查询和更新。表 2-5 是目前常用的 IIS 版本情况。

**表 2-5**

| IIS 版本 | Windows 版本 | 备 注 |
|---|---|---|
| IIS 5.0 | Windows 2000<br>Windows XP | 在安装相关版本网络框架的 RunTime 之后,可支持.<br>NET 1.0/1.1/2.0 的运行环境 |
| IIS 6.0 | Windows Server 2003<br>Windows Vista<br>Windows XP | 可支持. NET 1.0/1.1/2.0 的运行环境 |
| IIS 7.0 | Windows Vista<br>Windows Server 2008<br>Windows 7 | 可以支持.NET 3.5 及以下的版本 |

## 4.1.3 FTP 服务器

FTP 的全称是 File Transfer Protocol(文件传输协议)。顾名思义,就是专门用来传输文件的协议。而 FTP 服务器,则是在互联网上提供存储空间的计算机,它们依照 FTP 协议提供服务。当它们运行时,用户就可以连接到服务器上下载文件,也可以将自己的文件上传到 FTP 服务器中。

FTP 与大多数 Internet 服务一样,也是一个客户机/服务器系统。用户通过一个支持 FTP 协议的客户机程序,连接到在远程主机上的 FTP 服务器程序。然后用户通过客户机程序向服务器程序发出命令,服务器程序执行用户所发出的命令并将执行的结果返回到客户机。例如,用户发出一条命令,要求服务器向用户传送某一个文件,服务器会响应这条命令,将指定文件传送至用户的机器上。客户机程序代表用户接收到这个文件,将其存放在用户指定的目录中。

在使用 FTP 服务当中,我们经常提到两个词汇:"下载"和"上传"。"下载"文件就是从远程主机复制文件至自己的计算机上;"上传"文件就是将文件从自己的计算机中复制至远程主机上。用 Internet 语言来说,用户可通过客户机程序向(从)远程主机上载(下载)文件。

通常我们在使用 FTP 服务时并不需要登录(其他使用的是匿名登录),但有时一些 FTP 服务器出于安全或其他方面的考虑,要求用户必须登录。用户在远程主机上获得相应的权限以后,方可上传或下载文件。也就是说,要想同哪一台计算机传送文件,就必须具有那一台计算机的适当授权。

## 4.1.4　Serv-U

Serv-U 是目前最常用的 FTP 服务器软件之一,支持 XP/2003/Win7 等全 Windows 系列。可以设定多个 FTP 服务器、限定登录用户的权限、登录主目录及空间大小等,功能非常完备。它具有非常完备的安全特性,支持 SSL FTP 传输,支持在多个 Serv-U 和 FTP 客户端通过 SSL 加密连接保护用户的数据安全等。

通过使用 Serv-U,用户能够很方便地将任何一台 PC 设置成一个 FTP 服务器。这样,用户或其他使用者就能够使用 FTP 协议,通过在同一网络上的任何一台 PC 与 FTP 服务器连接,进行文件或目录的复制、移动、创建和删除等。

Serv-U 的主要功能及特点如下:

- 支持实时的多用户连接,支持匿名用户的访问,并能通过限制同一时间最大的用户访问人数确保服务器正常运转。能够为不同用户提供不同设置,支持分组管理数量众多的用户。
- 安全性能出众。目录和文件层次都可以设置安全防范措施,并可以基于 IP 对用户授予或拒绝访问权限。
- 支持文件上传和下载过程中的断点续传。支持拥有多个 IP 地址的多宿主站点。
- 能够设置上传和下载的比率、硬盘空间配额、网络使用带宽等,从而能够保证用户有限的资源不被大量的 FTP 访问用户所消耗。
- 可自定义设置在用户登录或退出时的显示信息,支持具有 UNIX 风格的外部链接。可作为系统服务后台运行。

# 4.2　任　务　实　现

## 4.2.1　使用 IIS 创建 Web 服务器

**操作一：软件准备，安装 IIS**

准备好 IIS 5.1 安装包，或 Windows XP 安装光盘。安装包可以到 http://www. crsky.com/soft/22394.html 去下载。

(1) 单击"开始"菜单，选择"设置"→"控制面板"命令，如图 2-91 所示。

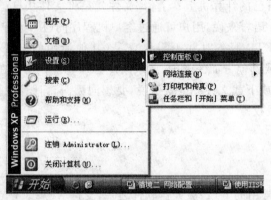

图　2-91

(2) 在打开的"控制面板"窗口中双击"添加或删除程序"图标，如图 2-92 所示。

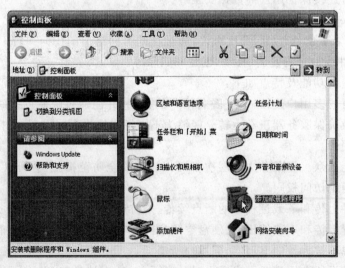

图　2-92

(3) 在打开的"添加或删除程序"窗口中选择"添加/删除 Windows 组件(A)"选项，如图 2-93所示。

（4）在打开的"Windows 组件向导"窗口中选中"Internet 信息服务（IIS）"复选框，然后单击"下一步"按钮，如图 2-94 所示。

图　2-93

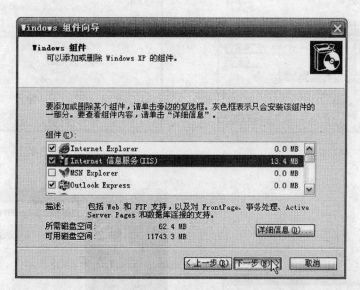

图　2-94

稍后，系统开始安装 IIS，如图 2-95 所示。

在安装的过程中会提示指定安装文件的路径，如图 2-96 所示。

（5）此时单击"浏览"按钮，指定安装文件路径。如果是使用安装光盘进行安装的，只需在查找范围中选择光盘所在盘符；如果是通过安装包进行安装，则需指示对应安装路径并找到对应文件后再单击"打开"按钮，如图 2-97 所示。

（6）指定好文件路径后，单击"确定"按钮，如图 2-98 所示。

安装完成后显示的窗口如图 2-99 所示。

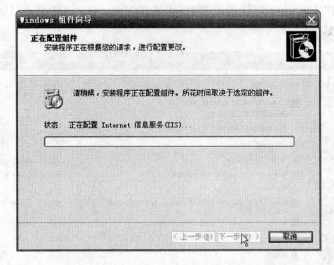

图 2-95

图 2-96

图 2-97

图 2-98

图 2-99

**操作二：IIS 服务器测试与故障排除**

（1）打开"控制面板"并找到"管理工具"选项，如图 2-100 所示。

（2）在"控制面板"窗口中双击打开"管理工具"，如图 2-101 所示。

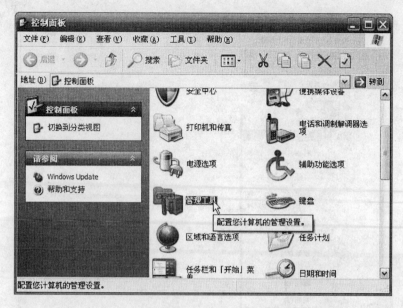

图　2-100

图　2-101

（3）在打开的"管理工具"窗口中双击"Internet 信息服务"图标，打开的窗口如图 2-102 所示。

（4）通过"Internet 信息服务"窗口树状目录依次找到"本地计算机"→"网站"→"默认网站"，在"默认网站"上右击，在弹出的快捷菜单中选择"浏览"命令。如果显示以下两个窗口，则说明安装成功，如图 2-103 和图 2-104 所示。

如果出现的是以下窗口，则说明 IIS 服务器没有正常运行，如图 2-105 所示。

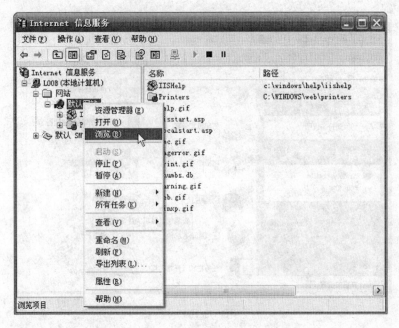

图 2-102

图 2-103

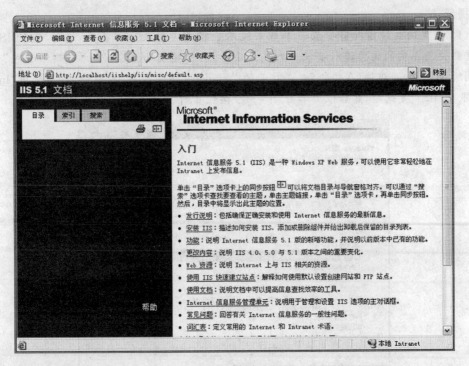

图　2-104

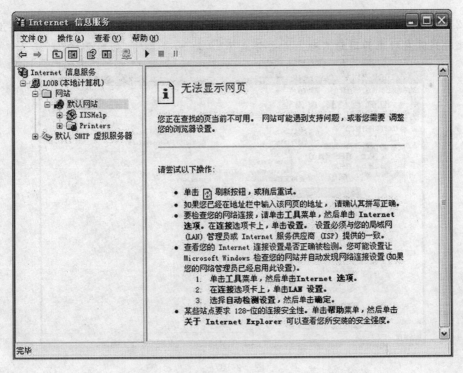

图　2-105

**提示：**

（1）常见的故障情况有安装版本与系统不兼容或者安装文件丢失，这时可将 IIS 卸载后，重新使用正确的文件进行安装。卸载方法是找到"控制面板"→"添加/删除程序"→"添加/删除 Windows 组件（A）"命令，在打开的"Windows 组件向导"窗口中，取消选中"Internet 信息服务(IIS)"复选框，然后依次单击"下一步"按钮直到"完成"为止，如图 2-106 所示。

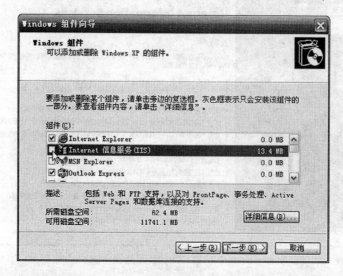

图　2-106

（2）有时也可能是系统服务没有启动，比如在 IIS 服务器中进行浏览的网站服务没有开启。此时只需在对应的网站名称上右击并选择"启动"命令即可，如图 2-107 所示。

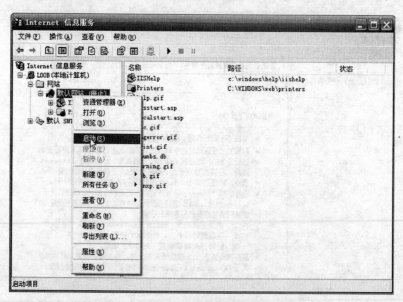

图　2-107

**操作三：个人网站配置**

（1）建议将做好的个人网站放在某一个盘的根目录下，如图 2-108 所示。

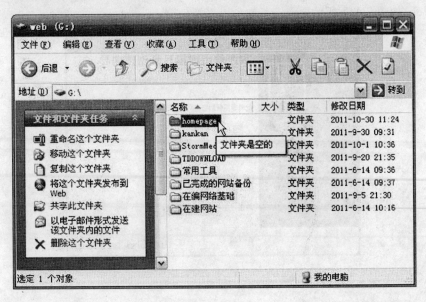

图　2-108

（2）然后打开"Internet 信息服务"窗口。右击"默认网站"，在弹出的菜单中选择"新建"→"虚拟目录"命令，如图 2-109 所示。

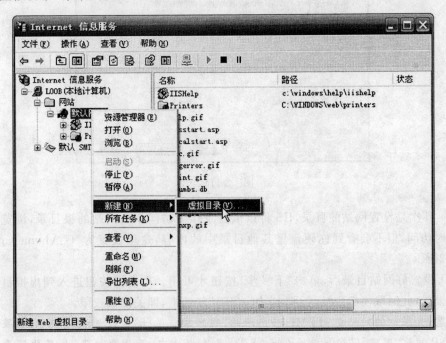

图　2-109

（3）在打开的"虚拟目录创建向导"窗口单击"下一步"按钮，进行个人网站的信息设置，如图 2-110 所示。

（4）首先是设置网站的别名，主要是在"Internet 信息服务"中便于用户识别，这里设置为 My Web，如图 2-111 所示。

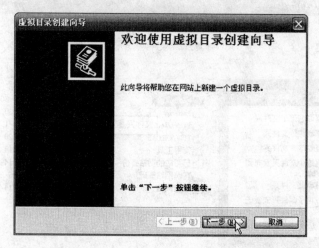

图　2-110

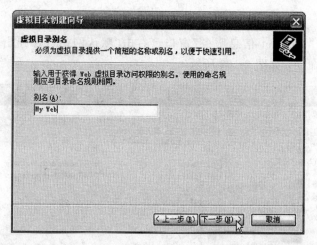

图　2-111

（5）其次是设置网站的目录，IIS 将以该目录作为访问个人网站的根目录，浏览者只在此目录时访问，但不会看到你硬盘里其他目录中的内容，这里设置为"G：\homepage"，如图 2-112所示。

（6）设置好网站目录后，单击"下一步"按钮才可用。单击该按钮进入到虚拟目录访问权限的设置，此时取消选中"运行脚本（如 ASP）"复选框，即关闭该权限。

**注意**：如果你的网站是 HTML 静态网站，则只需与第（6）步设置相同即可；如果你的网站是 ASP 网站，则需将"运行脚本（如 ASP）"复选框选中，开放此权限；如果你还希望具有远程访问管理的功能，则还要开启"写入"及"浏览"的权限，如图 2-113 所示。

（7）单击"下一步"按钮完成虚拟目录的创建，如图 2-114 所示。

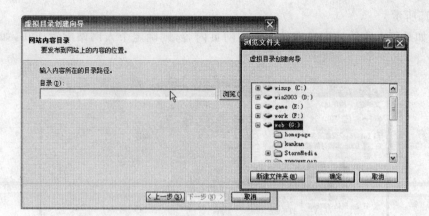

图　2-112

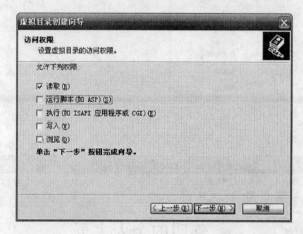

图　2-113

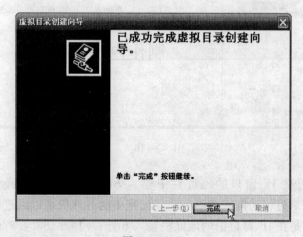

图　2-114

**操作四：个人网站测试与故障排除**

（1）在已经打开的"Internet 信息服务"窗口中找到 My Web，右击并选择"浏览"命令，如图 2-115所示。

（2）如果能在右边的窗口中显示你的网页内容,则确定个人网站配置成功,如图 2-116
所示。

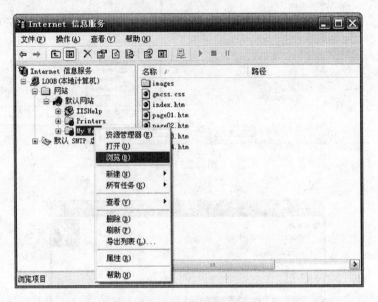

图 2-115

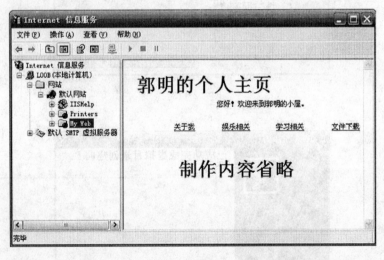

图 2-116

（3）也可以通过在 IE 窗口的地址栏中输入 http://localhost/my web 或者 http://
127.0.0.1/my web 来进行访问。在同一个局域网中的计算机可以通过访问 IP 地址来访问
个人网站,具体操作是在 IE 窗口中的地址栏输入 http://192.168.1.2/my web,如图 2-117
所示。

　　注意:因为 IIS 5.x 版本只支持一个默认网站服务,如果想建立多个网站,只能新建为
"虚拟目录"进行访问,所以在访问时会在服务器地址后增加一个"虚拟目录"的路径名。如

果你建立的 IIS 服务器只希望有一个网站,即网站直接通过服务器地址访问,那么必须将你的网站路径直接设置成网站服务目录。具体操作如下:

　　① 在打开的"Internet 信息服务"窗口中找到"默认网站"并右击,在快捷菜单中选择"属性"命令,如图 2-118 所示。

图　2-117

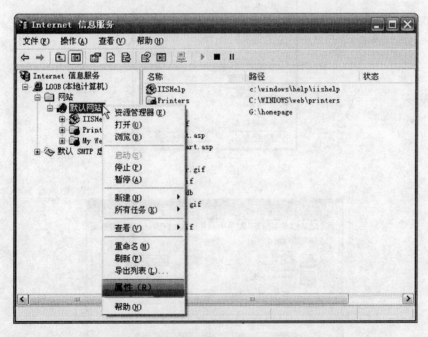

图　2-118

　　② 在弹出的"默认网站 属性"对话框中选择"主目录"选项卡,通过"浏览"按钮设置"本地路径"为你的网站路径,如图 2-119 和图 2-120 所示。

　　如果个人网站配置失败,排除 IIS 服务器的问题后,通常原因有以下两种。

　　① 主页的首页文档无法自动识别。

　　在"默认网站 属性"对话框中选择"文档"选项卡,并通过"添加"命令将你的网站首页文

113

件名(包括扩展包)添加到"启用默认文档"的列表中。比如你的网站是首页文件名为 index. html 时,因为启用的默认文档列表中没有该文件名,导致网站将无法正常浏览,此时通过添加后即可成功访问,如图 2-121 所示。

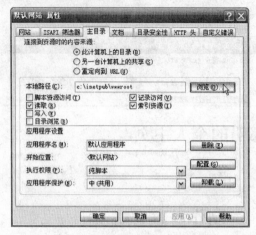

图　2-119

图　2-120

图　2-121

② 网站访问端口错误。

在"默认网站 属性"对话框中选择"网站"选项卡,查看 TCP 端口是否为 80,如果不是则需修改。因为一般访问时默认的端口为 80,如图 2-122 所示。

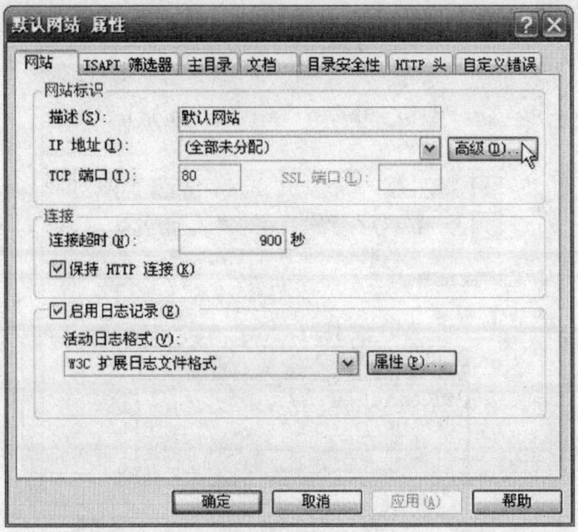

图　2-122

如果访问时,在窗口中通常有相应的错误提示信息,也可以通过 IIS 帮助文件查找原因或者通过 Internet 去搜索解决答案。比如安全性和访问权限的问题也会导致无法浏览网站页面,此时故障原因和解决起来都相对复杂,可通过多种途径来更有针对性地解决问题。

**操作五:其他情况**

(1) 如果你的网站有固定的 IP 地址和已经申请到的域名,可以在"网站"选项卡进行相应设置,实现 Internet 用户通过域名访问你网站的目的。具体操作如下:在"多网站高级配置"对话框中,单击"高级"按钮来进行 IP 地址分配,将固定 IP 地址和域名分别填写在"IP地址"和"主机头名"中,"TCP 端口"默认为 80。如图 2-123 所示。

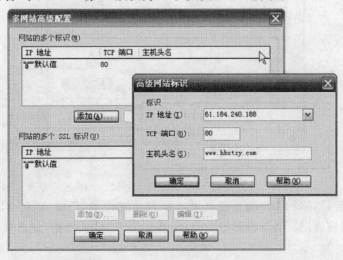

图　2-123

（2）如果网站是用 ASP 代码编写的，并且首页文件名为 index.asp 时，需要做两项设置才能正常访问。

在"默认网站 属性"对话框中选择"文档"选项卡，单击"添加"按钮将你的网站首页文件名加入到默认文档列表中去。如果是 ASP.NET 文件，刚加入的是 index.aspx，如图 2-124 所示。

图　2-124

在"默认网站 属性"对话框中选择"主目录"选项卡，首先将"脚本资源访问"复选框选中，然后根据需要选择是否要选中"目录浏览"和"写入"复选框。一般不选中"写入"复选框，因为它很容易产生一些安全问题，如图 2-125 所示。

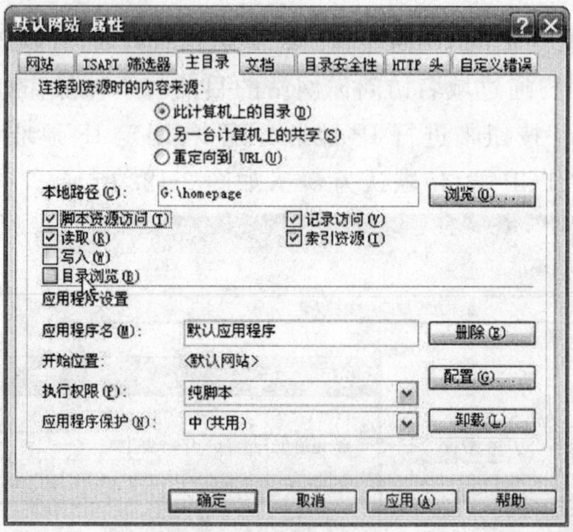

图　2-125

通过以上设置后，你的 IIS 服务器就可以顺利地支持 ASP 或 ASP.NET 的动态网站了，如果需要远程修改网页和数据库等功能，还需要选中"目录浏览"复选框，并在用户权限里增加写入功能。

## 4.2.2 使用 Serv-U 创建 FTP 服务器

在任务 3 中,使用 Windows 的网络向导配置了局域网共享,使得局域网中的其他用户可以很方便地使用主机上的文件资源。但是这种方法并不是目前使用最多、最方便的方法,而且它的管理功能实现起来相对麻烦。听说现在比较流行的文件共享方法是使用 Serv-U,于是郭明也想用一下,打打技术牌。接下来,我们就看看郭明是如何成功在自己的计算机上建立起 FTP 服务器的。

操作一:Serv-U 的安装与配置

(1)准备好 Serv-U 安装文件。可以在 http://www.onlinedown.net/softdown/87182.htm 下载,下载完后会有一个名为 Serv-U Setup.exe 的文件,如图 2-126 所示。

(2)双击执行 Serv-U Setup.exe 文件,开始安装 Serv-U。首先需要选择的是安装 Serv-U 使用的语言,一般应选择中文,如图 2-127 所示。

图 2-126

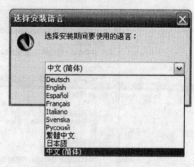

图 2-127

(3)确认后会弹出"安装向导—Serv-U"对话框,此时提示安装程序会检测你的计算机是否安装过 Serv-U 以前的版本,如果有,会自动安装到之前安装 Serv-U 的目录中,并将原 Serv-U 版本升级,如图 2-128 所示。

(4)单击"下一步"按钮,还会有相应的许可协议和版权信息。要想使用它,必须选中"我接受协议"复选框才可以继续,如图 2-129 所示。

(5)单击"下一步"按钮,安装向导会提示即将把 Serv-U 安装到哪个目录去,默认的目录地址是 C:\Program Files\RhinoSoft.com\Serv-U。如果之前安装过旧的版本,并且不在默认目录地址中,则此时显示的是旧版本 Serv-U 的目录地址。这里建议放到非系统盘中,例如 d:\Serv-U,如图 2-130 所示。

(6)单击"下一步"按钮,安装向导提示是否创建"开始"菜单文件夹,也就是在菜单"开始"→"程序"中是否显示 Serv-U 的快捷方式。如果选中"禁止创建开始菜单文件夹"复选框,则不会创建;否则将创建一个名为"Serv-U"的文件夹来存放相应的快捷方式,当然这个名字也可以自行更改,如图 2-131 所示。

(7)单击"下一步"按钮,安装向导提示是否要执行另外一些附加任务,即"创建桌面图标"、"创建快速启动栏图标"和"将 Serv-U 作为系统服务安装"。可以根据自己的喜好来选中相应任务。这里建议将第三项"将 Serv-U 作为系统服务安装"选中,它将会使 Serv-U 跟

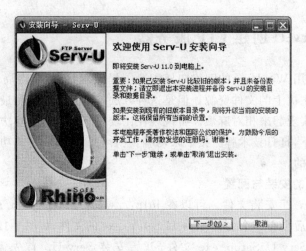

图　2-128

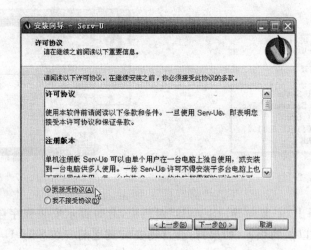

图　2-129

随 Windows 一起启动,并且在任何用户登录服务器前就启动了,有利于服务器重启后不用登录就可以自动启动 FTP 服务,如图 2-132 所示。

　　(8) 进行完上述配置后,单击"下一步"按钮,安装向导会显示出已经配置好的所有信息,便于对照确认,如果没有问题,则单击"安装"按钮,如图 2-133 所示。

　　(9) 安装后,不论计算机之前是否安装了 Serv-U,系统都会弹出一个"正在安装"的对话框,等着进度条显示安装完成即可,如图 2-134 所示。

　　(10) 如果计算机的 Windows 防火墙已开启,安装向导还会提示将 Serv-U 置于 Windows 防火墙例外列表中,以便于 FTP 服务器与外界通信时无阻碍。此时必须选中这个复选框,再单击"下一步"按钮,如图 2-135 所示。

　　(11) 如果没有开启任何防火墙,安装向导将直接显示安装完成的对话框,同时在对话框中会提示是否立即启动 Serv-U 管理控制台,此时建议选中"启动 Serv-U 管理控制台"复选框进行 Serv-U 配置,如图 2-136 所示。

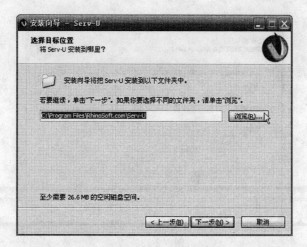

图　2-130

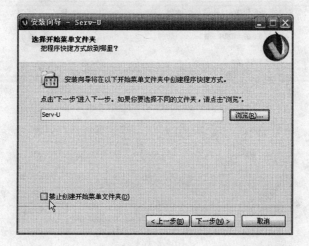

图　2-131

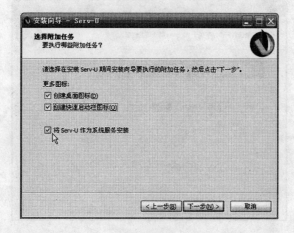

图　2-132

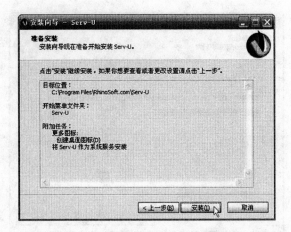

图　2-133

图　2-134

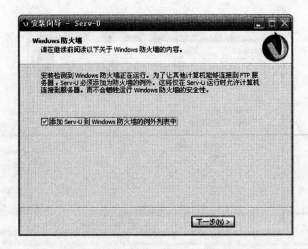

图　2-135

图　2-136

（12）单击"完成"按钮后，会打开"Serv-U 管理控制台—主页"界面，如图 2-137 所示。

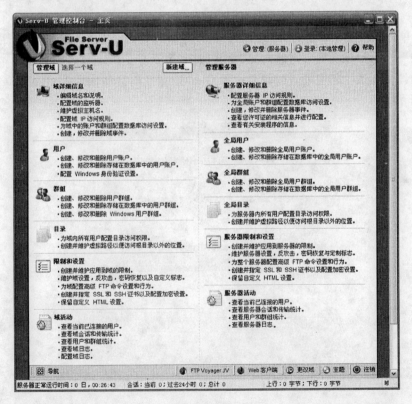

图　2-137

此时在 Windows 桌面底部的任务栏（右侧）中会显示 Serv-U 的运行图标，如图 2-138 所示。

（13）右击该图标还可以进行停止、启动 Serv-U 服务等操作。当停止 Serv-U 服务后，该图标会闪烁为红色，如图 2-139 所示。

（14）如果当前安装的 Serv-U 没有现存域，则 Serv-U 管理控制台会提示是否创建新域。因为郭明是初次安装 Serv-U，而 Serv-U 要想实现 FTP 服务功能，必须创建至少一个域，所以现在开始定义新域，如图 2-140 所示。

图 2-138　　　　　　　　　　　图 2-139　　　　　　　　　　图 2-140

**注意**：Serv-U 文件服务器的核心就是 Serv-U 域。在最基本的级别，Serv-U 域是一组用户账户和监听器，使得用户可以连接服务器以访问文件和文件夹。可以通过配置 Serv-U 域来实现一些管理功能。比如约束基于 IP 地址的访问、限制带宽的使用等。

（15）单击"是"按钮后运行"域向导"。后期还可以通过单击"管理控制台－主页"顶部的"新建域"来运行"域向导"。"域向导"总共四步，第一步是确定域名称和说明，单击"下一步"按钮继续创建域。郭明设置的域名称为 GuoMingFTP，说明信息为 GuoMing's files，如图 2-141所示。

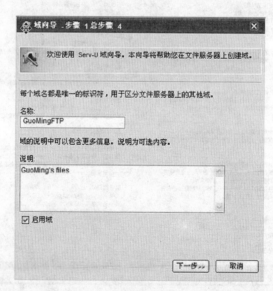

图　2-141

**注意**：域名对其客户端是不可见的，并且不影响其他客户端访问域的方式，它只是域的标识符，且在同一个服务器上必须是唯一的，使管理员能方便地识别和管理域。也可以在"说明"选项下填写域的其他描述说明。默认情况下是启用域的，如果希望在配置过程中暂时拒绝用户访问该域，则取消选中"启用域"复选框。

（16）单击"下一步"按钮进行"域向导"的第二步。选择域使用的协议及其相应端口，主要是用于 Serv-U 来对这些端口进行监听，以便响应客户端对 FTP 服务器的连接请求。没有特殊要求时尽量不要修改选项，直接单击"下一步"按钮。如图 2-142 所示。

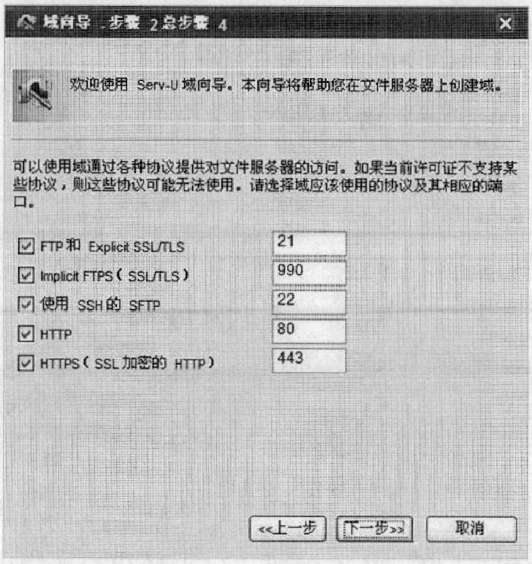

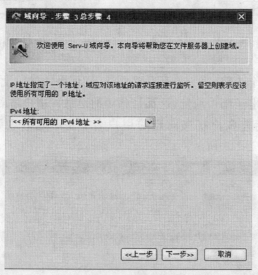

图 2-142

在第三步中，要求用户选择域对哪些地址的请求连接进行监听，主要是在用户有多个 IP 地址的情况下，可能要选择性地对客户端开启 FTP 服务。这里选择的是默认设置，即对所有 IP 地址进行监听，如图 2-143 所示。

图 2-143

（17）单击"下一步"按钮，进行最后一步设置，即选择用户密码的加密模式。这里使用默认设置，如图 2-144 所示。

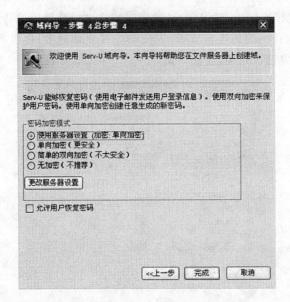

图 2-144

(18) 单击"完成"按钮后,提示是否创建该域中的用户账户,单击"是"按钮确认,如图 2-145和图 2-146 所示。

图 2-145                    图 2-146

"用户向导"也是四个步骤,第一步是设置登录 ID 信息。郭明设置的 ID 为 guoming,当然也可以设置其全名和电子邮件地址,这都是选填的信息。用户名对于该域必须是唯一的,但服务器上其他域可能有账户拥有同样的用户名。要创建匿名账户,请指定用户名为 anonymous 或 ftp,如图 2-147 所示。

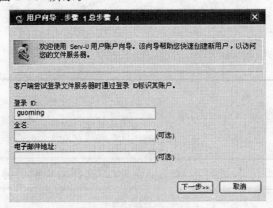

图 2-147

（19）第二步是设置该用户的登录密码。密码在此是以明文方式显示的，便于用户确认。密码尽量同时使用数字、字母和符号，以确保安全。密码也可以留空，但将导致知道使用此用户 ID 的任何人都能访问域，如图 2-148 所示。

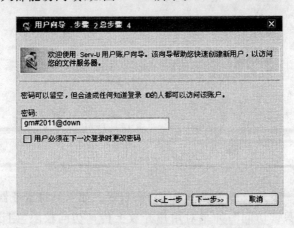

图　2-148

第三步是选择根目录，它是用户成功登录文件服务器后所能浏览到服务器的目录。今后的共享文件资源如果放在这个文件夹中，就会让所有用此 ID 登录的用户看见并对其进行相应操作。此时单击"浏览"按钮，选择服务器上的某个文件夹，或手动输入该目录地址，如图 2-149 所示。

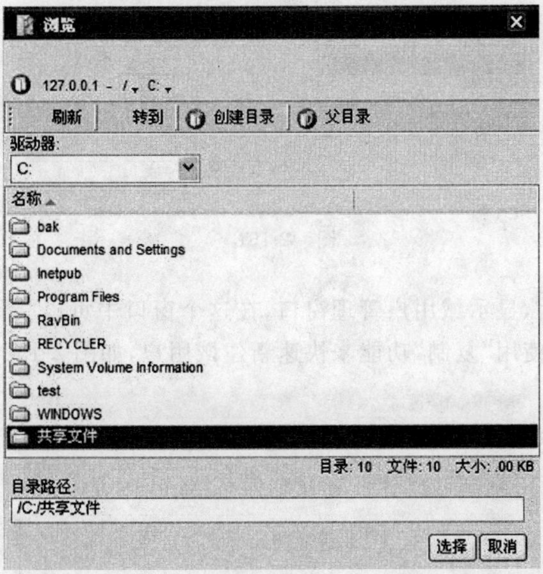

图　2-149

为了服务器的安全，建议选中"锁定用户至根目录"复选框，登录用户就不能访问"根目录"结构之上的文件或文件夹。此外，根目录的真正位置将被屏蔽显示为"/"，如图 2-150 所示。

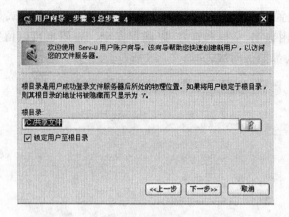

图 2-150

用户向导的最后一步是设置新建用户的访问权限。如果只将服务器上的文件共享给别人去下载，则设置为"只读访问"；如果对用户开放上传，"访问权限"则设置为"完全访问"。郭明选择的是"只读访问"，如图 2-151 所示。

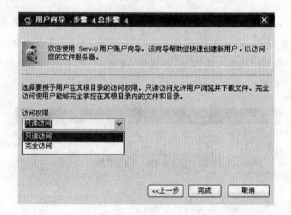

图 2-151

单击"完成"按钮后，显示域用户管理窗口，在这个窗口中可以"新建"、"编辑"（修改）和"删除"域用户，还可以使用"复制"功能来快速新建域用户，如图 2-152 所示。

图 2-152

在此对话框的左下角选择"导航"→"主页"或者双击"导航",返回"Serv-U 管理控制台－主页"界面后,Serv-U 的安装与基本配置就完成了。

**操作二:Serv-U 的测试与故障排除**

为了检验郭明的劳动成果,现在对其使用 Serv-U 创建的 FTP 服务器进行测试。

(1) 在郭明已经建立好的宿舍局域网中,任意使用一台计算机打开其 IE 窗口,在地址栏中输入 ftp://192.168.1.2 后确认。如果成功连接服务器,则弹出登录身份验证的窗口,输入之前设置好的域用户 ID 和密码,单击"登录"按钮,如图 2-153 所示。

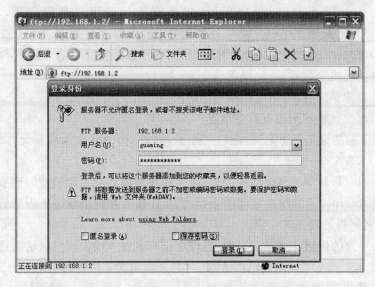

图　2-153

(2) 登录后会显示之前设置好的"根目录"中的文件信息,当你看到这个对话框时,证明 FTP 服务器已经设置好了,如图 2-154 所示。

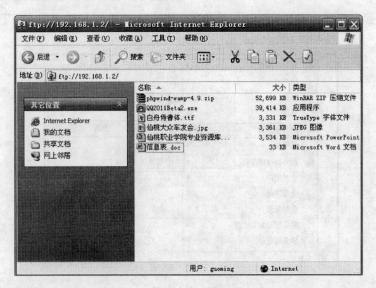

图　2-154

（3）接下来列举一些郭明收集的 Serv-U 常见问题及解决方法，以便大家今后自己创建 FTP 服务器时参考。

问题：在暂停 Serv-U 的 FTP 服务时，退出管理器后服务却仍然有效。

解决方案：因为 Serv-U 的管理器和 FTP 服务两部分是相对分离的，关闭一部分，并不会对另一部分产生影响。欲暂停 FTP 服务，需在管理器中选中 Local Server（本机服务器），再按 Stop Server（停止服务）按钮。

问题：启动 Serv-U 时提示无法启动。

解决方案：Serv-U 启动时用户应以该软件安装时的用户身份登录，即如果使用 Windows 账户 User 安装 Serv-U，就最好使用 User 或以上的用户身份（如管理员账户 Administrator）来启动 Serv-U。另外，启动时还需要注意磁盘空间是否足够，系统内存是否严重不足，这些情况也会导致 Serv-U 无法启动。

问题：服务器能访问自己，但客户端不能访问。

解决方案：出现这样的问题有很多情况。

① 服务器上的防火墙把 FTP 的端口拦住了，例如 Norton 防火墙只允许端口 21 出站而禁止进站。

② 如果访问者是利用域名访问服务器，需要确保该域名确实能够访问到服务器。

③ 如果是 Internet 上的用户访问服务器，那么还需要在网络设备上设置好端口映射或者使用动态域名解析的软件来实现。

④ 应确认对方的访问方式是否正确，也可能是对方输入错误而导致访问错误等。

问题：通过 127.0.0.1 访问自己的 FTP 时会显示阅读文件夹出错。

解决方案：如果把被访问的文件放到 NTFS 磁盘分区下，还需要在 NTFS 里赋予 everyone 的访问权限。

问题：提示信息中有乱码存在。

解决方案：

① 单击"管理控制台主页"窗口左下角的"导航"→"限制和设置"→"FTP 设置"，如图 2-155 所示。

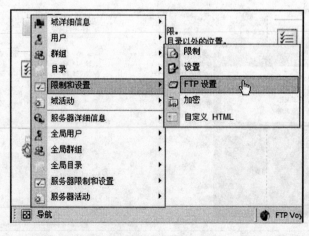

图　2-155

② 在弹出的窗口中找到 OPTS UTF8,选择它并对其进行"全局属性"设置,如图 2-156
所示。

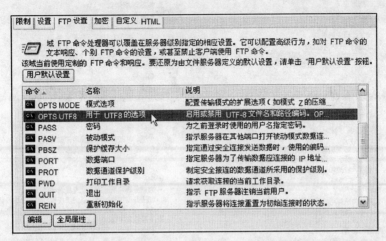

图　2-156

③ 在打开的"FTP 命令属性"对话框中,选择"高级选项"选项卡,并取消选中"对所有已
收发的路径和文件名使用 UTF-8 编码"复选框,保存设置后退出,即可解决乱码问题,如
图 2-157所示。

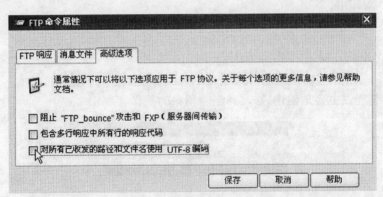

图　2-157

另外,如果在登录服务器时出现错误信息代码,则可以通过查询信息代码来辨别故障并
进行排除。例如:代码 421 表示服务器忙,连接数过多,需稍后进行连接。代码 530 表示域
用户密码错误。代码 550 表示服务器目录或文件已经被删除。我们大致可将这些错误代码
归一下类:2 开头表示成功;3 开头表示权限问题;4 开头表示文件问题;5 开头表示服务器
问题。

**操作三:Serv-U 管理**

Serv-U 提供了强大的 FTP 管理功能,具体分为两大块,分别是域管理和服务器管理。
每块又各分为六个类别。这里只介绍常用的管理配置,如图 2-158 所示。

(1)域管理。主要是针对当前域进行编辑域名和说明、配置域的 IP 访问规则等。如果
要管理非当前域,则需要单击"管理域"来将被管理的域切换成当前域再进行操作,如

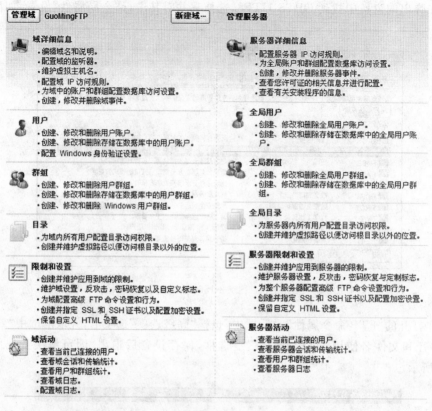

图 2-158

图 2-159所示。

（2）用户管理。主要是创建、修改和删除用户的操作。

图 2-159

（3）编辑用户信息。选择"用户"下的"创建、修改和删除用户账户"，在打开的"用户属性"对话框中直接修改相应项目就可以了，如图 2-160 所示。

例如更改用户登录 ID 或者密码时，只需要在对应文本框中输入修改后的信息即可，如图 2-161 所示。

（4）设置用户目录访问权限。前期因为郭明在创新域用户时只开启了"只读访问"权限，所以只能复制，不能进行新建、删除、修改等操作。例如用户登录后，在 FTP 服务器的域根目录下新建一个文本文档文件，将会弹出如图 2-162 所示的对话框。

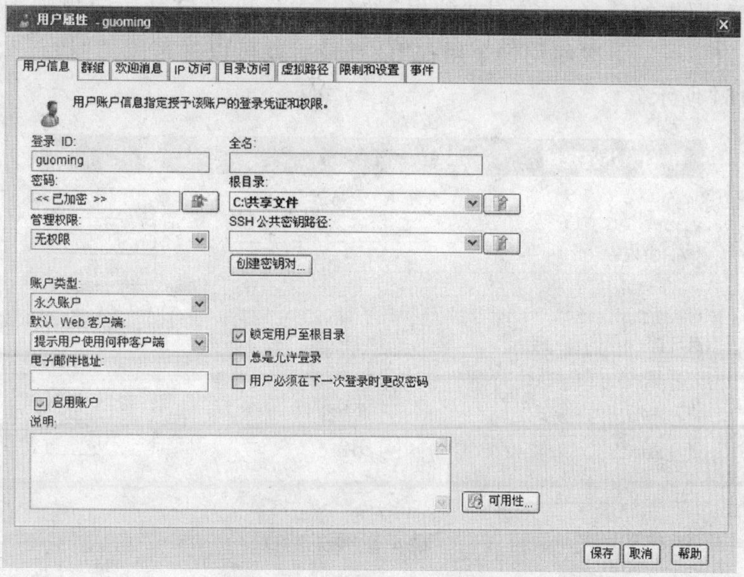

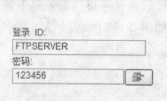

图 2-160

图 2-161

图 2-162

此时如果需要对用户的操作权限进行扩充,则需要对用户目录访问权限进行设置。以修改 guoming 用户的权限为完全访问为例,在打开的"用户属性"对话框中选择"目录访问"选项卡,如图 2-163 所示。

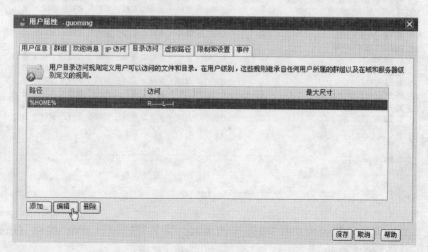

图 2-163

131

选择用户所操作的路径,再单击"编辑"按钮,在弹出的目录访问规则中单击"完全访问",保存并退出即可。下次使用这个用户 ID 登录后就可以进行除了"执行"之外的所有操作了,如图 2-164 所示。

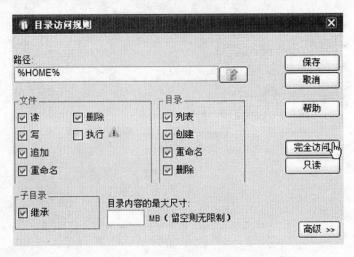

图　2-164

(5)"域限制和设置"。有时因为服务器的硬件和网络问题,需要对连接到服务器上的用户数限制为 5,则可以通过"域连接的最大会话数"进行设置,如图 2-165 所示。

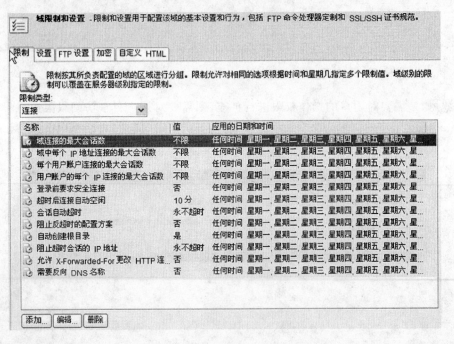

图　2-165

在图 2-165 所示的列表中选择"域连接的最大会话数"选项后,单击"编辑"按钮,并在弹出的窗口中修改"域连接的最大会话数"为 5,如图 2-166 所示。

（6）域活动管理。可以查看当前已连接的用户信息、中断连接的用户等，如图 2-167 所示。

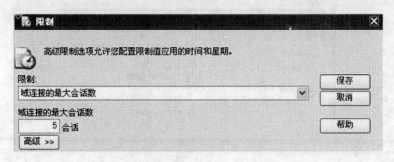

图　2-166

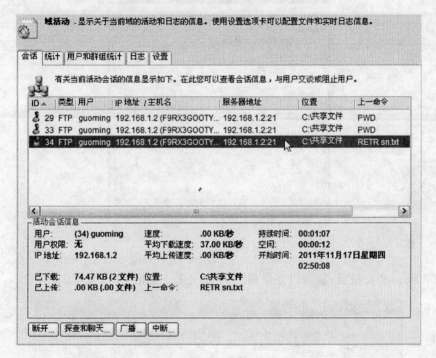

图　2-167

**操作四：其他情况**

日常使用，客户端通常都是使用第三方 FTP 工具软件来登录 FTP 服务器进行操作的。常见的 FTP 工具有 CuteFTP、LeapFTP、FlashFTP 等。下面以 CuteFTP 为例，介绍如何登录到 FTP 服务并进行相应操作。

在 CuteFTP 中创建 FTP 站点。在 CuteFTP 窗口中选择 File→New→FTP Site 命令，如图 2-168 所示。

在打开的 Site Properties 对话框中输入站点的 Label（标识名）、Host address（主机地址，即 FTP 服务器的 IP 地址或域名地址）、Username（登录 ID）和 Password（密码）等信息，如图 2-169 所示。

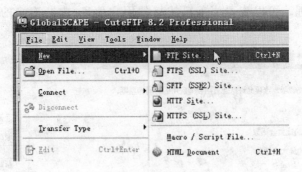

图　2-168

图　2-169

单击 Connect 按钮后,就可以登录到 FTP 服务器上,如图 2-170 所示。

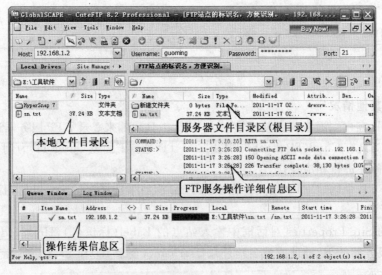

图　2-170

上传文件或者文件夹时,在本地文件目录区中右击要上传的文件,在弹出的菜单中选择Upload(上传)命令即可,如图 2-171 所示。

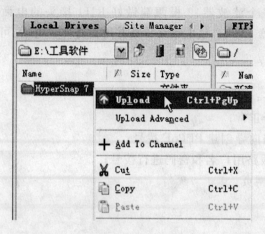

图 2-171

下载文件或者文件夹时,在服务器文件目录区中右击要下载的文件,在弹出的菜单中选择 Download 命令即可,如图 2-172 所示。

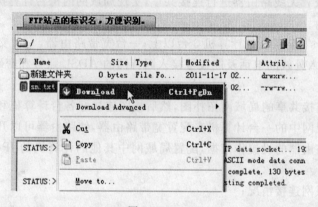

图 2-172

如果文件传输有错误,则会在 FTP 服务操作详细信息区中给出详细信息。另外如果存在还没有上传或下载完的任务,在操作结果信息区还可以查看并继续进行续传操作。

## 【拓展训练】

### 【训练一】

[训练项目]
使用 ADSL 拨号配置计算机接入因特网。
[训练目的]
(1) 掌握 ADSL 调制解调器的安装方法;
(2) 会使用 ADSL 宽带拨号接入因特网。

［训练环境］

装有 Windows XP 系统和网卡的计算机 1 台以上，ADSL 调制解调器 1 台，1 根两端做好 RJ45 接头的网线、1 个滤波器、2 根两端做好 RJ11 接头的电话线，ADSL 调制解调器 1 台、ADSL 滤波分离器 1 个，外线电话线 1 条并可拨打外线电话、可使用 ADSL 上网，电话机 1 部。

［训练指导］

(1) 连接所有设备；

(2) 检查连接是否正常；

(3) 使用新建网络向导创建 PPPoE 拨号；

(4) 输入 ADSL 线路用户名和密码进行拨号；

(5) 打开 IE 浏览网页。

## 【训练二】

［训练项目］

局域网连接共享上网。

［训练目的］

会配置有线或者无线路由器进行连接共享，实现局域网内每台计算机上网。

［训练环境］

装有 Windows XP 系统的计算机 3 台以上；一台宽带路由器，一台交换机，已经做好的网线 4 根以上，接入外线的电话及能拨号接入因特网的 ADSL 账号和密码。

［训练指导］

(1) 设计好连接共享的局域网拓扑图，然后按图连接好各台计算机和网络设备；

(2) 使用局域网中的一台计算机来配置宽带路由器，使路由器可以开机自动拨号共享；

(3) 以宽带路由器的设置作依据，配置局域网中其他的计算机的 IP 地址、网关和 DNS 服务；

(4) 测试局域网连接情况；

(5) 故障排除；

(6) 测试 Internet 连接情况；

(7) 上网。

## 【训练三】

［训练项目］

局域网文件共享。

［训练目的］

会配置局域网络文件共享，可用 IP 地址或计算机名访问共享文件并进行相应权限的操作。

［训练环境］

装有 Windows XP Professional 的计算机两台以上，并通过网络设备已组建好局域网。

［训练指导］

（1）使用连接向导配置好局域网中每一台计算机；

（2）在一台计算机上共享文件，并记下该计算机的 IP 地址或者计算机名；

（3）通过计算机的 IP 地址在另一台计算机上访问设置过共享文件的计算机；

（4）对共享文件夹进行操作；

（5）修改共享文件的权限，再次访问。

## 【训练四】

［训练项目］

局域网打印共享。

［训练目的］

会配置打印机共享并使用网络打印机打印文件。

［训练环境］

装有 Windows XP Professional 的计算机两台以上，并通过网络设备已组建好局域网。打印机一台，打印机驱动程序。

［训练指导］

（1）将打印机连接在其中一台计算机上，接通打印机电源；

（2）安装打印机驱动程序；

（3）将打印机设置为默认打印机；

（4）在连接了打印机的计算机上设置打印机共享；

（5）设置打印机的使用权限；

（6）在没有连接打印机的计算机上面安装打印机；

（7）检测打印机共享是否成功。

## 【训练五】

［训练项目］

使用 IIS 服务器发布个人网站。

［训练目的］

会配置 IIS 服务器并发布网站。

［训练条件］

（1）有一台安装了 Windows XP Professional 的计算机；

（2）计算机之间互联局域网中；

（3）安装了 TCP/IP 协议；

（4）一台安装了 DNS 服务的 Windows Server 2003 计算机，与其他机器连到一个网络。

［训练指导］

（1）下载 IIS 包；

（2）将 IIS 包安装到计算机上；

（3）将做好的网站复制到计算机上；

（4）设置 IIS 发布目录和发布首页；

（5）发布动态页面；

（6）到其他计算机测试效果；

（7）在 DNS 服务器上做域名解析；

（8）测试解析效果。

## 【训练六】

［训练项目］

使用 Serv-U 共享文件。

［训练目的］

会使用 Serv-U 配置 FTP 服务器。

［训练条件］

（1）有一台安装了 Windows XP Professional 的计算机；

（2）计算机之间互联到局域网中；

（3）安装了 TCP/IP 协议。

［训练指导］

（1）下载 Serv-U 安装文件；

（2）将软件安装到计算机上；

（3）配置 Serv-U 服务器；

（4）到其他计算机上测试效果。

## 【课后思考】

1．ADSL 技术有哪些？试列举三种并说明其他优缺点。

2．如何恢复误删的拨号连接桌面快捷方式？

3．如果拨号账户或者密码错误，会提示什么信息？

4．路由器是什么？它有什么功能？

5．简述无线路由器共享连接的方法，画出拓扑图。

6．XP 系统下文件共享的权限有哪四种？分别有哪些权限？

7．实现文件共享的常用方法有哪些？

8．简述 Windows XP 联网打印的过程，并画出打印过程流程图。

9．实验室里有一台主机连着打印机，现有一台笔记本需通过网络使用这台主机上的打印机直接打印文件，如何操作？

10．什么是 FTP 服务器？它有何功能？

11．使用专用主机网站建设方式，是不是一台服务器只能存放一个网站？如果想存放多个网站如何处理？有什么现实意义？

# 情境三　Internet 应用

【技能目标】

掌握 Internet 的日常应用技能，能利用 Internet 解决日常工作、生活中的一些问题。

【知识目标】

掌握浏览器的使用方法和技巧；

掌握信息搜索的技巧；

掌握电子邮件的相关应用；

掌握网络即时通信、网络空间、博客、BBS 等网络交流方式；

掌握网上读书、看新闻、看电影、听音乐、购物、求职、炒股等网上操作技巧。

【情境解析】

Internet 是通过路由器将世界不同地区、规模大小不一、类型不同的网络互相连接起来的网络，是一个全球性的计算机互联网络。Internet 音译为"因特网"，也称"国际互联网"。它的前身就是 ARPANET 网，它是一个信息资源极其丰富的计算机互联网络。

Internet 能提供丰富的服务，随着社会的发展和各种网络技术的发展，Internet 已成为越来越多人生活的一部分，如何利用 Internet 来更高效地交流、工作、学习、娱乐等，已成为很多人关心的问题。现在就来完成几个 Internet 相关的任务。

# 任务 1　网页浏览

【任务背景】

在 Internet 上，信息共享最常用的方式就是使用 Web 页，这是一种多媒体页面，由 HTML 语言描述，而浏览器就是一种可以解释这种语言的软件，可以使用浏览器来访问 Web 页。浏览器软件有很多，下面介绍微软公司的 Internet Explorer，简称 IE。

【任务目标】

掌握利用 IE 浏览器浏览网页的方法和技巧。

# 1.1 知 识 准 备

## 1.1.1 域名

使用数字的 IP 地址很难让人记住,为方便记忆和使用,TCP/IP 协议引进了一种字符型的主机命名制,这就是域名。域名就是一组具有助记功能的代替 IP 地址的英文简写名。为了避免重名,主机的域名采用层次结构,各层次结构的子域名之间用圆点"."隔开,从右至左分别为第一级域名(也称最高级域名)、第二级域名,直至主机名(最低级域名)。其主要结构如下:

主机名. …… 第二级域名. 第一级域名

国际上,第一级域名采用通用的标准代码,分组织机构和地理模式两类。除美国以外的国家都使用主机所在的国家和地区名称作为第一级域名,例如:CN(中国)、HK(中国香港)、TW(中国台湾)、JP(日本)、UK(英国)。

我国的第一级域名是 CN,第二级域名分类别域名和地区域名。其中地区域名如:BJ(北京)、SH(上海),类别域名如表 3-1。

表 3-1

| 域名代码 | 代表类别 | 域名代码 | 代表类别 |
|---|---|---|---|
| com | 商业组织 | edu | 教育机构 |
| gov | 政府机关 | mil | 军事部门 |
| net | 网络机构 | org | 非营利机构 |
| int | 国际组织 | info | 信息服务单位 |
| biz | 公司 | name | 个人 |
| pro | 专业人士 | museum | 博物馆 |
| coop | 商业合作机构 | aero | 航空业 |

域名使用规则如下:
- 只能以字母开头,以字母或数字结尾,其他位置可用字符、数字、连字符或下画线。
- 域名中大、小写字母视为相同。
- 各子域名之间以圆点分开。
- 域名中最左边的子域名通常代表机器所在单位名,中间各子域名代表相应层次的区域,第一级子域名是标准化的代码。常用的第一级子域名标准代码如表 6-2 所示。

● 整个域名的长度不得超过 255 个字符。

【思考】 123k. w. com. cn、www. gov. hk 和 www. top. com. jp 都是合法的域名吗？如果合法，它们属于哪个国家或地区、哪类组织机构？

## 1.1.2 浏览的相关概念

### 1. 万维网（WWW）

万维网（World Wide Web，WWW）是一种建立在因特网上的全球性的、交互的、动态的、多平台的、分布式的、超义本超媒体信息查询系统。它也是建立在因特网上的一种网络服务。WWW 网站中包含有许多网页，又称 Web 页。网页是用超文本标记语言（HTML）编写的，并在超文本传输协议（HTTP）支持下运行。一个网站的第一个 Web 页称为主页，它主要体现此网站的特点和服务项目，每一个 Web 页都有唯一的地址（URL）来表示。

### 2. 超文本和超链接

超文本（Hypertext）中不仅含有文本信息，而且还可以包含图形、声音、图像和视频等多媒体信息，最主要的是超文本中还包含着指向其他网页的链接，这种链接称为超链接（Hyper Link）。

### 3. 统一资源定位器（URL）

WWW 用统一资源定位器（Uniform Resource Locator，URL）来描述 Web 页的地址和访问它时所用的协议。URL 的格式如下：

协议://IP 地址或域名/路径/文件名

其中，协议是服务方式或是获取数据的方法，如 http、ftp 等，有时可以省略；IP 地址或域名是指存放该资源的主机的 IP 地址或域名；路径和文件名是 Web 页在主机中的具体位置，有时可以省略。

【思考】 http://localhost/index. htm、ftp://192. 168. 1. 2、http://www. a. com/a. jpg 和 http://www. myweb. com\photo\a. htm 都是合法的 URL 格式吗？

### 4. Web 浏览器

Web 浏览器是一种客户端应用程序，它使客户端计算机能够访问 Internet 上的 Web 页面。Web 浏览器能够显示文本文件和多种图形以及多媒体格式的文件，也能解释并显示 HTML文档。目前最常用的 Web 浏览器是 Netscape 公司的 Navigator 和 Microsoft 公司的 Internet Explorer（简称 IE）。后者因为是微软操作系统的捆绑软件，所以使用人数最多。

# 1.2 任务实现

## 1.2.1 操作一:启动 Internet Explorer

方法一:单击"快速启动工具栏"中的 IE 图标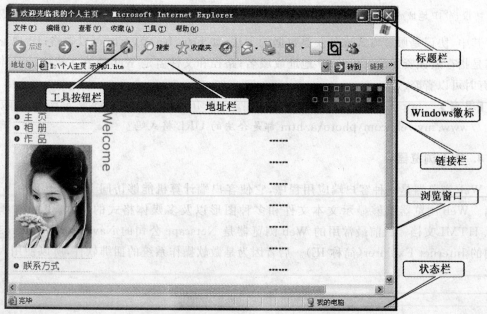,即可启动 IE。

方法二:双击桌面上的 IE 快捷方式图标,即可启动 IE。

方法三:单击"开始"→"程序"→Internet Explorer 命令,启动 IE。

方法四:单击任何一个保存于计算机中的 Web 页,即可启动 IE。

## 1.2.2 操作二:关闭 Internet Explorer

方法一:单击窗口"关闭"按钮。

方法二:选择窗口控制菜单中的"关闭"命令。

方法三:选择"文件"下拉菜单中的"关闭"命令。

方法四:直接按 Alt+F4 组合键。

方法五:直接双击控制菜单图标。

## 1.2.3 操作三:了解 Internet Explorer 的窗口

IE 窗口的组成与一般 Windows 程序窗口类似,如图 3-1 所示。

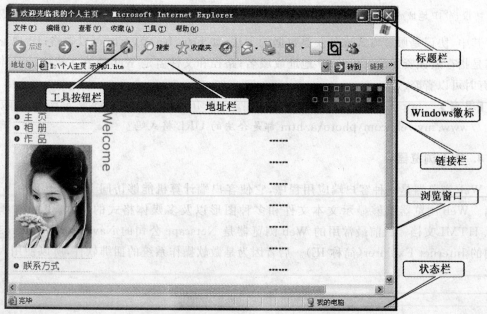

图 3-1

(1) 标题栏：显示正在浏览的页面的名字。标题栏的最右端是 Windows 中最常用的"最小化"、"最大化"/"还原"和"关闭"按钮。

(2) 菜单栏：单击菜单项可打开相应的下拉菜单。IE 的各功能都可以通过选择下拉菜单中的命令来实现。菜单栏的最右端有一个 Windows 徽标，其中徽标不动时，表示此时浏览器没有传输任何信息。当它以动画形式出现时，表示正在下载一个页面。

(3) 工具按钮栏：在这栏中安排有上网时常用的一些命令按钮，如"后退"、"前进"、"停止"、"刷新"、"主页"、"搜索"、"收藏"、"历史"、"邮件"和"打印"等，单击某一个按钮就可方便地实现相应的功能。常用按钮的具体功能如表 3-2 所示。

表 3 2

| 工具栏按钮 | 名称 | 功 能 描 述 |
| --- | --- | --- |
| | 后退 | 返回上一次访问过的网页，旁边的小箭头可以用来选择所返回的页面 |
| | 前进 | 返回到单击"后退"之前的页面，也可单击旁边的小箭头来选择页面 |
| | 停止 | 停止当前网页的下载，一般用于取消对某一页面的浏览 |
| | 刷新 | 用于更新当前页面内容，重新发送页面请求 |
| | 主页 | 返回启动 IE 时显示的 Web 页 |
| | 搜索 | 打开搜索栏，在搜索栏内输入关键字可进行信息搜索 |
| | 收藏 | 显示收藏栏，列出用户收藏过的页面列表 |
| | 历史 | 打开历史栏，显示用户最近访问的站点列表 |
| | 邮件 | 单击产生下拉菜单，可以从中选择关于邮件的各项操作，如阅读、新建等 |
| | 打印 | 打印当前页面 |

(4) 地址栏：是我们和 IE 交流的直接途径。将插入点移入地址框中，并输入要浏览的 Web 页的地址（URL）后，就可以浏览指定页。IE 也通过这里来显示当前页的地址。

(5) 链接栏：这里是存放常用 Web 页快捷方式的地方，灵活应用可以提高浏览速度。

(6) 浏览窗口：此处是浏览器的核心部分，在此处显示所浏览的 Web 页的内容。

(7) 状态栏：当浏览器正在下载页面时，状态栏左端显示所要浏览的 Web 页的地址和相应下载的信息，其右边有一蓝色小条向右不断延伸，表示已下载部分的比例。状态栏右端显示该站点的性质。

注意：用户可以在 IE 窗口中工具栏、菜单栏等的空白处右击，在弹出的快捷菜单中选择是否显示标准按钮、地址栏、链接栏等栏目，用户还可以在快捷菜单中选择"自定义"命令来增加或删除工具栏按钮。

## 1.2.4 操作四：页面浏览

在了解了 IE 的使用方法后，就可以使用 IE 来浏览网页了。在浏览网页时可以根据需要合理利用 IE 提供的相关功能，使得信息浏览与搜索变得轻松便捷。用户在打开 IE 后可以通过地址栏输入想要浏览的页面地址，也可以通过页面提供的超链接来访问相关页面。

下面以浏览"新浪"网站为例来介绍浏览页面时通常会用到的操作。

（1）填入 Web 地址

将插入点移到地址栏中就可开始输入 Web 地址了。这里输入 www.sina.com.cn。

输入 Web 地址后，按 Enter 键或单击地址栏右边的 ▣转到 按钮就可以打开相应的页面了。

IE 还提供了一些功能方便我们输入地址。

输入地址时可以不用输入 URL 中的协议部分，即像"http://"、"ftp://"这样的开始部分，IE 会自动补上。

IE 有记忆功能，用户第一次输入某个地址时，IE 会记忆这个地址，待再次输入时只需输入开始的几个字符，IE 就把吻合的地址罗列出来，选中某个地址即可转到相应地址。

单击地址栏右端的下拉按钮，可下拉出曾经浏览过的 Web 页地址列表。选中所需的一个，相当于输入了该地址。

（2）浏览页面

在浏览页面的过程中，用户可以单击有超链接的图片或文字，这些图片或文字或以不同颜色显示，或者有下画线，当把鼠标指针放在其上时，鼠标指针会变成小手形状，此时单击就可以跳转到链接的页面了。如想浏览新浪新闻，可将鼠标移动到"新闻"二字上并点击即可。

IE 的标准工具栏为用户浏览页面和执行相关操作提供了诸多便利。利用"标准按钮"工具栏中的按钮，可以使用户上网冲浪更加得心应手。

（3）查找页面内容

有些网页篇幅很大，内容很多，让人眼花缭乱，要在其中找到自己关心的内容比较困难，如要在新浪的新闻页面中查找"奥运会"相关新闻，这时可以利用 IE 提供的查找功能来在当前页面中查找我们所关心的内容。选择"编辑"→"查找"命令，或直接按 Ctrl＋F 组合键，打开"查找"对话框，如图 3-2 所示。在"查找内容"文本框中输入"奥运会"，单击"查找下一个"按钮。如果当前页面中有要查找的关键字，IE 窗口会自动滚动到查到的部分，并反色高亮显示关键字。若此部分不是你想浏览的内容，可以继续单击"查找下一个"按钮。

图 3-2

（4）Web 页面的保存

如果对某些页面内容比较感兴趣，如"奥运火炬站"页面的内容，可以将这些页面保存下来，在没有接入 Internet 的时候也可以浏览。保存页面的步骤如下：

① 打开要保存的 Web 页面。

② 选择"文件"下拉菜单中的"另存为"命令，打开如图 3-3 所示的"另存为"对话框。

③ 选择要保存文件的盘符和文件夹。

④ 在文件名框中输入文件名。默认的文件名为该 Web 页的标题。

⑤ 在保存类型框中,根据需要可以从"Web 页,全部"、"Web 档案,单一文件"、"Web 页,仅 HTML"和"文本文件"几种类型中选择一种。文本文件节省存储空间,但只能保存文字信息。

图 3-3

(5) 收藏网页

在上网浏览时,对于某些感兴趣的内容,我们也可以将它的地址保存下来。方便以后浏览。IE 的收藏夹提供了保存 Web 页面地址的功能,下面介绍如何使用收藏夹来收藏"奥运火炬站"页面。

① 打开"奥运火炬站"页面。

② 单击工具栏中的"收藏夹"按钮,打开"收藏夹"窗口。

③ 单击收藏夹窗口中的"添加"按钮,打开"添加到收藏夹"对话框,如图 3-4 所示。

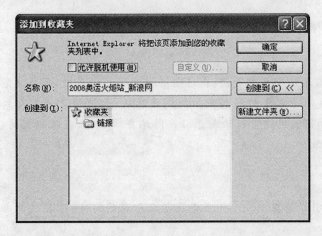

图 3-4

④ 选择收藏分类,输入名称,默认名称为当前页面的标题,单击"确定"按钮即可完成收藏。

（6）主页设置

主页可以在打开 IE 时自动打开,如果用户对某网站的访问频率非常高,如新浪网站,就可以将其设为主页,方便日后使用。设置方法为打开新浪网站,执行"工具"→"Internet 选项"菜单命令,打开如图 3-5 所示的对话框,在"常规"选项卡中的"主页"部分单击"使用当前页"按钮,在"地址"文本框中就会显示当前页的地址,单击"确定"按钮即可完成设置。

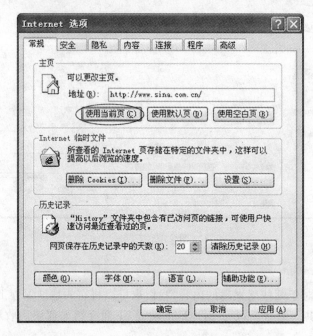

图　3-5

# 任务 2　信息搜索与资料下载

**【任务背景】**

Internet 中的信息几乎无所不包,在这些浩如烟海的信息中,怎样才能通过简单的键盘与鼠标操作,找到我们所需要的信息呢? 找到信息后,如何快速地保存到我们的计算机上呢? 在这里,介绍如何利用搜索引擎或者门户网站在 Web 上查找指定的信息,然后使用相关工具将其保存下来。

**【任务目标】**

掌握利用搜索引擎等在 Internet 上查找所需信息的方法,掌握使用相关工具获取网上资源的方法。

# 2.1 知识准备

## 2.1.1 搜索引擎

搜索引擎(Search Engine)是指根据一定的策略、运用特定的计算机程序搜集互联网上的信息,在对信息进行组织和处理后,将处理后的信息显示给用户,它是为用户提供检索服务的系统。常见的搜索引擎有百度(http://www.baidu.com)、Google(http://www.google.com)、Yahoo(http://www.yahoo.com)、Live(http://www.live.com)。

## 2.1.2 门户网站

所谓门户网站,是指通向某类综合性互联网信息资源并提供有关信息服务的应用系统。门户网站最初提供搜索引擎、目录服务,后来由于市场竞争日益激烈,门户网站不得不快速地拓展各种新的业务类型,希望通过门类众多的业务来吸引和留住互联网用户,以至于目前门户网站的业务包罗万象,成为网络世界的"百货商场"或"网络超市"。从现在的情况来看,门户网站主要提供新闻、搜索引擎、网络接入、聊天室、电子公告牌、免费邮箱、影音资讯、电子商务、网络社区、网络游戏、免费网页空间等。在我国,典型的门户网站有新浪网、网易和搜狐网等。

## 2.1.3 资源下载

下载(Down Load)是通过网络传输文件,并把互联网或其他电子计算机上的信息保存到本地计算机上的一种网络活动。下载可以显式或隐式地进行,只要是获得本地计算机上所没有的信息的活动,都可以认为是下载,如在线观看。下载的资源可以是图片、音频、视频等多媒体资源,也可以是文件、工具等文件。下载可以通过浏览器的相关操作来完成,也可使用下载工具来实现。

下载工具是一种可以使你更快地从网上下载东西的软件。

用下载工具下载东西之所以快,是因为它们采用了"多点连接(分段下载)"技术,充分利用了网络上的多余带宽;采用"断点续传"技术,随时接续上次中止部位继续下载,有效避免了重复劳动,这大大节省了下载者的连线下载时间。常见的断点续传的下载工具有迅雷、网络蚂蚁、网络快车、电驴、BT 等。

## 2.1.4 生活信息查询

互联网所提供的服务为人们生活的许多方面提供了便利,通过这些服务,人们可以快速便捷地获取实用的生活信息,比如地图信息、交通信息、天气情况、股票信息等。

## 2.2 任 务 实 现

### 2.2.1 操作一:搜索引擎

为了减少用户通过浏览 Web 站点查找信息的时间,许多站点都提供了搜索引擎,它是一种在 Web 上查找特定信息的工具,大多数站点的搜索引擎都为用户提供了一些高级搜索功能。常用的搜索引擎有"谷歌"、"百度"等,如图 3-6 和图 3-7 所示。

图 3-6

例如,搜索"2008 奥运会"的相关信息,步骤如下:

(1) 在 IE 中打开搜索引擎网站,如 www.google.com。

(2) 在如图 3-6 所示的页面中的文本框中输入"2008 奥运会",单击"Google 搜索"按钮,搜索引擎就会在整个 Internet 中搜索"2008 奥运会"相关信息并列出,如图 3-8 所示。

(3) 在"搜索结果"窗口中单击自己关心的内容链接,即可在新窗口中显示所单击链接的详细内容。如果在本页中没有找到所需要的内容,则可以单击页面下方的数字进行换页。

**注意**:用户可以单击"高级搜索"链接来打开"高级搜索"页面进行更详细搜索条件的设置。

图　3-7

图　3-8

## 2.2.2　操作二：门户网站

门户网站是提供大量资源和服务的 Web 站点，它所提过的资源和服务包括电子邮件、论坛、搜索功能和在线购物站点等。使用门户网站来寻找信息要比使用搜索引擎更为容易，因为门户网站上的信息已经预先经过存储和组织。门户网站是搜索信息的理想场所,它通常将站点按照类型进行分类,以帮助用户搜索和浏览 Web 站点。如"新浪"网站主页面如图 3-9 所示。

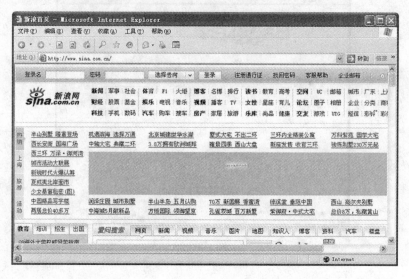

图　3-9

### 2.2.3　操作三:资源下载

使用浏览器进行资源下载比较简单,如果要下载的是网页,就可以使用上面介绍的保存网页的方法进行;如果要下载的是图片,可以在图片上右击,在弹出的菜单中选择"图片另存为"命令,再在弹出的窗口中选择保存路径即可。如果下载的资源是通过下载链接表示的,可以在链接上右击,在弹出的菜单中选择"目标另存为"命令,再在弹出的窗口中选择保存路径即可,如图 3-10 所示。

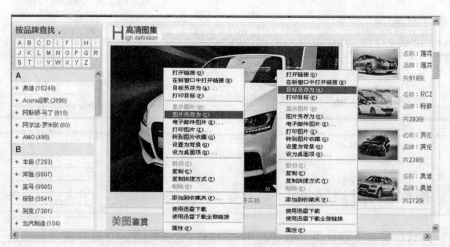

图　3-10

　　如果你的计算机上没有安装下载工具，或者在下载工具中没有配置默认的下载方式，这时当单击下载链接时，浏览器也会自动弹出保存窗口，如图 3-11 所示，在此设置保存路径即可将资源下载到指定位置，对于体积比较小的资源，用以上介绍的直接下载的方式是可以的。文件下载时会显示进度提示对话框，如图 3-12 所示。

图　　3-11

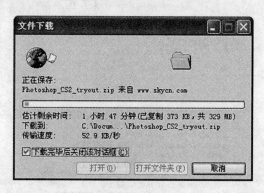

图　　3-12

　　对于体积比较大的资源，用直接下载的方式就比较慢了，这时可考虑选择下载工具进行下载。要使用下载工具进行下载，首先要在你的计算机上安装一种下载工具，安装完成后，系统会将该下载工具作为默认的下载方式。当单击下载链接的时候或自动弹出该工具的下载窗口。以迅雷为例，当单击下载链接时会弹出如图 3-13 所示窗口，在此设置存储路径即可进行下载。

　　另外，如果下载工具不是默认的下载方式，也可在下载资源上右击，在弹出的快捷菜单中选择"使用迅雷下载"命令，也可打开迅雷的下载设置窗口进行设置下载。除此之外，还可以单击图 3-14 中的█按钮，在弹出的"建立新下载任务"窗口中直接填写下载资源的地址进行下载。

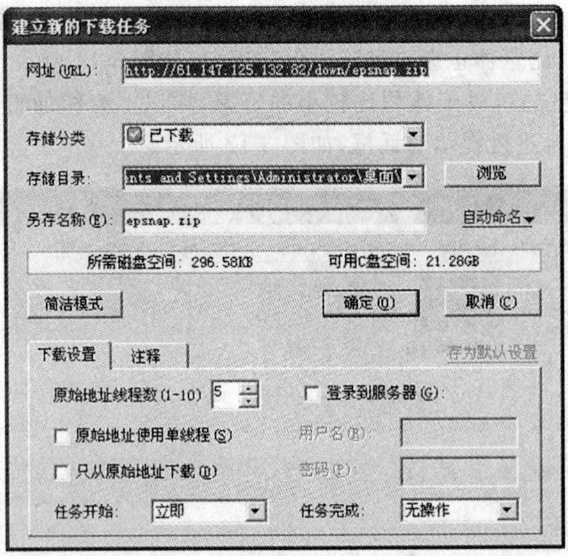

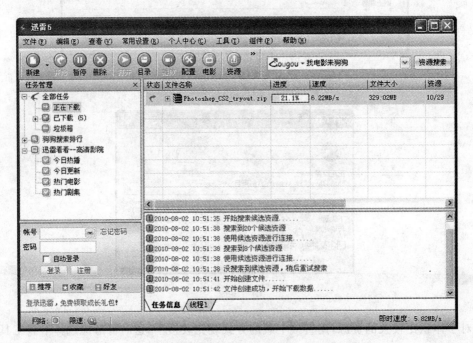

图 3-13

图 3-14

## 2.2.4 操作四:生活信息查询

**1. 地图:利用谷歌地图查找武汉大学的位置及行车路线**

(1) 打开浏览器,进入谷歌地图页面,如图 3-15 所示。

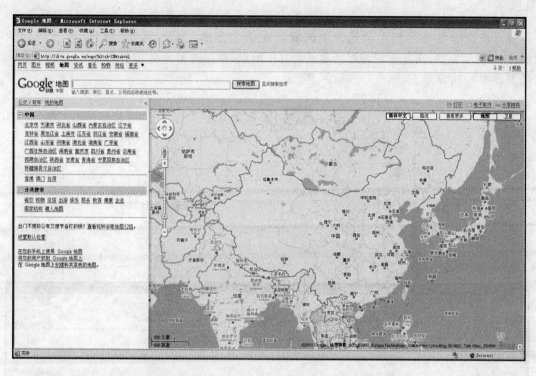

图 3-15

（2）在搜索框中输入"武汉大学"后单击"搜索地图"按钮，搜索结果如图 3-16 所示。

图 3-16

（3）在窗口左侧的查询结果列表中单击某项或在地图中单击结果列表的标识字母，即可弹出该查询结果的相关信息。单击窗口左侧上方的"公交/驾车"链接，即可展开如图 3-17 所示窗口，在此设置好起始地点和目的地点，即可查询公交驾车或步行的线路，查询结果如图 3-18 所示。

图　3-17

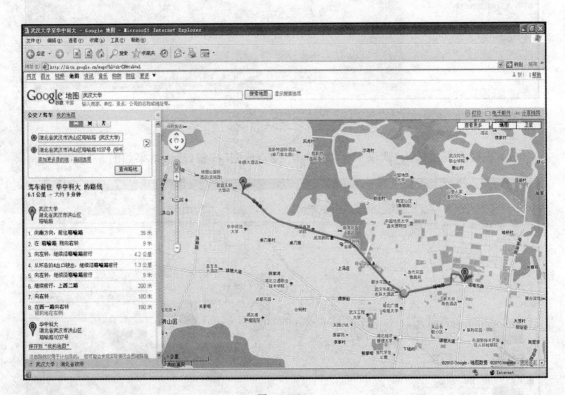

图　3-18

## 2. 公交换乘

在图 3-17 所示窗口中单击中间的图标，输入起始点和终止点。再单击"查询路线"按钮，即可查询公交路线，查询结果如图 3-19 所示。

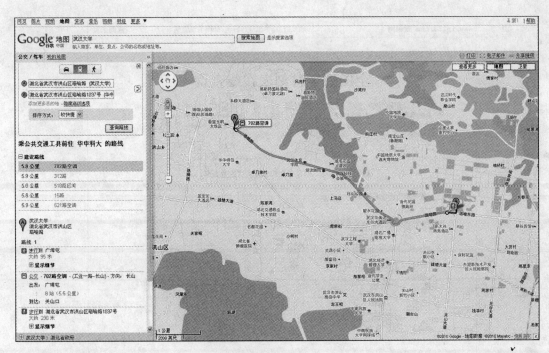

图　3-19

### 3. 列车时刻

（1）打开搜索引擎，输入"列车时刻"，单击"查询"按钮，在查询结果中单击某一链接，如图 3-20 所示。

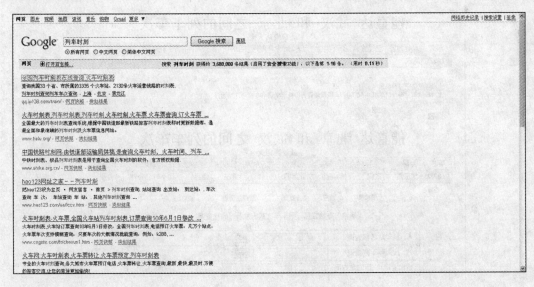

图　3-20

（2）如单击第一个链接，则打开如图 3-21 所示窗口。

（3）输入车站名、车次或出发—目的地，即可查询出结果，如图 3-22 所示。

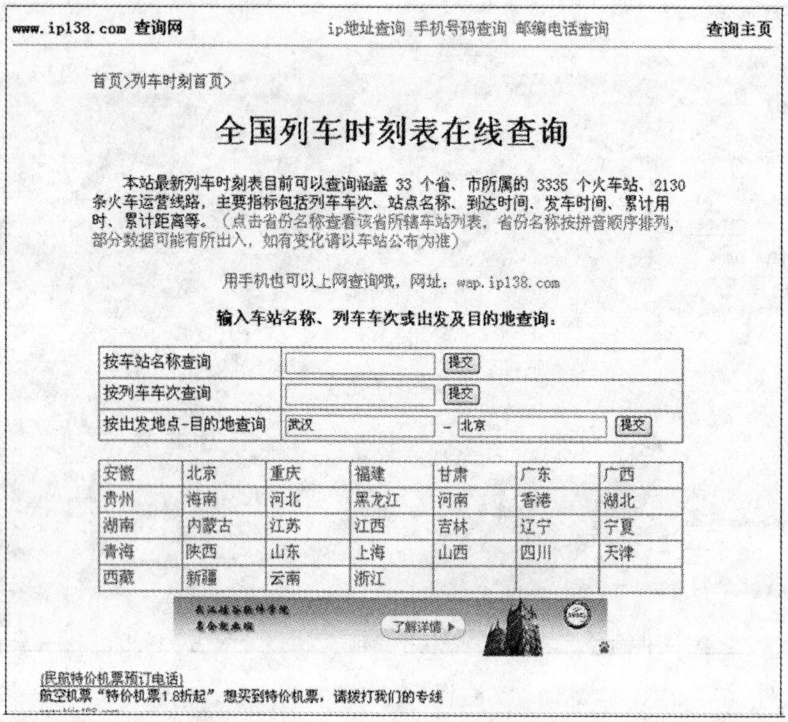

www.ip138.com 查询网　　　ip地址查询　手机号码查询　邮编电话查询　　　查询主页

首页>列车时刻首页>

## 全国列车时刻表在线查询

本站最新列车时刻表目前可以查询涵盖 33 个省、市所属的 3335 个火车站、2130 条火车运营线路。主要指标包括列车车次、站点名称、到达时间、发车时间、累计用时、累计距离等。（点击省份名称查看该省所辖车站列表，省份名称按拼音顺序排列，部分数据可能有所出入，如有变化请以车站公布为准）

用手机也可以上网查询哦，网址：wap.ip138.com

**输入车站名称、列车车次或出发及目的地查询：**

| | | |
|---|---|---|
| 按车站名称查询 | | 提交 |
| 按列车车次查询 | | 提交 |
| 按出发地点-目的地查询 | 武汉 — 北京 | 提交 |

| | | | | | | |
|---|---|---|---|---|---|---|
| 安徽 | 北京 | 重庆 | 福建 | 甘肃 | 广东 | 广西 |
| 贵州 | 海南 | 河北 | 黑龙江 | 河南 | 香港 | 湖北 |
| 湖南 | 内蒙古 | 江苏 | 江西 | 吉林 | 辽宁 | 宁夏 |
| 青海 | 陕西 | 山东 | 上海 | 山西 | 四川 | 天津 |
| 西藏 | 新疆 | 云南 | 浙江 | | | |

武汉长城神华学院　　了解详情 ▶
总会观点栏

[民航特价机票预订电话]
航空机票"特价机票1.8折起"想买到特价机票，请拨打我们的专线

图　3-21

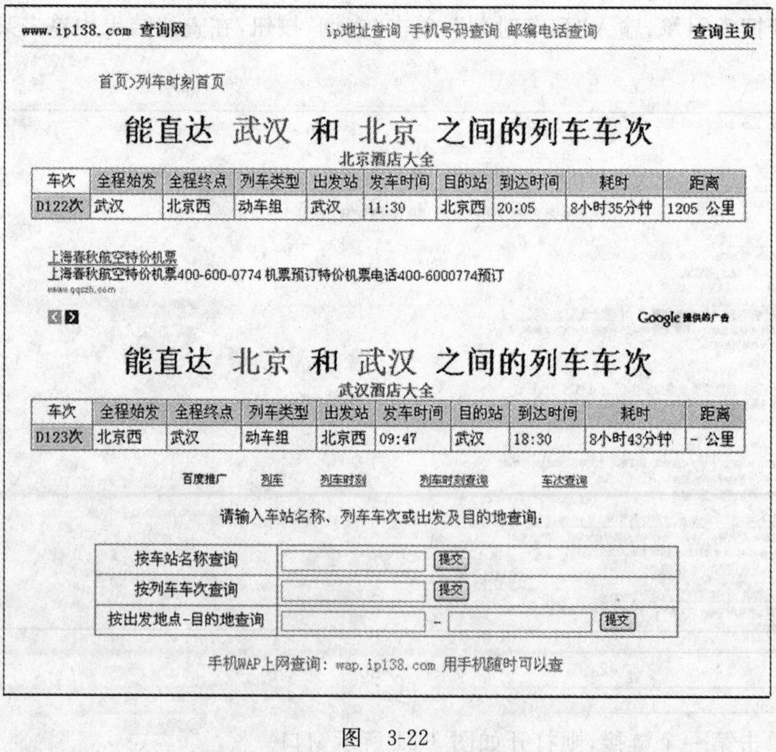

www.ip138.com 查询网　　　ip地址查询　手机号码查询　邮编电话查询　　　查询主页

首页>列车时刻首页

## 能直达 武汉 和 北京 之间的列车车次
### 北京酒店大全

| 车次 | 全程始发 | 全程终点 | 列车类型 | 出发站 | 发车时间 | 目的站 | 到达时间 | 耗时 | 距离 |
|---|---|---|---|---|---|---|---|---|---|
| D122次 | 武汉 | 北京西 | 动车组 | 武汉 | 11:30 | 北京西 | 20:05 | 8小时35分钟 | 1205 公里 |

上海春秋航空特价机票
上海春秋航空特价机票400-600-0774 机票预订特价机票电话400-6000774预订
www.gqzzh.com

◀ ▶　　　　　　　　　　　　　　　　　　Google 提供的广告

## 能直达 北京 和 武汉 之间的列车车次
### 武汉酒店大全

| 车次 | 全程始发 | 全程终点 | 列车类型 | 出发站 | 发车时间 | 目的站 | 到达时间 | 耗时 | 距离 |
|---|---|---|---|---|---|---|---|---|---|
| D123次 | 北京西 | 武汉 | 动车组 | 北京西 | 09:47 | 武汉 | 18:30 | 8小时43分钟 | - 公里 |

百度推广　　列车　　列车时刻　　列车时刻查询　　车次查询

请输入车站名称、列车车次或出发及目的地查询：

| | | |
|---|---|---|
| 按车站名称查询 | | 提交 |
| 按列车车次查询 | | 提交 |
| 按出发地点-目的地查询 | — | 提交 |

手机WAP上网查询：wap.ip138.com 用手机随时可以查

图　3-22

### 4. 天气预报

（1）打开搜索引擎，输入"天气预报"，单击"查询"按钮，结果如图 3-23 所示。

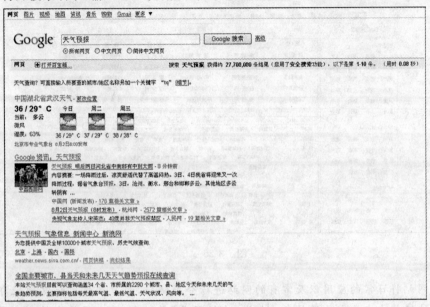

图　3-23

（2）如想了解详细天气信息，在查询结果中单击某一链接，如单击"中国天气网"，在其中单击"武汉"，则会显示武汉近期天气情况，如图 3-24 所示。

图　3-24

**注意:**以上这些信息,只需要找到相关的网站,就可以在该网站中进行查询,这些相关的网站既可以通过搜索引擎来查询,还可以通过导航网站来查找,如"好123"网站,如图3-25所示。

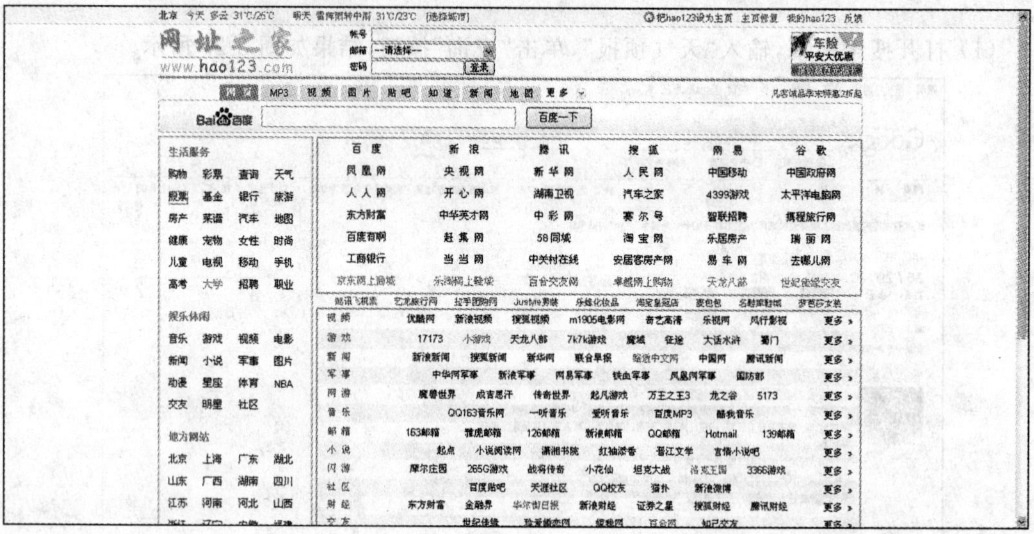

图 3-25

导航网站将日常的应用以及常有的网站进行分类链接,用户不需要记忆网址即可通过导航网站快速找出自己需要的信息。如在"生活服务"类别中,可以很快查询到彩票、天气、列车时刻、地图等信息。

# 任务3 收发邮件

【任务背景】

电子邮件是 Internet 中的又一非常普遍的应用,因为其简写为 E-mail,中文谐音为"伊妹儿"。本节我们介绍 E-mail 的相关概念和邮件客户端配置方法以及发送和接收 E-mail 的方法。

【任务目标】

掌握电子邮箱的申请和使用,掌握邮件客户端的配置和使用方法。

## 3.1 知 识 准 备

### 3.1.1 电子邮件概念

电子邮件(E-mail)是因特网上使用最广泛的一种服务。电子邮件采用存储转发方式传递,并根据电子邮件地址(E-mail Address)由网上多个主机合作实现存储转发。电子邮件具有速度快、费用低等优点。用户可以使用电子邮件发送文字、声音、图像及文件等信息,与世界任一角落的朋友交流。它是人们在 Internet 中进行信息交流的一种非常便捷的方式。

## 3.1.2　电子邮件地址的格式

与人们写信需要地址和邮政编码信息一样,E-mail 要在 Internet 上传递,并准确无误地到达收件人手中,首先需要收发双方有在全世界唯一的电子邮箱地址。这个邮箱的地址就是 E-mail 地址,E-mail 信箱就是用这种地址标识的。任何人可以将电子邮件投递到电子邮箱中,但只有邮箱的主人才有权打开信箱并处理其中的邮件。

电子邮件地址的格式是:

用户名@主机域名

例如:

test@163.com

它由收件人用户标识(如姓名或缩写)、字符"@"和电子信箱所在计算机的域名三部分组成。地址中间不能有空格或逗号。

【思考】　"example. k@test. com"、"example AT test. com"和"example@test,com"都是合法的电子邮件地址吗?

## 3.1.3　电子邮件的构成

电子邮件都有两个基本部分:信头和信体。

信头:相当于信封,包括发件人、收件人、抄送、主题,其中发件人地址是唯一的,而我们可以一次给多人发信,所以收件人地址可以有多个,多个地址以分号(;)或逗号(,)隔开。抄送表示在将信发给收件人的同时发给第三方的地址,也可以有多个。主题是信件的标题,用于大致概括信件的内容。

信体:相当于信件的内容,它可以是单纯的文字,也可以是包括图片、动画等多媒体信箱的超文本,还可以包含附件。

## 3.1.4　电子邮件的工作过程

电子邮件是通过电子邮箱来进行收发的。电子邮箱是我们在网络上保存邮件的存储空间,每个邮箱都有一个唯一的地址。发信时,邮件被发送到收件人的邮件服务器,存放在属于收件人的电子邮箱里。收信时,用户登录邮件服务器,从自己的邮箱中打开或下载信件。在 Internet 上,邮件服务器一般都是 24 小时工作,随时可以收发邮件,因此,使用电子邮件不受时间和地域的限制,双方的计算机并不需要同时在线。

# 3.2　任务实现

Outlook Express 的使用。

邮件的收发可以通过支持邮件收发的软件来完成。这样的软件有很多。Microsoft Outlook Express 是一款常用的收发邮件软件,利用它来收发邮件也是上机考试必考内容。

（1）Outlook Express 的启动

方法一：选择"开始"→"程序"→Outlook Express 命令,启动 Outlook Express。

方法二：单击快速启动工具栏中的█按钮,启动 Outlook Express。

（2）了解 Outlook Express 窗口

Outlook Express 程序的主界面如图 3-26 所示。

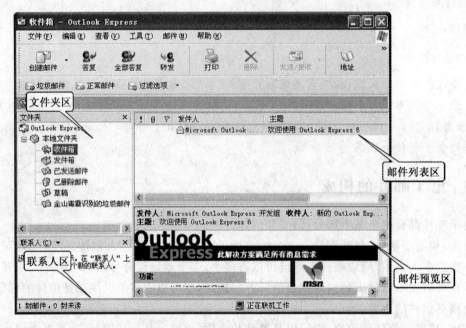

图　3-26

- 文件夹区：在此对邮件进行分类存放,包含常用邮件分类,用户也可以自己建立文件夹。
- 联系人区：显示通信簿中建立的联系人及分组,可以为常用的收件人建立联系人资料。
- 邮件列表区：显示所选择文件夹中的邮件列表,包含邮件的主题和地址等信息。
- 邮件预览区：单击邮件列表中的邮件,在此便可显示邮件内容。

**注意**：用户也可双击邮件列表中的邮件,在新窗口中浏览邮件内容。

（3）账号的设置

在使用 Outlook Express 进行邮件收发之前,需要进行邮件账号的设置。第一次使用 Outlook Express 时,Outlook Express 会自动提醒用户添加邮件账号,我们也可以在 Outlook Express 中执行"工具"→"账号"命令,打开如图 3-27 所示的"Internet 账户"对话框,单击"添加"按钮,在弹出的菜单中选择"邮件"选项,启动"Internet 连接向导"。

下面以邮件账户"example@163.com"为例,使用"Internet 连接向导"来进行邮件账户的添加。

① 在"显示名"框中输入你喜欢的称呼,以后发信时,该名称就会出现在对方的发件人名称中,如图 3-28 所示。

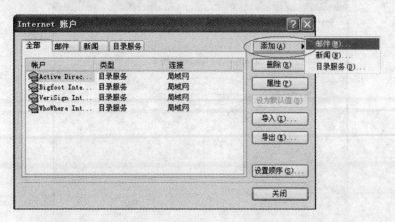

图 3-27

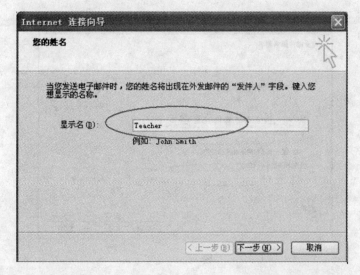

图 3-28

② 单击"下一步"按钮,在"Internet 电子邮件地址"对话框中输入电子邮件地址。在此输入"example@163.com",如图 3-29 所示。

③ 单击"下一步"按钮,显示"电子邮件服务器名"对话框,在此分别输入接收邮件和发送邮件的服务器的域名或 IP 地址,该地址由邮件服务提供商提供,如图 3-30 所示。

④ 单击"下一步"按钮,显示"Internet Mail 登录"对话框,这时系统会自动填入账户名。用户需要填写密码,也可不填,以后每次使用时就需要输入密码验证,如图 3-31 所示。

⑤ 单击"下一步"按钮,显示"祝贺您"对话框,在此单击"完成"按钮,此时返回"Internet 账户"对话框,在其中可以看到刚添加的邮件账户。如果还要添加账户,继续重复上面步骤,完成添加则关闭"Internet 账户"窗口。

（4）撰写发送邮件

完成邮件账户的添加，就可以用刚添加的邮件账户来发送邮件。下面举例说明邮件的创建与发送过程。

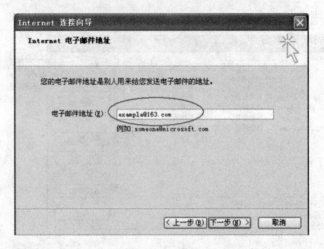

图　3-29

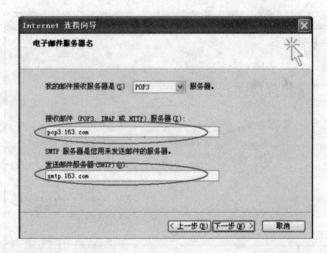

图　3-30

例如，同时向下列两个 E-mail 地址发送一个电子邮件（注：不准用抄送），并将考生文件夹下的一个 Word 文档 abc.doc 作为附件一起发出去。具体如下：

收件人：Rongwang@edu.cn Yuang@163.com

主题：支出情况表

函件内容：发去—支出情况表，具体见附件。

① 启动 Outlook Express，单击工具栏中的"新邮件"按钮▣，出现撰写新邮件的窗口。

② 填写信头。在"收件人"栏输入"Rongwang@edu.cn，Yuang@163.com"，在"主题"栏输入"支出情况表"；如需抄送，则在"抄送"栏输入抄送地址。

③ 填写信体。将光标移动到信体部分，输入邮件内容"发去—支出情况表，具体见附件。"在格式菜单中执行相关命令进行格式设置。选择"插入"→"文件附件"命令，或单击工

具栏中的"附件"按钮，弹出如图 3-32 所示对话框，在此选择附件文件，单击"附件"按钮，
完成附件添加。如果有多个附件，则重复此过程完成多个附件的添加，屏幕返回"新邮件"窗
口，如图 3-33 所示。

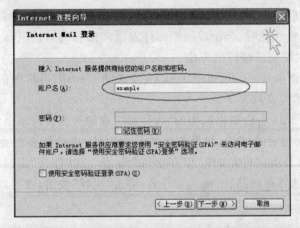

图　3-31

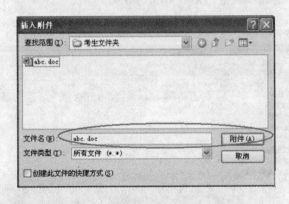

图　3-32

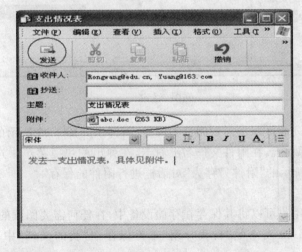

图　3-33

④ 发送邮件。当邮件撰写完成后,单击图 3-33 所示窗口工具栏中的"发送"按钮 ,邮件就可以被发送出去了。

(5) 接收阅读邮件

先连接因特网,启动 Outlook Express。如果要查看是否有电子邮件,则单击工具栏上的"发送/接收"按钮 。此时,会出现一个邮件发送和接收的对话框。当下载完信件后,便可阅读。下面举例说明阅读邮件的方法。

例如,接收并阅读由 wuyou@mail.edu.cn 发来的 E-mail,再将随信发来的附件以文件名 swtz.txt 保存到考生文件夹下。

方法一:单击图 3-34 右边窗格区中的"收件箱",在邮件列表区单击需要阅读的邮件,在邮件预览区便可阅读指定的邮件,如果邮件中包含附件,该邮件旁边会出现"曲别针"按钮 。单击文件名则打开该文件,选择"保存附件"命令,可以打开"附件另存为"对话框,如图 3-35 所示。在此选择存储路径,输入文件名,单击"保存"按钮,就可以在指定路径中保存指定的附件了。

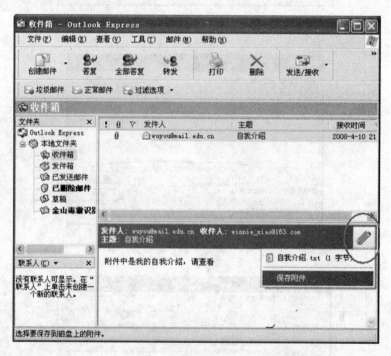

图 3-34

方法二:在邮件列表区双击需要阅读的邮件,将弹出如图 3-36 所示的邮件阅读窗口,在此显示此邮件的全部内容,在附件文件名上右击,在弹出的快捷菜单中选择"另存为"命令,即可弹出如图 3-35 所示的"附件另存为"对话框进行附件的保存。

(6) 保存邮件

对于重要邮件,用户可以将其保存在存储设备中,在任何需要阅读的时候脱机阅读。如将 wuyou@mail.edu.cn 发来的"自我介绍"邮件保存在"我的文档"中。保存邮件的步骤如下:

单击要保存的邮件,选择"文件"→"另存为"菜单命令,打开"邮件另存为"对话框,如

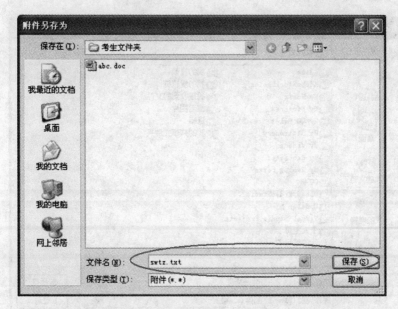

图　3-35

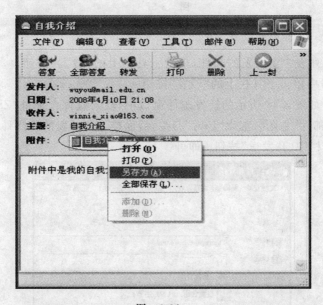

图　3-36

图 3-37 所示,在此对话框中指定保存路径和文件名称,单击"保存"按钮,即可完成邮件的保存。

（7）转发与回复邮件

有时我们对收到的邮件需要做出回复,如果觉得有必要让更多人阅读自己收到的这封信,就需要将邮件转发给其他人。下面举例说明回复与转发邮件的步骤。

例如,接收并阅读由 wuyou@mail.edu.cn 邮箱发来的 E-mail,然后转发给张刚。张刚的E-mail地址为 Zhangg@pc.home.cn,并立即回复,回复内容:"您的来信已收到并转发。"

165

图 3-37

① 转发

（a）单击邮件列表中要转发的邮件，单击工具栏上的"转发"按钮，或双击邮件，在弹出的阅读邮件窗口中单击工具栏上的"转发"按钮。

（b）在弹出的如图 3-38 所示的转发邮件窗口中，输入收件人地址"Zhangg@pc. home. cn"。对于回复的邮件，主题一般以"Fw:"开头，后面接上要转发的原邮件的主题。

（c）单击工具栏中的"发送"按钮即可。

图 3-38

**注意**：如果需要将信件转发给多个人，可以在"收件人地址"栏中输入多个收件人地址，中间用分号（;）或逗号（,）隔开。

② 回复

（a）单击邮件列表中要回复的邮件，单击工具栏上的"答复"按钮，或双击邮件，在弹出的阅读邮件窗口中单击工具栏上的"答复"按钮。

（b）在弹出的"回复邮件"窗口中输入回复的内容"您的来信已收到并转发"，如图 3-39 所示。

（c）单击工具栏中的"发送"按钮即可。

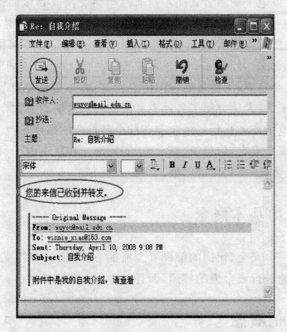

图　3-39

# 任务4　电子商务

【任务背景】

现在，网上购物已成为一种时尚，一种现代生活的购物方式，一种节约时间、节约金钱的购物方式。如果你到现在还不会，就应该赶紧学会。

【任务目标】

掌握网上支付的方法，掌握网上银行的使用方法。掌握网上购物的流程和一些技巧。掌握网上开店的基本步骤。

# 4.1 知 识 准 备

## 4.1.1 电子商务的基本概念

电子商务(Electronic Commerce)是指对整个贸易活动实现电子化。从涵盖范围方面可以定义为:交易各方以电子交易方式而不是通过当面交换或直接面谈方式进行的任何形式的商业交易,通过电子商务,可以改善产品和服务质量,提高服务传递速度,满足政府组织、厂商和消费者的降低成本的需求。今天的电子商务通过计算机网络将买方和卖方的信息、产品和服务器联系起来。Internet 在全球的迅猛发展,将处于不同国度的人们的距离拉近了,电子商务成为社会热点,它通过先进的信息网络,将事务活动和贸易活动中发生关系的各方有机地联系起来,极大地方便了各种事务活动和贸易活动。如今,上网的个人、企业、政府、银行越来越多,电子商务受到各地政府和社会各行业的高度重视。

电子商务关键组成要素有:信息流、资金流、实物流。在从事电子商务活动的时候,关键也就是解决信息流、资金流、实物流的问题。

## 4.1.2 在线支付的基本概念

在线支付提供了一个安全、便捷的解决资金流的方式,通过在线支付,买家和卖家能在商品交易的时候方便地进行资金流的传递,而且这种传递是安全的。

## 4.1.3 物流配送的概念

物流配送是实现网上购物的保证,发达的物流配送服务为电子商务解决了快速、便捷、不分地域的实物流。买方在完成商品的选择和资金的支付后,实物的获取是通过实物流来解决的。在购物的时候,用户选择物流方式,卖方会根据用户的选择委托物流公司来完成商品的运输,最终,买方和卖方足不出户就可以完成商品的交易。很多的购物网站、物流网站提供限时服务,提供实时在线的物流状态跟踪查询,既快捷又安全。

## 4.1.4 网上银行的概念

网上银行又称网络银行、在线银行,是指银行利用 Internet 技术,通过 Internet 向客户提供开户、销户、查询、对账、行内转账、跨行转账、信贷、网上证券、投资理财等传统服务项目,使客户可以足不出户就能够安全便捷地管理活期和定期存款、支票、信用卡及个人投资等。可以说,网上银行是在 Internet 上的虚拟银行柜台。

网上银行又被称为"3A 银行",因为它不受时间、空间限制,能够在任何时间(Anytime)、任何地点(Anywhere)、以任何方式(Anyhow)为客户提供金融服务,打破了传统银行业务的地域、时间限制。

网上银行除了提供传统的银行业务外,还是电子商务中实现电子商务不可或缺的功能,为电子商务提供了资金流安全传输的途径。

## 4.1.5 网上购物流程

购物网站是解决买家信息流的一个方式,是商品信息发布与交流的平台。卖家通过购物网站发布销售的商品供买家选择,买家通过购物网站选择商品。

网上购物流程就是通过互联网媒介用数字化信息完成购物交易的过程。网上购物诸多地方不同于传统购物方式,包括挑选物品、主体身份、支付、验货等。

网上购物主要步骤:购物平台选择不管选择是商城还是网店,都是畅享购物快乐的第一步。①挑选商品。②注册账号。③网上给自己留下一个代号,只是虚拟的。④填写准确详细的地址和联系方式。⑤协商交易事宜。⑥选择支付方式。⑦收货验货。⑧不满意可以退换货、退款、维权、评价。

## 4.1.6 网上开店流程

网上开店需要以下流程:①有一张开通了网上银行的储蓄卡。②扫描自己的身份证,正反面都要。③申请一个自己喜欢的邮箱,支付宝用邮箱作用户名。

准备工作做好,接着就是申请了。下面以淘宝网为例说明。

淘宝网申请和支付宝基本上是挂钩的,首先申请好淘宝网账户,再开通支付宝。申请分为申请和身份验证两部分。申请和其普通网站申请用户名基本相同;而身份验证则会麻烦些,需要用户上传身份证扫描电子版,再用注册时用的银行卡向支付宝账户打钱,一般是1分钱,以验证你银行卡的有效性。所以一开始就要准备好已开通网银的储蓄卡。网上银行的申请和使用详见各银行门户网站。其他步骤都是按提示操作就可以了。

# 4.2 任 务 实 现

## 4.2.1 操作一:网上银行——用网银实现手机话费的在线缴纳

网上银行是银行的网络虚拟柜台,各家银行通过各自的网站平台来实现网上银行,提供各种业务服务。不同的银行提供的网站操作方式有些差异,但大同小异,大致上分个人版和专业版两种,个人版提供简单、常用的有限额的网上银行服务,用户可直接通过网站开通,进行操作,并通过账户、密码的验证方式进行身份验证。专业版提供更全面的网上银行服务,用户需要持身份证到银行柜台开通,开通后,通过银行授予的口令卡、证书等方式实现身份验证,安全性相对较高,也能进行更高额度的资金流通。

下面以招商银行大众版为例来介绍如何通过网银实现手机话费的在线缴纳。

（1）进入"招商银行"网站，可以通过如图 3-40 所示的导航网站进入，也可以直接在浏览器地址栏中输入"招商银行"网址，如图 3-41 所示。在网上购物时，如果选择招商银行进行支付，在进行支付操作的时候也会主动跳转到招商银行网站。

图　3-40

图　3-41

**注意**:进入银行网站进行操作前,一定要确定你所进入的网站确实是该银行的官方站点,谨防钓鱼网站套取银行账号、密码信息。确认方法为:了解你所进入网站的网址。无论通过什么方式进入该网站后,观察地址栏网址是否正确。

(2)单击"个人银行大众版"按钮,在弹出的安全警报窗口中单击"确定"按钮,如图 3-42 所示,进入如图 3-43 所示的登录界面。

图 3-42

(3)登录。如果你是第一次登录,则需安装登录控件,如图 3-44 所示。

这里以一卡通为例说明,其他界面用户可以根据自己的具体情况进行选择和操作。对于一卡通用户,在登录时,首先选择开户地点,如图 3-45 所示。

开户地点选择完后,输入卡号、密码和附加码,单击"登录"按钮进行登录,如图 3-46 所示。

(4)在登录后的主界面进行网银相关操作。

登录后的主界面如图 3-47 所示,在此可进行账户管理、查询及相关操作。

如进行手机缴费操作,首先单击主菜单项的"自助缴费"链接,进入"自助缴费"页面,如图 3-48 所示。

单击"功能申请"选项卡,然后单击商户名称为"武汉电信"的记录行前面的"申请"链接,如图 3-49 所示。如果已经申请过就略过此步。

选择商户进行功能申请时需填写相关信息,如图 3-50 所示。

相关信息填写正确后,单击"确定"按钮,完成缴费项目的申请。

图 3-43

图 3-44

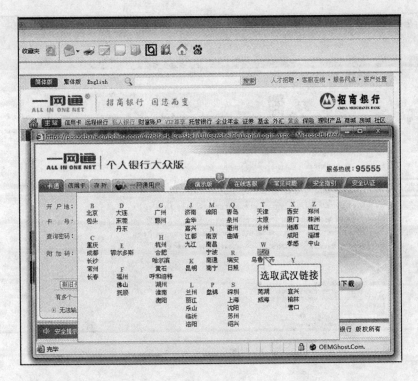

图　3-45

图　3-46

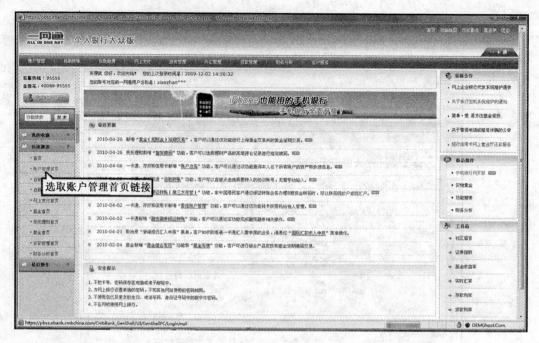

图　3-47

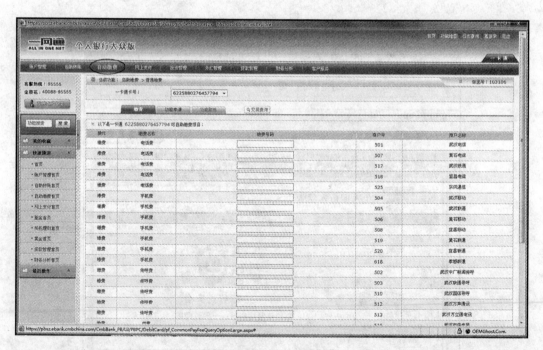

图　3-48

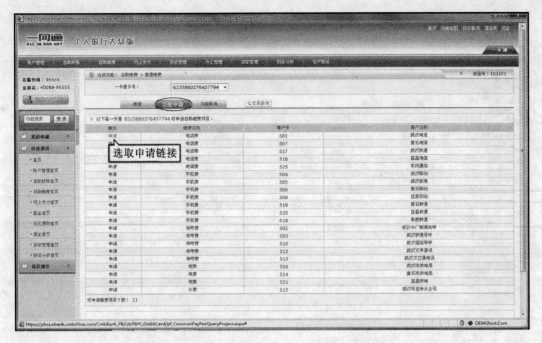

图　3-49

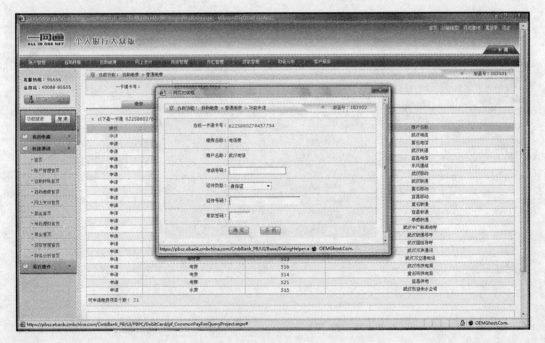

图　3-50

　　缴费申请成功后,在"普通缴费"选项卡所示列表中就会有刚才申请的缴费项目记录,在此单击需缴费的项目前的"缴费"链接,如图 3-51 所示,进入如图 3-52 所示的缴费信息填写窗口。

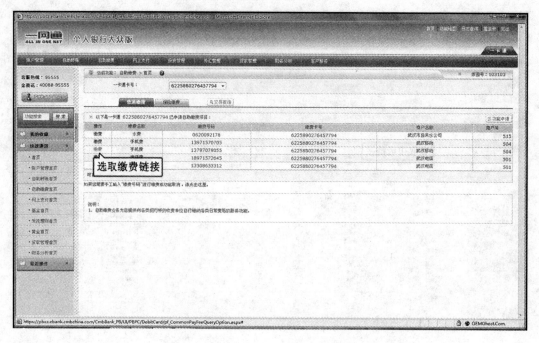

图 3-51

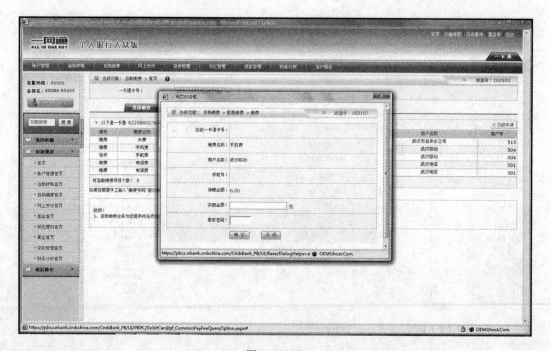

图 3-52

在图 3-52 所示的缴费窗口中输入缴费金额和取款密码,单击"确定"按钮进行缴费。缴费成功后,将弹出如图 3-53 所示提示信息。

在此网站中,可根据网站栏目名称选择你所需要的操作项目进行相关操作,如缴费、转

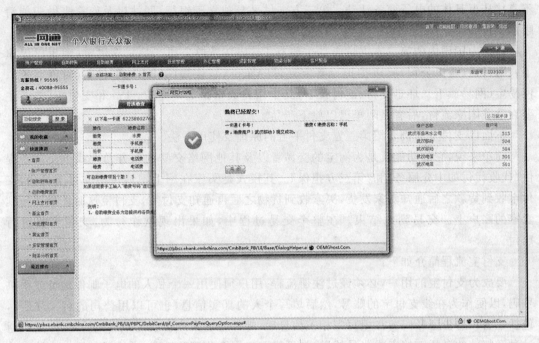

图 3-53

账、查询、投资等。

网上银行专业版的认证方式和个人版不一样,一般采用动态口令卡、动态手机口令、数字证书等进行认证,其中以数字证书认证居多,数字证书有的以文件形式存在,这种方式使用起来相对麻烦,每次重装系统或换一台计算机,都需要重新导入证书,证书文件一旦被盗就不安全了。现在大多数银行的数字证书存储在一个 USB Key 中,使用便捷,也相对安全。这种移动数字证书,工行叫 U 盾,农行叫 K 宝,建行叫网银盾,光大银行叫阳光网盾,在支付宝中的叫支付盾。这种 USB Key 有的需要安装驱动,有的不需要安装驱动。需要安装驱动的,在银行柜台成功申请网上银行后,银行会提供驱动程序,按说明进行驱动程序的安装。

网上银行专业版都需要使用者持身份证到银行柜台办理,办理成功后,如果采用移动数字证书认证的,银行会提供一个 USB Key,对于需要安装驱动程序的 USB Key,按照安装说明安装好驱动程序后,以后每次在使用网上银行的时候,提前插上 USB Key,在登录的时候选择证书验证,浏览器会自动弹出窗口,再在弹出的窗口中选择证书进行登录,登录后就可以使用网上银行提供的相关服务了。

## 4.2.2 操作二:第三方支付平台——支付宝实现在线付款

用户在进行网上购物时,除了可以选择银行汇款、银行在线支付方式外,还可以选择第三方的在线支付平台,这种支付平台作为中间商提供比在线支付更安全便捷的支付方式。第三方电子支付平台是属于第三方的服务中介机构,完成第三方担保支付的功能。它主要是面向开展电子商务业务的企业提供电子商务基础支撑与应用支撑服务,不直接从事具体的电子商务活动。第三方支付平台独立于银行、网站以及商家来做职能清晰的支付。

目前中国国内的第三方支付产品主要有 PayPal(易趣公司产品)、支付宝(阿里巴巴旗下)、财付通(腾讯公司,腾讯拍拍)、易宝支付(Yeepay)、快钱(99bill)、百付宝(百度 C2C)、网易宝(网易旗下)、环迅支付、汇付天下,其中用户数量最大的是 PayPal 和支付宝,前者主要在欧美国家流行,后者是阿里巴巴旗下产品。

下面以支付宝为例介绍第三方支付平台的原理及使用方法。

简单来说,它的功能就是为淘宝的交易者以及其他网络交易的双方乃至线下交易者提供"代收代付的中介服务"和"第三方担保"。其模式是买家在网上把钱付给支付宝公司,支付宝收到货款之后通知卖家发货,买家收到货物之后再通知支付宝,支付宝这时才把钱转到卖家的账户上。交易到此结束。在整个交易过程中,如果出现欺诈行为,支付宝将进行赔付。

支付宝流程简介如下:

要成为支付宝的用户,必须经过注册流程,用户须使用一个私人的电子邮件地址或手机号码,以便作为在线支付宝的账号,然后填写个人的真实信息(也可以用公司的名义注册),包括姓名和身份证号码。在填写完相关信息后,邮件地址账户会收到一封激活邮件,用户通过激活邮件的激活链接完成账号的激活,手机账户则会收到验证码,在注册的第二步输入验证码即可完成注册。

(1)注册。在支付宝的主页单击"注册"链接或"立即免费注册"按钮,即进入如图 3-54 所示的注册方式选择页面。

图 3-54

在此根据自己的需求选择一种方式,单击该方式下面的"注册"按钮,进入如图 3-55 或图 3-56 所示的信息填写页面。

两种注册方式的差异仅在于激活方式不一样。当然,注册后的功能是有所区别的,使用手机号码注册简单方便,而且默认绑定手机服务,以后可以免费享受更多手机服务:比如可以用手机找回密码、用手机开启或关闭余额支付等。

注意:一个手机号码或者邮箱账号只能注册一个支付宝账户,但是一个支付宝账户可同时绑定一个邮箱账号和手机号码,用户在注册后进行相关绑定设置即可。绑定后,用户可使用邮箱账号或手机号码进行登录,登录后操作的是同一支付宝账户。

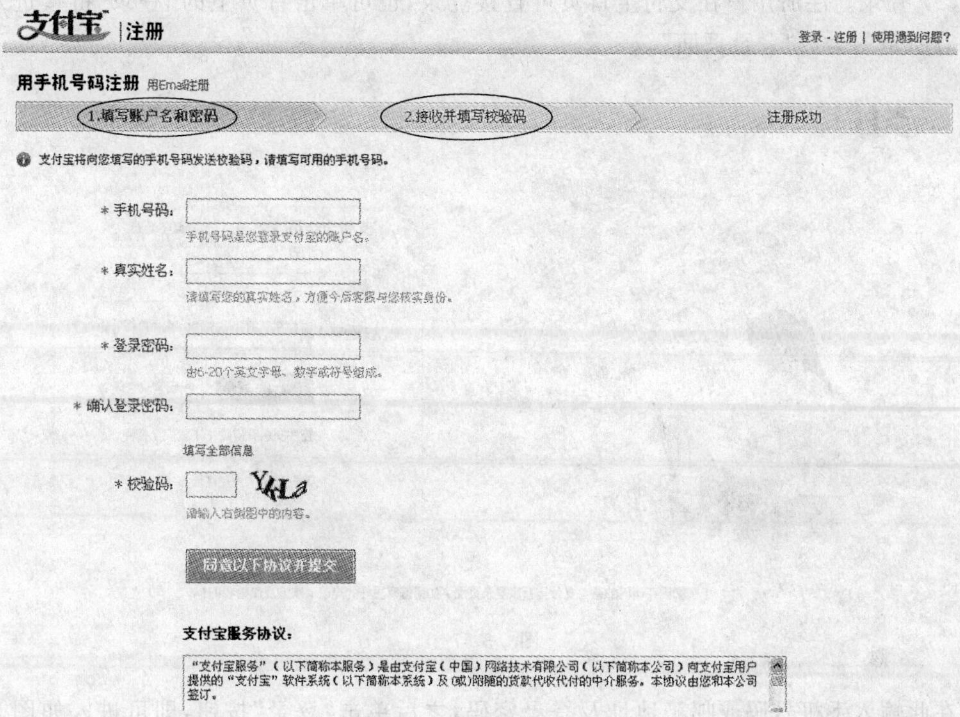

支付宝™ |注册

登录 · 注册 | 使用遇到问题?

**用手机号码注册** 用Email注册

1.填写账户名和密码　　　2.接收并填写校验码　　　注册成功

ⓘ 支付宝将向您填写的手机号码发送校验码,请填写可用的手机号码。

* 手机号码: [          ]
　　　手机号码是您登录支付宝的账户名。

* 真实姓名: [          ]
　　　请填写您的真实姓名,方便今后客服与您核实身份。

* 登录密码: [          ]
　　　由6-20个英文字母、数字或符号组成。

* 确认登录密码: [          ]

　　　填写全部信息

* 校验码: [     ] YHLƟ
　　　请输入右侧图中的内容。

[ 同意以下协议并提交 ]

支付宝服务协议:

"支付宝服务"(以下简称本服务)是由支付宝(中国)网络技术有限公司(以下简称本公司)向支付宝用户
提供的"支付宝"软件系统(以下简称本系统)及(或)附随的货款代收代付的中介服务。本协议由您和本公司
签订。

图　3-55

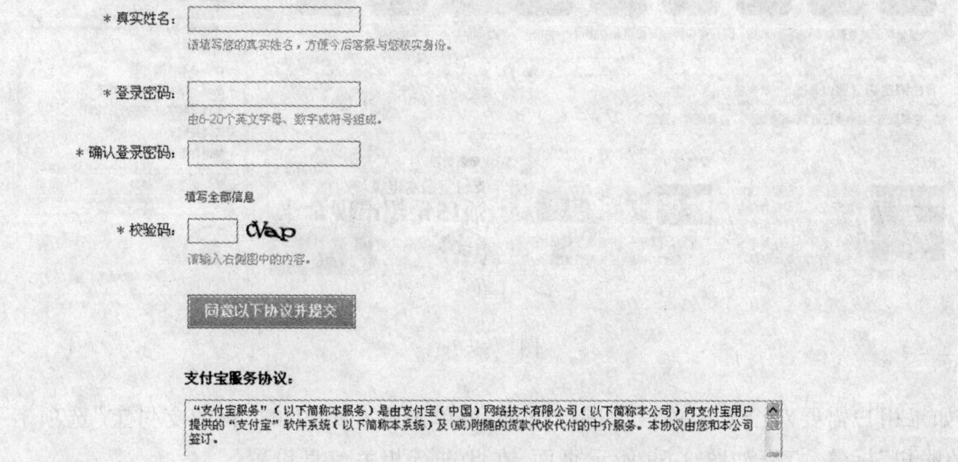

支付宝™ |注册

登录 · 注册 | 使用遇到问题?

**用Email注册** 用手机号码注册

1.填写账户名和密码　　　2.去邮箱激活支付宝　　　注册成功

ⓘ 若您是企业用户,请点此注册。没有Email? 推荐使用免费的雅虎邮箱。

* Email: [          ]
　　　Email是您登录支付宝的账户名。

* 真实姓名: [          ]
　　　请填写您的真实姓名,方便今后客服与您核实身份。

* 登录密码: [          ]
　　　由6-20个英文字母、数字或符号组成。

* 确认登录密码: [          ]

　　　填写全部信息

* 校验码: [     ] Ɛⱱap
　　　请输入右侧图中的内容。

[ 同意以下协议并提交 ]

支付宝服务协议:

"支付宝服务"(以下简称本服务)是由支付宝(中国)网络技术有限公司(以下简称本公司)向支付宝用户
提供的"支付宝"软件系统(以下简称本系统)及(或)附随的货款代收代付的中介服务。本协议由您和本公司
签订。

图　3-56

179

（2）登录。注册用户在支付宝首页可直接登录，也可单击首页上的"登录"链接进入如图 3-57 所示的会员"登录页面"。

图 3-57

在此输入手机号码或邮箱地址及登录密码，之后单击"登录"按钮，即可进入如图 3-58 所示的支付宝个人主页面。

图 3-58

如果用户需要对个人相关信息进行设置，可单击图 3-58 中的"我的支付宝"选项卡下的"我的账户"标签，打开如图 3-59 所示页面，在此进行相关信息设置。

**小贴士**：用户如果是淘宝用户，可使用淘宝账号登录支付宝，也可在登录淘宝网后直接

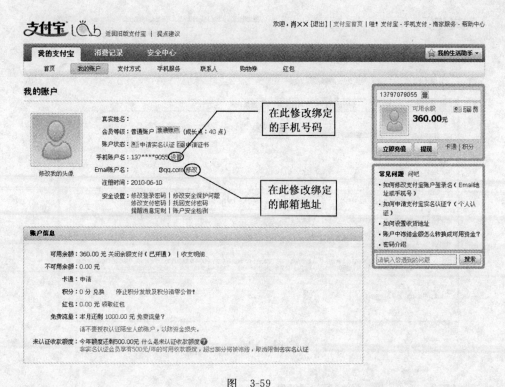

图　3-59

进入支付宝页面,无需再次登录。

　　如果需要使用支付宝进行在线支付,首先需要对支付宝账户进行充值。当然,如果不使用支付宝账户进行在线支付,而是使用其收款、信用卡还款等功能,是不需要进行充值的。

　　(3) 充值。登录支付宝后,单击如图 3-58 所示页面右侧的"立即充值"按钮,进入如图 3-60所示的充值页面。

　　在此用户可选择"网上银行"、"支付宝卡通"、"网点充值"、"消费卡"四种充值方式,每种充值方式所需条件和操作步骤有所差异。以网上银行充值为例,充值方式选择"网上银行充值"后单击"下一步"按钮,进入如图 3-61 所示页面。

　　在此选择了网上银行,输入了充值金额后,会显示相关支付限额信息。单击"下一步"按钮,进入如图 3-62 所示充值确认页面。

　　在此单击"去网上银行充值"按钮即离开支付宝网站,进入你所选择的银行在线支付页面,在此输入身份验证信息登录后完成充值操作。不同的银行的操作方式有所差别,图 3-63是中国农业银行的网上银行充值页面。

　　(4) 支付。基于交易的进程,支付宝在处理用户支付时有两种方式。

　　第一种方式:买卖双方达成付款的意向后,由买方将款项划至其在支付宝账户(其实是支付宝在相对银行的账户),支付宝发电子邮件通知卖家发货,卖家发货给买家,买家收货后通知支付宝,支付宝于是将买方先前划来的款项从买家的虚拟账户中划至卖家在支付宝上的账户。具体操作如下:

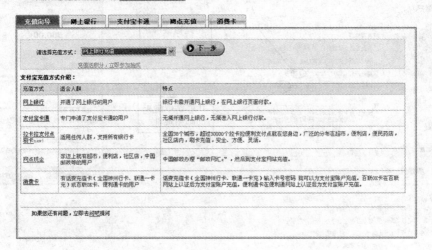

图 3-60

图 3-61

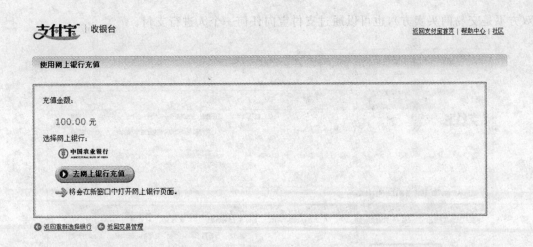

图　3-62

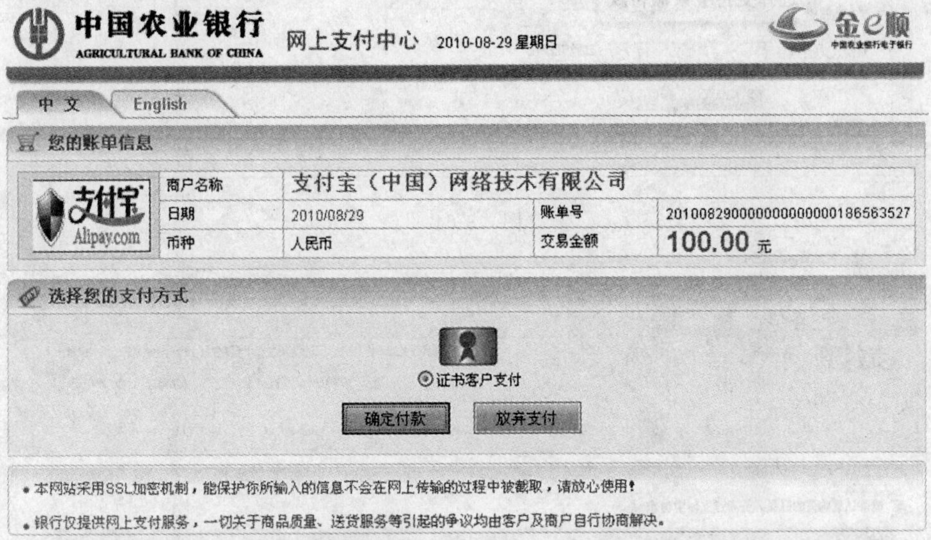

图　3-63

在选择的商品进入支付步骤时,选择"使用支付宝余额付款",如图 3-64 所示。在此输入支付密码后,单击"确认无误,付款"按钮,如图 3-65 所示,完成支付。

此时所支付的款项并没有直接进入卖家账户,只要在买家收到货,并在网站上进行了"收货确认"操作后,支付宝才将你所支付金额划拨到卖家账户,如图 3-66 所示。

第二种方式:支付宝的即时支付功能——"即时到账交易(直接付款)",交易双方可以不经过确认收货和发货的流程,买家通过支付宝立即发起付款给卖家。支付宝发给卖家电子邮件(由买家提供),在邮件中告知卖家买家通过支付宝发给其一定数额的款项。如果卖家这时不是支付宝的用户,那么卖家要通过注册流程成为支付宝的用户后才能取得货款。有一点需要说明,支付宝提供的这种即时支付服务不仅限于淘宝和其他的网上交易平台,而且还适用于买卖双方达成的其他的线下交易。从某种意义上说,如果实际上没有交易发生(即双方不是交易的买卖方),也可以通过支付宝向任何一个人进行支付。

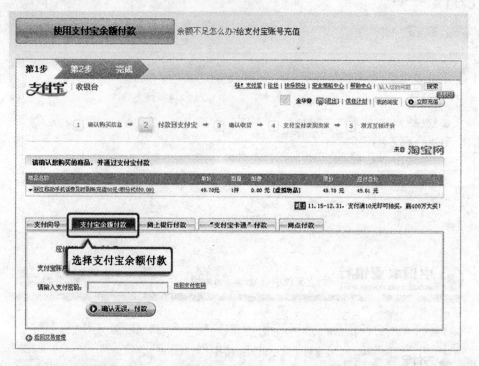

图 3-64

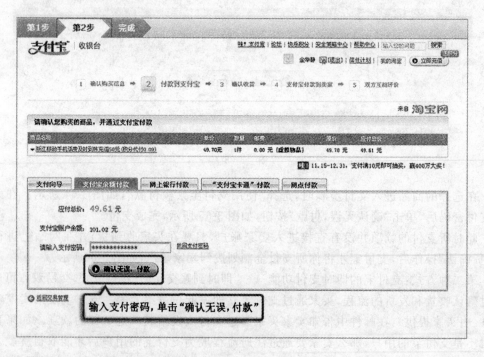

图 3-65

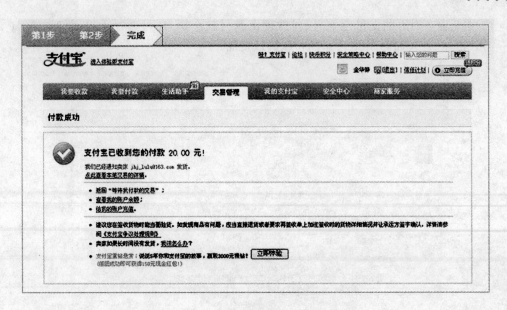

图　3-66

这种支付方式包括各种在线缴费,也可直接将资金划拨给另一个支付宝账户。以后者为例,具体步骤如下:

① 在支付宝个人主页面中单击"我要付款"图标,进入如图 3-67 所示付款页面。

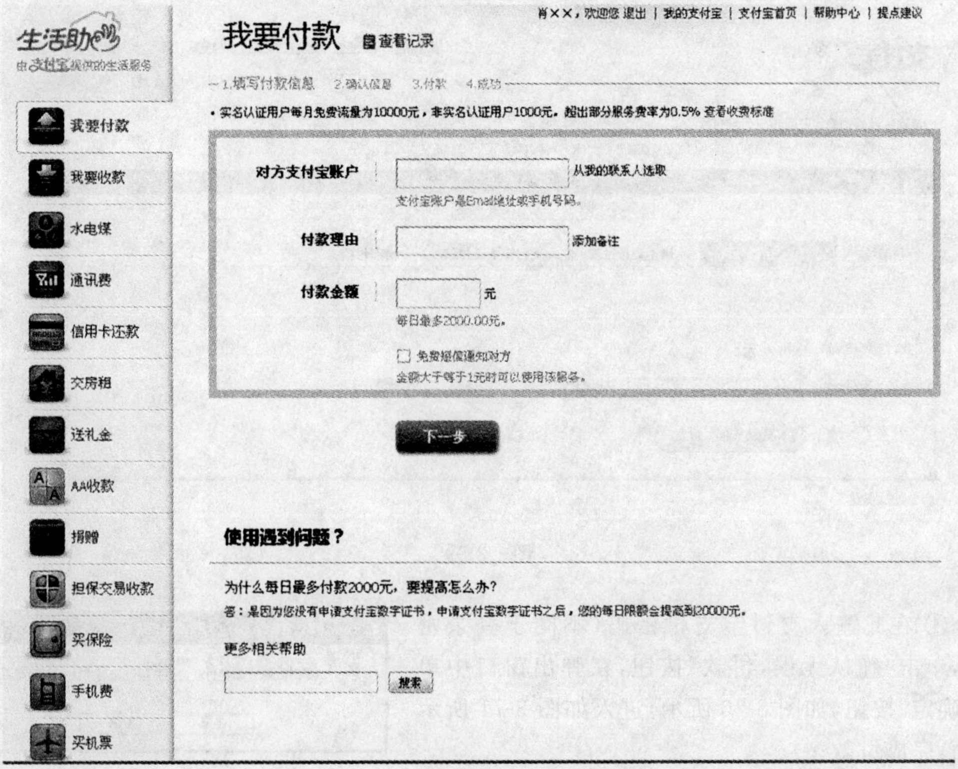

图　3-67

② 在此输入对方的支付宝账号、付款理由及付款金额，还可选择手机通知对方，单击"下一步"按钮，进入如图 3-68 所示的付款确认页面。

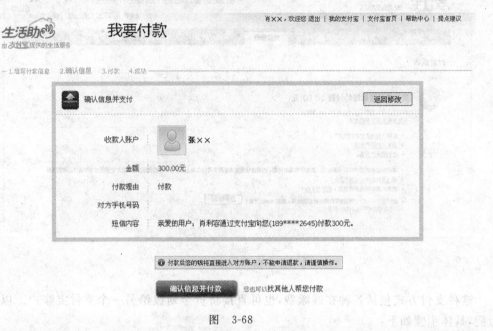

图 3-68

③ 在此单击"确认信息并付款"按钮，进入如图 3-69 所示付款页面。

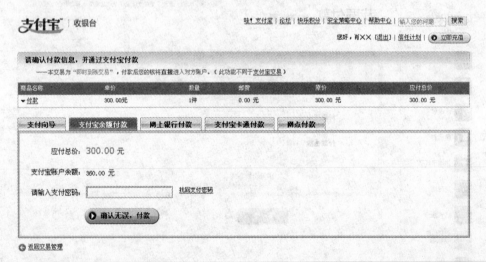

图 3-69

④ 在此输入支付宝支付密码（不同于登录密码），单击"确认无误，付款"按钮，在弹出窗口中单击"确定"按钮，如图 3-70 所示，进入如图 3-71 所示页面，完成付款。

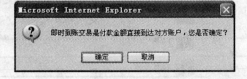

图 3-70

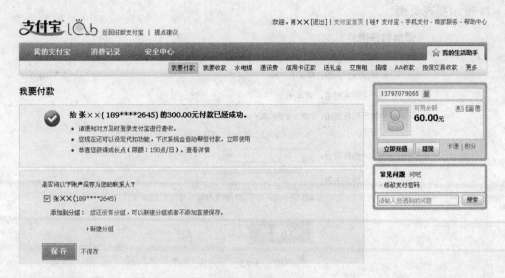

图　3-71

（5）提现。

如果你需要将支付宝里的资金提出来使用,需要有一张银行卡,而且银行卡的开户人姓名必须和支付宝的用户姓名一致。如果你没有银行卡信息,在提现的时候会自动进入如图 3-73 所示的添加银行卡页面,也可在"我的支付宝"→"支付方式"页面中进行银行账户管理,如图 3-72 所示。

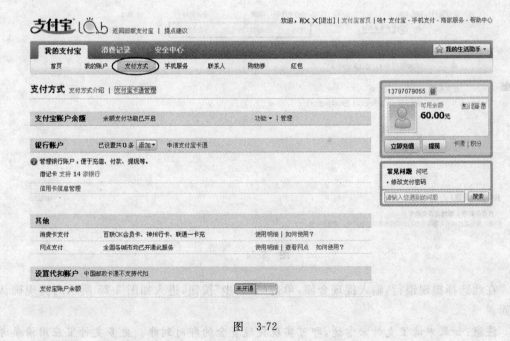

图　3-72

在此单击"添加"按钮后,进入如图 3-73 所示的"添加银行账户"信息页面。

有了银行账户后就可以进行提现操作,在支付宝个人页面右侧单击"提现"按钮,进入如

图 3-74 所示提现页面。

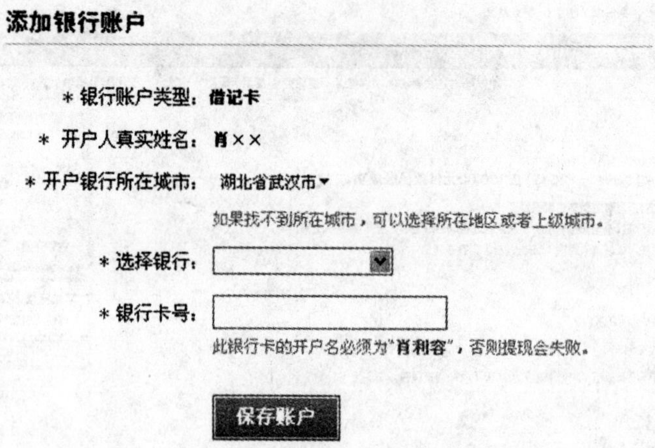

### 添加银行账户

&ast; 银行账户类型：借记卡

&ast; 开户人真实姓名：肖××

&ast; 开户银行所在城市：湖北省武汉市▼

如果找不到所在城市，可以选择所在地区或者上级城市。

&ast; 选择银行： [　　　　　　　▼]

&ast; 银行卡号： [　　　　　　　　　]

此银行卡的开户名必须为"**肖利容**"，否则提现会失败。

[ 保存账户 ]

图　3-73

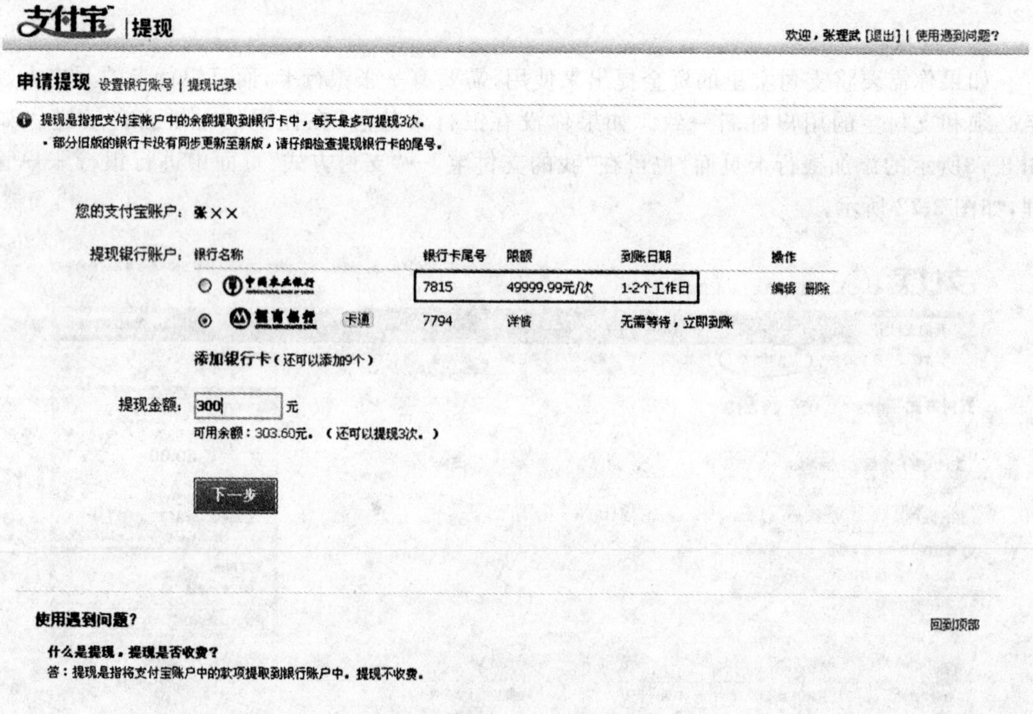

**支付宝** |提现

欢迎，张程武 [退出] | 使用遇到问题？

**申请提现** 设置银行账号 | 提现记录

❶ 提现是指把支付宝帐户中的余额提取到银行卡中，每天最多可提现3次。
· 部分旧版的银行卡没有同步更新至新版，请仔细检查提现银行卡的尾号。

您的支付宝账户：张××

| 提现银行账户： | 银行名称 | | 银行卡尾号 | 限额 | 到账日期 | 操作 |
|---|---|---|---|---|---|---|
| ○ | 中国农业银行 | | 7815 | 49999.99元/次 | 1-2个工作日 | 编辑 删除 |
| ⊙ | 招商银行 | 卡通 | 7794 | 详情 | 无需等待，立即到账 | |

添加银行卡（还可以添加9个）

提现金额： [300] 元
可用余额：303.60元。（还可以提现3次。）

[ 下一步 ]

**使用遇到问题？**                                                回到顶部

**什么是提现，提现是否收费？**
答：提现是指将支付宝账户中的款项提取到银行账户中。提现不收费。

图　3-74

　　在此选择提现银行，输入提现金额，单击"下一步"按钮，进入如图 3-75 所示的提现确认页面。

　　**注意**：如果申请了支付宝卡通，即可实现提现资金的即时到账。更多支付宝应用请参考网站帮助。

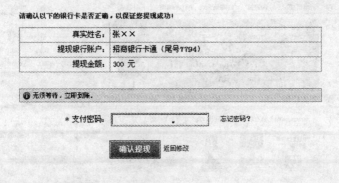

图　3-75

在此输入"支付密码",单击"确认提现"按钮,完成提现,如图 3-76 所示。

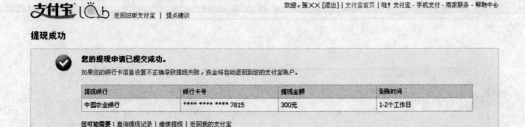

图　3-76

## 4.2.3　操作三:网上购物

　　网上购物,就是通过互联网检索商品信息,并通过电子订购单发出购物请求,然后通过网上银行、在线支付平台等进行支付,之后厂商通过邮购的方式发货,或是通过快递公司送货上门。随着互联网在中国的进一步普及应用,网上购物逐渐成为人们的网上行为之一,网上购物方便快捷,如果正确操作,也相对安全,越来越被广大民众所接受。

　　网上购物的一般步骤分为三步:第一步,选择一个购物网站,在此选择中意的商品;第二步,进行支付操作,或选择货到付款(需网站支持);第三步,收货。收货完成之后还可对商家和商品进行评价。

　　下面以淘宝网为例介绍网上购物过程。

　　(1)输入淘宝网网址,进入淘宝网站,如图 3-77 所示。

　　(2)选择商品。选择商品时既可根据网站分类进行浏览选择,也可使用网站提供的搜索功能进行搜索,搜索结果页面如图 3-78 所示。

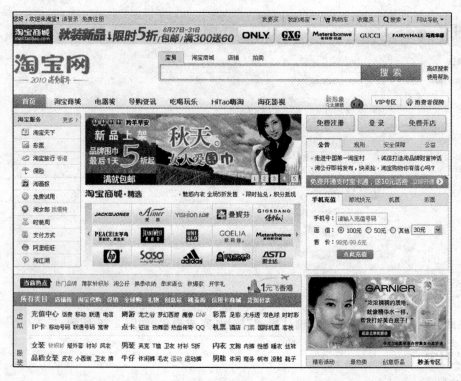

图 3-77

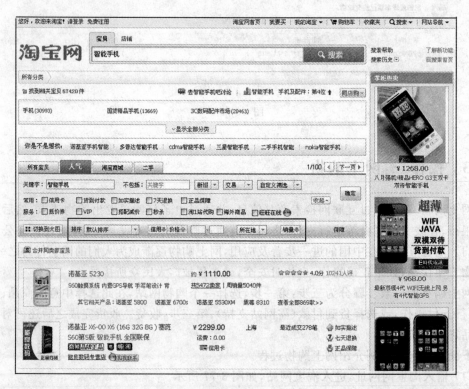

图 3-78

在此可对搜索结果进行排序和过滤。

在选择了某一具体商品后,可浏览其详细信息,包括该产品的详细介绍、销售记录、商品评价等,如图 3-79 所示。

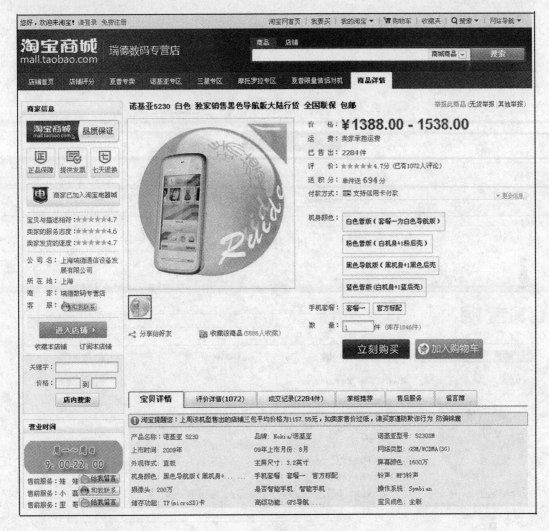

图　3-79

(3)购买。在商品详细信息页面,用户可选择将商品加入购物车,也可选择立刻购买,如果商品存在多种样式及套餐,则需要进行选择,如果用户还没有登录,则弹出如图 3-80 所示登录窗口进行登录。当然,用户也可在主页面的上方选择"登录"链接先登录,登录后进入如图 3-81 所示订单确认页面。

**注意**:如果你还没有注册,需要注册一个淘宝账户,在上面窗口中单击"免费注册",或在主页面的顶端单击"免费注册",即可进入注册流程。淘宝网的注册和支付宝的注册类似,也分手机用户和邮箱用户,注册过程基本和注册支付宝一样,在此不再介绍。

在此选择收货地址。如没有填写过收货地址,则在此填写收货地址、收货人、联系电话等收货信息。也可在此修改购买数量。相关信息填写完毕后,单击"确认无误,购买"按钮,进入如图 3-82 所示付款页面。

**注意**：在确认购买后、进行付款之前可以和卖家协商价格，卖家可以修改本次订单的价格。

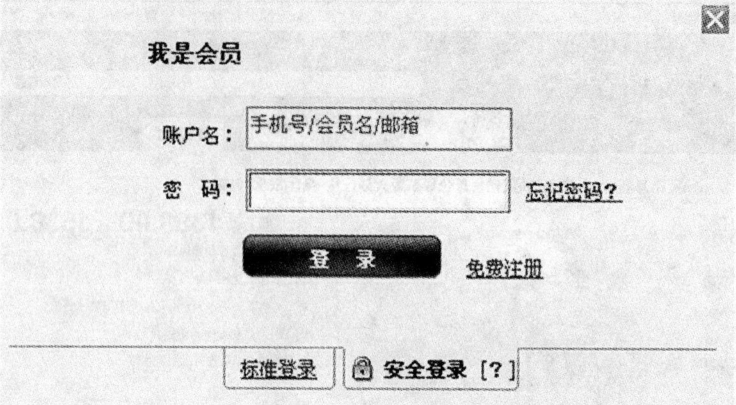

图　3-80

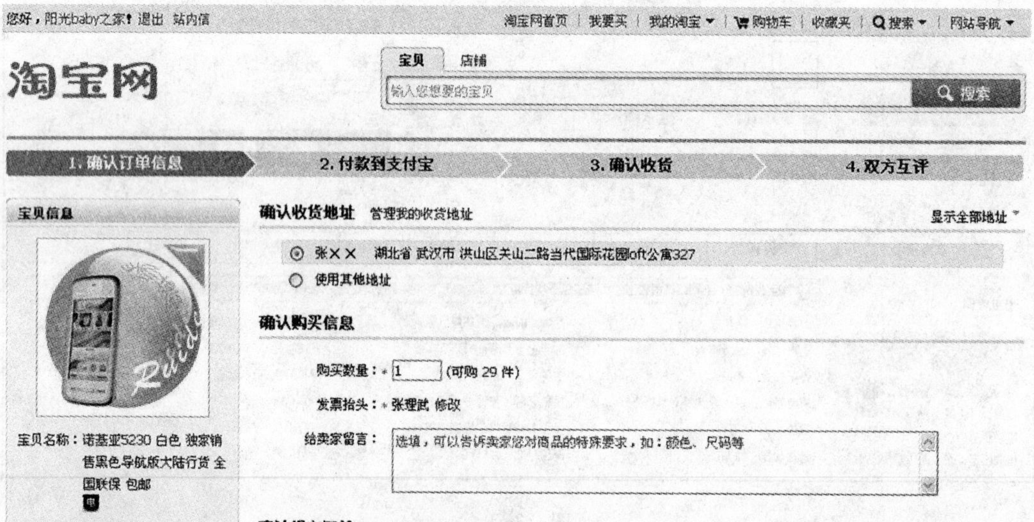

图　3-81

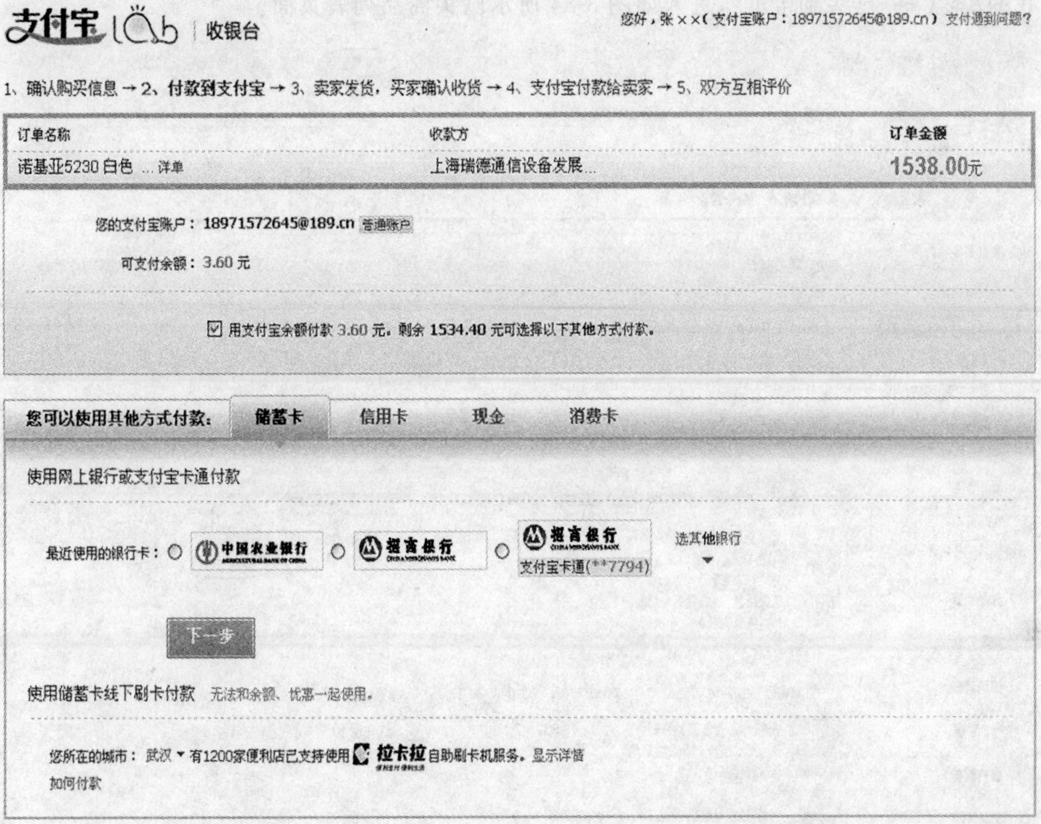

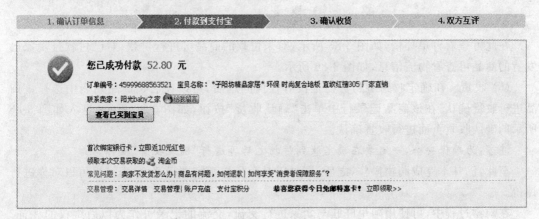

图　3-82

（4）付款。在此选择付款方式，单击"下一步"按钮，进入付款流程。如果支付余额足够，则只需要输入支付宝的付款密码，可直接完成付款；如果不够，则选择付款银行，进入相应银行的付款页面完成付款。如图 3-83 所示。

图　3-83

付款完成后在等待卖家发货的过程中,买家可查看自己的订单状态,在页面顶端单击"我的淘宝"→"已买到宝贝",进入如图 3-84 所示已买商品列表页面。

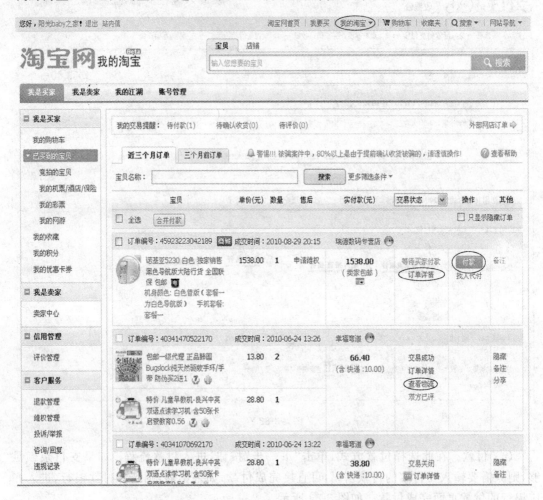

图　3-84

在此可查看订单详情,如图 3-85 所示,对未付款的商品可进行付款,对已付款且卖家已发货的商品可查看物流信息,如图 3-86 所示。

(5) 收货。在确定收到所购货物且没有任何问题后,可以在已买商品列表中选择该商品进行收货确认,在该商品记录行中单击"确认收货"按钮,如图 3-87 所示,进入如图 3-88 所示的确认收货页面进行收货确认。

**注意**:为确保安全,一定要在确定收到货物之后再进行"确认收货"操作。

至此,已基本完成购物操作,之后,还可以对商品与卖家进行评价,卖家也可以对你进行评价。

在购物过程中,可使用阿里旺旺与卖家进行交流,交流的记录可作为以后维权的凭证。阿里旺旺是一个类似腾讯 QQ 的即时通信软件,需要下载安装。登录后,如果对某商品感兴趣,可直接单击掌柜档案边上的 按钮,就该商品直接和卖家交流。

您好，阳光baby之家！退出 站内信

淘宝网首页 | 我要买 | 我的淘宝 ▾ | 🛒购物车 | 收藏夹 | 🔍搜索 ▾ | 网站导航 ▾

# 淘宝网

宝贝 | 店铺

输入您想要的宝贝 | 🔍搜索

您的位置：首页 > 我的淘宝 > 已买到的宝贝 > 订单详情

1.确认订单信息 ＞ 2.付款到支付宝 ＞ 3.确认收货 ＞ **4.评价**

当前订单状态：交易成功

备注

淘宝提醒您

1、交易已成功，如果你还未收到货物，或者收到的货物无法正常使用，请及时联系卖家协商处理。

2、如果卖家没有解决你的上述问题，你可以在交易成功后的14天内发起售后维权，要求淘宝客服介入处理。

## 订单信息

**卖家信息**

昵称：幸福弯道 和我联系 | 真实姓名：刘× | 城市：湖北 荆州

联系电话：18972146330 | 邮件：xfwd2008@yahoo.cn 发送站内信 | 支 付 宝：xfwd2008@yahoo.cn

**订单信息**

订单编号：40341470522170 | 支付宝交易号：2010062451518125

成交时间：2010-06-24 13:26:50 | 付款时间：2010-06-24 13:31:34 | 确认时间：2010-06-28 13:13:28

| 宝贝 | 宝贝属性 | 状态 | 单价(元) | 数量 | 优惠 | 商品总价(元) | 运费(元) |
|---|---|---|---|---|---|---|---|
| 包邮一级代理 正品韩国Bugslock纯天然驱蚊手环/手带 防伪买2送1 | - | 已确认收货 | 13.80 | 2 | 无优惠 | 56.40 | 10.00（快递） |
| 特价 儿童早教机-良兴中英双语点读学习机 含50张卡 启蒙教育0.56 | - | 已确认收货 | 28.80 | 1 | 无优惠 | | |

实付款：66.40 元

**物流信息**

收货地址：张××，13971570705，027-81733435，湖北省 武汉市 洪山区 关山二路当代国际花园 loft公寓327，430205

运送方式：快递

物流公司：韵达快运

运单号：1200255488152 查看物流信息

买家留言：

我对购买流程有意见或建议，跟淘宝说两句

图 3-85

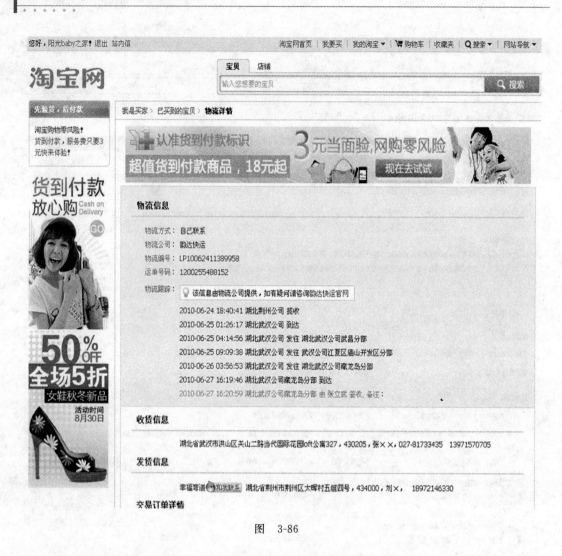

图 3-86

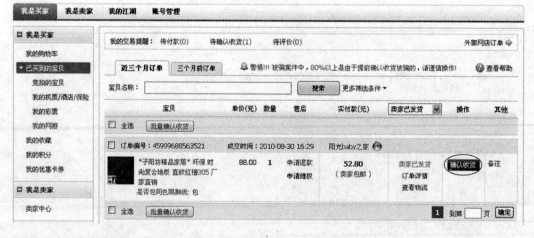

图 3-87

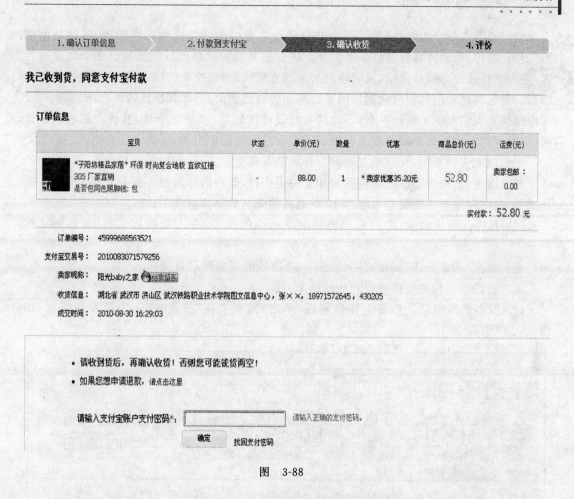

图　3-88

在此输入支付宝支付密码后单击"确定"按钮，完成确认收货，交易成功的界面如图 3-89 所示。

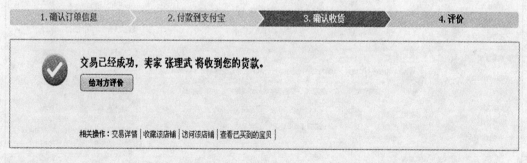

图　3-89

## 4.2.4　操作四：网上开店

随着网络、物流的发展和各种安全支付手段的出现，网上开店已不再是少数人的专利，普通老百姓甚至不需要专业的网络知识都可以开自己的网店。

网上开店主要分为两种形式,一种是自己设立专门的网站作为销售平台,从网站的维护、更新、宣传,到销售都要自己一手包办。优点是网站的设计可以创出自己的个性吸引顾客,更可以自己设立网站论坛,及时收到买家的意见反馈,但投入的成本、精力和时间也相应增多。另一种是利用其他网站提供的平台来销售自己的商品,如现在比较流行的易趣、淘宝等网站就为人们提供销售的平台,不过网页的设计比较单一,缺乏个性,其优点是省去设计网站的时间,大型网站的知名度也有助于增加自己店铺的单击率,省去宣传费用。

下面以淘宝网为例,介绍第二种网上开店的方式。

要开网店,首先需要注册淘宝账户和支付宝账户,账户的注册过程参考上面的介绍。除此之外,在淘宝中开店还要发布至少10件商品信息。具体步骤如下:

(1)开店。登录淘宝,之后在页面顶端单击我的淘宝,进入我的淘宝页面,如图3-90所示。

在此单击"我要开店"按钮,进入如图3-91所示的开店提示页面。

用户可以单击相关链接进行开店前的学习。

(2)发布商品信息。准备工作做好后,单击"发布宝贝"按钮,进入宝贝发布流程,如图3-92所示。

图 3-90

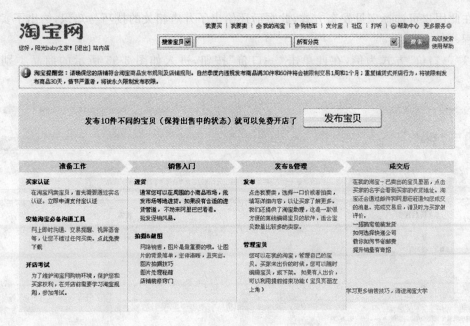

图　3-91

图　3-92

在此用户可选择宝贝发布方式,此页面还给出了开店相关的技巧与知识,给出了卖宝贝的流程。

以"一口价"方式为例,在此单击"一口价"按钮,进入如图 3-93 所示的商品类别选择页面。

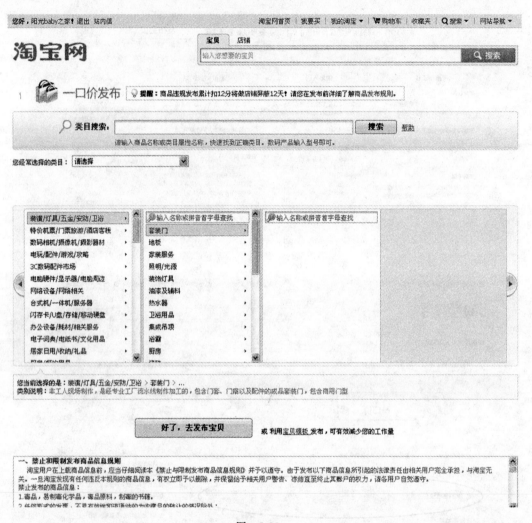

图　3-93

选择好商品类别后,单击"好了,去发布宝贝"按钮,进入如图 3-94 所示的宝贝发布页面。

在此填写宝贝的基本信息、物流信息、售后保障信息和其他相关设置信息。

**注意**:在填写宝贝基本信息的时候,可上传图片和视频,这要求编辑者有基本的图片编辑能力。在宝贝描述部分可编辑多媒体的宝贝描述,还可以直接编辑源代码,这需要编辑者有一定的网页设计能力。如果想在宝贝描述中插入 Flash 视频,则需要缴纳一定的费用订购此服务。

在填写好各种信息后,可单击"预览"按钮预览效果,满意后可单击"发布"按钮完成信息的发布,进入该商品的浏览页面。

淘宝网

您好，阳光如y之家！ 退出 站内信　　　　淘宝网首页 | 我要买 | 我的淘宝 ▼ | ▶购物车 | 收藏夹 | Q搜索 ▼ | 网站导航 ▼

宝贝 店铺

输入您想要的宝贝　　　　　　　　　　Q 搜索

一口价发布　 ⚠提醒：商品连续发布累计扣12分将撤店铺降降12天！请您在发布前详细了解商品发布规则。

📝 填写宝贝基本信息　　　　　　　　　　　　　　　　　　*表示该项必填

**产品信息**

类目：装潢/灯具/五金/安防/卫浴
>>套装门 [编辑类目]

**1.宝贝基本信息**

宝贝类型：* ○ 全新 ○ 二手 ○ 个人闲置 [什么是闲置]

宝贝属性：　⚠提醒：填错宝贝属性，可能会引起宝贝下架，影响您的正常销售。

品牌：* ▢
适用类型：* ▢
使用空间：* ▢
开启方式：* ▢
同城服务：* ▢

宝贝标题：* [_____] 限定在30个汉字内（60个字符）
一口价：* [____] 元
材质：* ▢实木 ▢实木复合 ▢密度板模压 ▢桥木 ▢碳钢 ▢高分子 ▢玻璃
▢钛镁铝合金 ▢金属 ▢其它材质
油漆工艺：* ▢喷漆 ▢烤漆 ▢免漆 ▢手扫漆
商家编码：[_____]

宝贝数量：* [1] 件 请认真填写。无货空挂，可能引起投诉与退款。详情
宝贝图片：[上传新图片] [从图片空间中选择] 上传1200px*1200px以上的图片，即可在宝贝详情页面提供图片放大功能

[图片] ⇒ 暂无图片 暂无图片 暂无图片 暂无图片 暂无图片
[上传新图片] [上传新图片] [上传新图片] [上传新图片] [上传新图片]

💡您的图片空间剩余容量为19.87M。图片至少上传1张（第1张不计图片空间容量），图片大小不能超过500K

宝贝视频：暂无视频 [选择视频]

宝贝描述：* 字体 ▼ 字号 ▼ ... [当前0字,最多25000字]

[编辑区域]

看不到编辑器？点击升级浏览器。建议不要从word里面copy文字到编辑器里，容易出现丢失的现象。
描述里的图片需要先上传哦，可添加淘宝内部直接链接。轻松搞定宝贝描述全攻略

图 3-94

201

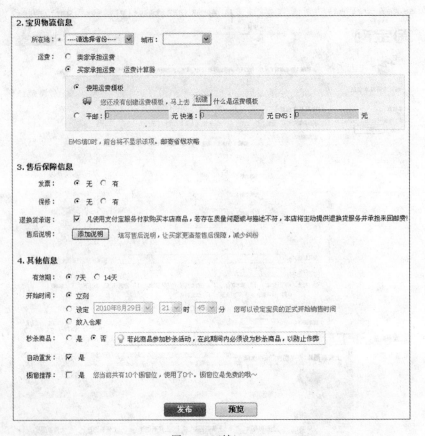

图 3-94(续)

（3）店铺管理。在发布满 10 件宝贝后，在我的淘宝页面左侧"店铺管理"栏目中单击"我要开店"链接，或单击"我是卖家"选项卡中的"我要开店"按钮，如图 3-95 所示，此时会弹出如果 3-96 所示的诚信经营承诺书页面，单击"同意"后，进入如图 3-97 所示的店铺设置页面，在此进行店铺的基本设置。

在此填写店铺基本信息，填写完毕，单击"确定"按钮，进入成功页面，如图 3-98 所示。

至此，店铺创建完毕。可以在淘宝页面中通过店铺管理栏目对店铺进行详细设置，并对店铺进行装修，对商品进行管理。

为了方便与顾客交流，需要下载安装阿里旺旺卖家版，登录后可以等待买家的咨询。

（4）交易管理。一旦有顾客在你的店铺订购了商品但还没有付款，这时还可以在交易管理的已卖出宝贝页面中对等待买家付款的订单修改价格，如图 3-99 所示。

在可以修改价格的商品后面会有一个"修改价格"链接，单击此链接可以修改商品价格，如图 3-100 所示。

如果买家付了款，就不能再修改价格了，此时需要做的事情就是尽快发货，如图 3-101 所示。

（5）发货。一旦有了付款成功但没有发货的交易，在"交易提醒"栏目中就会显示出来，如图 3-101 所示，此时可直接单击交易提醒栏目中的"待发货订单"链接，打开如图 3-102 所示的等待发货订单浏览页面，在此页面的订单列表后面单击"发货"按钮，或在我是卖家页面左侧交易管理栏目下单击"发货"链接，进入如图 3-103 所示的发货页面进行发货操作。

图　3-95

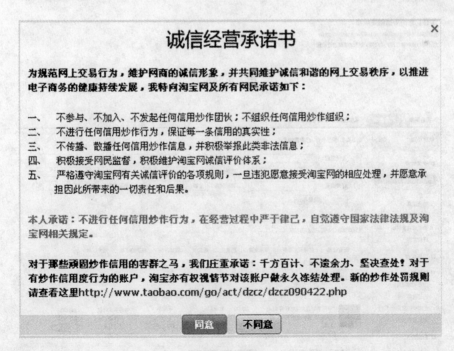

图　3-96

图 3-97

图 3-98

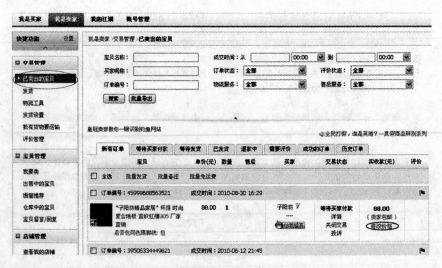

图 3-99

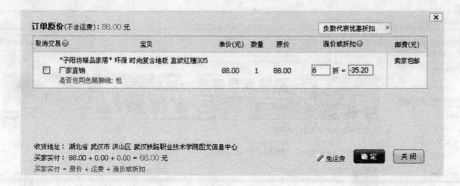

图　3-100

图　3-101

图　3-102

图　3-103

在此确认收货信息、发货信息和物流信息,如果需要修改,则单击相关修改链接进行修改,确认后单击"确认"按钮完成发货,如图 3-104 所示。

图　3-104

发货完成后需要等待买家确认收货。买家确认收货后则交易完成,进入评价环节,直至完成。至此,整个交易完成。

网上开店虽然简单,但要想做成功,还需要许多商务方面的知识。读者如果需要,可查找相关资料进行学习。

# 任务 5 网 上 交 流

【任务背景】

随着 Internet 的普及,Internet 也发挥着越来越重要的作用,几乎成了人们生活中不可或缺的部分,人们利用 Internet 实现丰富多彩的交流活动,Internet 也提供了多种便捷、开放的交流方式,如论坛、博客、即时通信等。

【任务目标】

掌握论坛发帖、跟帖的方法;

掌握开设个人博客、上传资源的方法;

掌握至少一种即时通信工具实现即时通信的方法。

## 5.1 知 识 准 备

### 5.1.1 论坛

论坛又叫网络论坛 BBS,全称为 Bulletin Board System(电子公告板)或者 Bulletin Board Service(公告板服务),是 Internet 上的一种电子信息服务系统。它提供一块公共电子白板,每个用户都可以在上面书写,可发布信息或提出看法。它是一种交互性强,内容丰富而即使的 Internet 电子信息服务系统。用户在 BBS 站点上可以获得各种信息服务,发布信息,进行讨论、聊天等。

BBS 最早是用来公布股市价格等类信息的,当时 BBS 连文件传输的功能都没有,而且只能在苹果机上运行。早期的 BBS 与一般街头和校园内的公告板性质相同,只不过是通过它来传播或获得消息而已。之后有些人尝试将苹果计算机上的 BBS 转移到个人计算机上,BBS 才开始渐渐普及开来。近些年来,由于爱好者们的努力,BBS 的功能得到了很大的扩充。目前,通过 BBS 系统可随时取得各种最新的信息;也可以通过 BBS 系统来和别人讨论各种有趣的话题;还可以利用 BBS 系统来发布一些“征友”、“廉价转让”、“招聘人才”及“求职应聘”等启事;更可以召集亲朋好友到聊天室内高谈阔论……这个精彩的天地就在你我的身旁,只要你在一台可以访问校园网的计算机旁,就可以进入这个交流平台,来享用它的种种服务。

目前,通过 BBS 系统可随时取得国际上最新的软件及信息,也可以通过 BBS 系统来和别人讨论计算机软件、硬件、Internet、多媒体、程序设计以及医学等各种有趣的话题,更可以利用 BBS 系统来刊登一些"征友"、"廉价转让"及"公司产品"等启事。

首先说明一下,上面说的"论坛"一般就是大家口中常提的 BBS。在网络以外的现实世界中,"论坛"是指一种高规格、有主办组织、多次召开的研讨会议,著名的论坛有:博鳌亚洲论坛,精英外贸论坛……网络论坛则一般用于企业、个人、网站等方面。例如,80 后之窗论坛、生活 121 论坛、企业论坛、爱看 txt 小说论坛、论坛会议、百度论坛等。

**1. 论坛的用途**

BBS 多用于大型公司或中小型企业,是开放给客户交流的平台,对于初识网络的新人来讲,BBS 就是用于在网络上交流的地方,可以发表一个主题,让大家一起来探讨;也可以提出一个问题,大家一起来解决等,它是一个人与人语言文化共享的平台,具有实时性、互动性。但目前出现了不规范用语蔓延的情况,大家应尽量阻止其传播。

**2. 论坛的分类**

论坛的发展如同网络一样雨后春笋般地出现,并迅速地发展壮大。现在的论坛几乎涵盖了我们生活的各个方面,几乎每一个人都可以找到自己感兴趣或者需要了解的专题性论坛,而各类网站、综合性门户网站或者功能性专题网站也都青睐于开设自己的论坛,以促进网友之间的交流,增加互动性和丰富网站的内容。

(1)论坛按其专业性划分

① 综合类论坛

综合类的论坛包含的信息比较丰富和广泛,能够吸引几乎全部的网民来到论坛,但是这类论坛往往存在着不能全部做到精细和面面俱到的问题。通常大型的门户网站有足够的人气和凝聚力以及强大的财力,但是对于小型规模的网络公司或个人简历的论坛站,就倾向于选择专题性的论坛,应尽量做到精致。

② 专题类论坛

专题类论坛是相对于综合类论坛而言的,专题类的论坛能够吸引真正志同道合的人一起来交流探讨,有利于信息的分类整合和搜集,专题性论坛对学术科研教学都起到重要的作用,例如军事类论坛、情感倾诉类论坛、电脑爱好者论坛、动漫论坛,这样的专题性论坛能够在单独的一个领域里进行版块的划分设置,但是有的论坛,把专题性直接做到最细化,这样往往能够取到更好的效果,如养猫人论坛、吉他论坛、90 后创业论坛等。

(2)论坛按照功能性划分

① 教学型论坛

教学型论坛通常如同一些教学类的博客,或者是教学网站,中心放在对知识的传授和学习上,在计算机软件等技术类的行业中,这样的论坛发挥着重要的作用,通过在论坛里浏览帖子、发布帖子,能迅速地与很多人在网上进行技术性的沟通和学习,譬如金蝶友商网。

② 推广型论坛

推广型论坛通常不是很受网民的欢迎,因其生来就注定是要作为广告的形式,为某一个企业或某一种产品进行宣传服务,从 2005 年起,这种形式的论坛很快成立起来,但是往往这样的论坛很难具有吸引人的性质,单就其宣传推广的性质很难有大的作为,所以这样的论坛寿命经常很短,论坛中的会员也几乎是由受雇佣的人员非自愿地组成。

③ 地方性论坛

地方性论坛是论坛中娱乐性与互动性最强的论坛之一。不论是大型论坛中的地方站,还是专业的地方论坛,都有很热烈的网民反响,比如百度、长春贴吧、北京贴吧或者是清华大学论坛、一汽公司论坛、罗定 E 天空等,地方性论坛能够更大距离地拉近人与人的沟通,另外由于是地方性的论坛,所以对其中的网民也有了一定的局限性,论坛中的人或多或少都来自于相同的地方,这样容易让网民找到安全感,也少不了网络特有的朦胧感,所以这样的论坛常常受到网民的欢迎。

④ 交流性论坛

交流性论坛是一个广泛的大类,这样的论坛重点在于论坛会员之间的交流和互动,所以内容也比一般的交流论坛丰富多样,有供求信息、交友信息、线上线下活动信息、新闻等,这样的论坛是将来论坛发展的大趋势。

## 5.1.2　博客

博客又译为网络日志、部落格或部落阁等,是一种通常由个人管理、不定期张贴新的文章的网站。博客上的文章通常根据张贴时间,以倒序方式由新到旧排列。许多博客专注在特定的课题上提供评论或新闻,其他则被作为比较个人的日记。一个典型的博客结合了文字、图像、其他博客或网站的链接及其他与主题相关的媒体。能够让读者以互动的方式留下意见,是许多博客的重要特点。大部分的博客内容以文字为主,仍有一些博客专注于艺术、摄影、视频、音乐、播客等各种主题。博客是社会媒体网络的一部分。

"博客"最初的名称是 Weblog,由 Web 和 log 两个单词组成,按字面意思理解就是网络日记,后来喜欢新名词的人把这个词的发音故意改了一下,读成 we blog,由此,blog 这个词被创造出来。中文意思即网志或网络日志,不过,在中国内地有人往往也将 Blog 和 Blogger(即博客作者)均音译为"博客"。"博客"有较深的含义:"博"为"广博";"客"不单是"指创作者",更有"好客"之意。看"博客"的人都是"客"。而在台湾,则分别音译成"部落格"(或"部落阁")及"部落客",认为"博客"本身有社群群组的意思含在内,借由 Blog 可以将网络上网友集结成一个大博客,成为另一个具有影响力的自由媒体。

Blog 是一个网页,通常由简短且经常更新的帖子(帖子的英文是 Post,作为动词,表示张贴的意思;作为名字,指张贴的文章)构成,这些帖子一般是按照年份和日期倒序排列的。而作为 Blog 的内容,它可以是你纯粹个人的想法和心得,包括你对时事新闻、国家大事的个人看法,或者你对一日三餐、服饰打扮的精心料理等,也可以是在基于某一主题的情况下或是在某一共同领域内由一群人集体创作的内容。它并不等同于"网络日记"。作为网络日记是带有很明显的私人性质的,而 Blog 则是私人性和公共性的有效结合,它绝不仅仅是纯粹个人思想的表达和日常琐事的记录,它所提供的内容可以用来进行交流和为他人提供帮助,是可以包容整个互联网的,具有极高的共享精神和价值。

简言之,Blog 就是以网络作为载体,简易、迅速、便捷地发布自己的心得,及时、有效、轻松地与他人进行交流,再集丰富多彩的个性化展示于一体的综合性平台。不同的博客可能使用不同的编码,所以相互之间也不一定兼容。而且,目前很多博客都提供丰富多彩的模板等功能,这使得不同的博客各具特色。Blog 是继 E-mail、BBS、ICQ 之后出现的第四种网络交流方式,是网络时代的个人"读者文摘",是以超链接为工具的网络日记,它代表着新的生活方式和新的工作方式,更代表着新的学习方式。具体来说,博客这个概念可以解释为使用特定的软件,在网络上出版、发表和张贴个人文章的人。

随着博客的快速扩张,它的目的与最初的浏览网页心得已相去甚远。目前网络上数以千计的博主发表和张贴 Blog 的目的有很大的差异。不过,由于沟通方式比电子邮件、讨论群组更简单和容易,Blog 已成为家庭、公司、部门和团队之间越来越盛行的沟通工具,因为它也逐渐被应用到企业内部网络(Intranet)中。

**1. 博客的分类**

博客主要可以分为以下几大类:

(1) 博客按功能分

① 基本的博客

基本的博客是 Blog 中最简单的形式。单个的作者对于特定的话题提供相关的资源,发表简短的评论。这些话题几乎可以涉及人类的所有领域。

② 微博

微博即微型博客,目前是全球最受欢迎的博客形式,博客作者不需要撰写很复杂的文章,而只需要抒写 140 字左右的内容即可(如新浪微博、follow5、网易微博、腾讯微博、叽歪、twitter、随心微博)。

(2) 博客按个人和企业来分

① 个人博客

- 亲朋之间的博客(家庭博客):这种类型博客的成员主要由亲属或朋友构成,他们是一种生活圈、一个家庭或一群项目小组的成员(如布谷小区网)。
- 协作式的博客:与小组博客相似,其主要目的是通过共同讨论使得参与者在某些方法或问题上达成一致,通常把协作式的博客定义为允许任何人参与、发表言论及讨论问题的博客日志。
- 公共社区博客:公共出版在几年以前曾经流行过一段时间,但是因为没有持久有效的商业模型而销声匿迹了。廉价的博客与这种公共出版系统有着同样的目标,但是使用更方便,所花的代价更小,所以也更容易生存。

② 企业博客

- 商业、企业、广告型的博客:对于这种类型博客的管理类似于通常网站的 Web 广告管理。商业博客分为:CEO 博客、企业博客、产品博客、"领袖"博客等。以公关和营销传播为核心的博客应用已经被证明将是商业博客应用的主流。
- CEO 博客。"新公关维基百科"到 11 月初已经统计出了近 200 位 CEO 博客,或者处在公司领导地位者撰写的博客。美国最多,有近 120 位;其次是法国,近 30 位;英、德等欧洲国家也都各有先例。中国目前没有 CEO 博客列入其中。这些博客所涉及的公司虽然以新技术为主,但也不乏传统行业的国际巨头,如波音公司等。
- 企业高管博客。即以企业高管或者 CEO 个人名义进行博客的写作。当前,"新公关维基百科"统计到 85 家严格意义上的企业博客。不单有惠普、IBM、思科、迪斯尼这样的世界百强企业,也有 Stonyfield Farm 乳品公司这样的增长强劲的传统产业,这家公司建立了 4 个不同的博客都很受欢迎。服务业、非营利性组织、大学等,如咖啡巨头星巴克、普华永道事务所、康奈尔大学等也都建立了自己的博客。Novell 公司还专门建立了一个公关博客,专门用于与媒介的沟通。

- 企业产品博客。即专门为了某个品牌的产品进行公关宣传或者以为客户服务为目的所推出的"博客"。据相关统计,目前有 30 余个国际品牌有自己的博客。例如在汽车行业,除了日产汽车的两个博客,还有通用汽车的两个博客,不久前福特汽车的野马系列也推出了"野马博客",马自达在日本也为其 Atenza 品牌专门推出了博客。今年,通用汽车还利用自身博客的宣传攻势协助成功地处理了《洛杉矶时报》公关危机。

- "领袖"博客。除了企业自身建立博客进行公关传播,一些企业也注意到了博客群体作为意见领袖的特点,尝试通过博客进行品牌渗透和再传播。

- 知识库博客,或者叫 K-LOG:基于博客的知识管理将越来越广泛,使得企业可以有效地控制和管理那些原来只是由部分工作人员拥有的、保存在文件档案或者个人计算机中的信息资料。知识库博客提供给了新闻机构、教育单位、商业企业和个人一种重要的内部管理工具。

### 2. 博客的作用

博客最基本的作用有三个。

(1) 个人自由表达和出版。

(2) 知识过滤与积累。

(3) 深度交流、沟通的网络新方式。

但是,要真正了解什么是博客,最佳的方式就是自己马上去实践一下,实践出真知;如果你现在对博客还很陌生,我建议直接去找一个博客托管网站。先开一个自己的博客账号。反正比注册邮件更简单,也不用花费一分钱。

博客之所以公开在网络上,就是因为不等同于私人日记,博客的概念肯定要比日记大很多,它不仅仅要记录关于自己的点点滴滴,还注重它提供的内容能帮助到别人。

博客还有其他作用。

(1) 作为网络个人日记。

(2) 个人展示自己某个方面的空间。

(3) 网络交友的地方。

(4) 学习交流的地方。

(5) 通过博客展示自己的企业形象或企业商务活动信息。

(6) 话语权。著名的中文搜索引擎优化博客昝辉说过:话语权是博客的最重要的作用。

### 3. 特殊的博客——播客

"播客"又被称作"有声博客",是 Podcast 的中文直译。用户可以利用"播客"将自己制作的"广播节目"上传到网上与广大网友分享。就像博客颠覆了被动接受文字信息的方式一样,播客颠覆了被动收听广播的方式,使听众成为主动参与者。有人说,播客可能会像博客

(Blog)一样，带给大众传媒的又是一场革命。

### 5.1.3 即时通信

即时通信是一个终端连接一个通信网络的服务类软件。即时通信不同于 E-mail,在于它的交谈是即时的。我们日常生活已经开始离不开即时通信了,那么,即时通信到底是指什么软件呢? 这里给大家详细介绍一下。主流即时通信软件有:QQ、百度 HI、Skype、FreeEIM、飞鸽传书等。

即时通信(Instant Messenger, IM)是指能够即时发送和接收互联网消息等的业务。自 1998 年面世以来,特别是近几年的迅速发展,即时通信的功能日益丰富,逐渐集成了电子邮件、博客、音乐、电视、游戏和搜索等多种功能。即时通信不再是一个单纯的聊天工具,它已经发展成集交流、资讯、娱乐、搜索、电子商务、办公协作和企业客户服务等为一体的综合化信息平台。大部分的即时通信服务提供了状态信息的特性——显示联络人名单,联络人是否在在线以及能否与联络人交谈。

IM 最早的创始人是三个以色列青年,他们在 1996 年做出来后将其取名为 ICQ。1998 年当 ICQ 注册用户数达到 1200 万时被 AOL 看中,以 2.87 亿美元的天价买走。目前 ICQ 有 1 亿多用户,主要市场在美洲和欧洲,已成为世界上最大的即时通信系统。

即时通信分电话(手机)即时通信和网站即时通信,手机即时通信以短信为主,网站即时通信有 QQ、MSN、华夏易联 e-Link、通软联合 GoCom、百度 HI、恒聚 ICC、中国移动飞信、中国电信的天翼 Live、企业平台网的聚友中国等应用形式。

企业即时通信简称 EIM(Enterprise Instant Messaging),它是一种面向企业终端使用者的网络沟通工具,使用者可以通过安装了即时通信的终端机进行两人或多人之间的实时沟通。交流内容包括文字、界面、语音、视频及文件互发等。

目前,中国市场上的企业级即时通信工具主要包括:QQ、金谷 Gu、MSN、百度 HI、TQ 等。其中金谷 Gu 提供软件服务器下载,TQ 公司提供企业级即时通信定制开发。

近年来,许多即时通信服务开始提供视频会议的功能,网络电话(VoIP)与网路会议服务开始整合为兼有影像会议与即时信息的功能。于是,这些媒体的区别变得越来越模糊。

## 5.2 任务实现

### 5.2.1 操作一:论坛的使用

网络上用来进行交流的论坛特别多,用户可以在论坛上获取各种各样的信息,大部分信息是可以自由浏览的,而有些信息则需要用户登录,发帖和回帖也是需要用户登录的。

下面以腾讯论坛为例来介绍论坛的使用。

(1) 浏览。通过其他链接或直接在浏览器地址栏输入 http://bbs.qq.com 即可进入腾讯论坛,如图 3-105 所示。在此可单击自己喜欢的主题内容进行浏览,如图 3-106 所示。

图　3-105

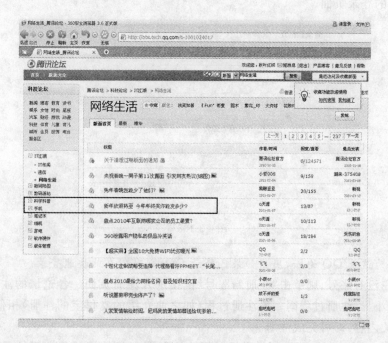

图　3-106

**注意**：在浏览帖子的时候，可通过帖子上方或下方的页码导航部分浏览不同页面的跟帖内容。

（2）注册、登录。在图 3-107 中单击"回复"或"发帖"，在输入内容并完成回复或发帖操作时，如果没有登录，系统会提示登录，也可以直接在页面上方单击"登录"链接进入如

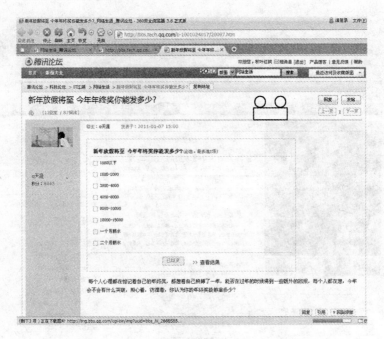

图　3-107

图 3-108所示的登录页面。

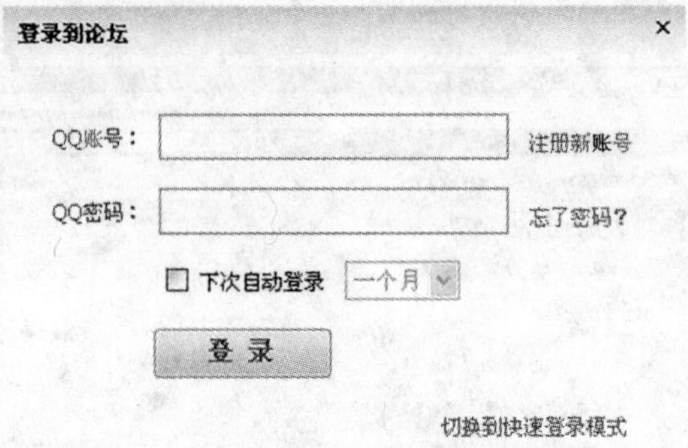

图　3-108

**注意**：因为这是 QQ 论坛，用户如果已登录 QQ，则可以在此快速登录。

如果用户没有账号，则单击"注册新账号"链接进入注册页面。各论坛的注册页面有所差异，但大同小异，注册过程同一般注册过程（如之前介绍的支付宝的注册）相似，根据页面提示输入相关内容，即可完成注册。

（3）回帖。在浏览帖子的时候，单击帖子上方的"回复"按钮或每一跟帖后的"回复"链接，即可跳转到浏览帖子页面最下方的回帖部分，如图 3-109 所示。

**注意**：在回帖的时候，可插入图片、视频，也可进行简单的格式排版。如果是对某一跟帖进行回复，可单击跟帖内容下的"引用"链接，引用帖子内容。在此输入回帖的内容后，单击"回帖"按钮即可完成回帖。

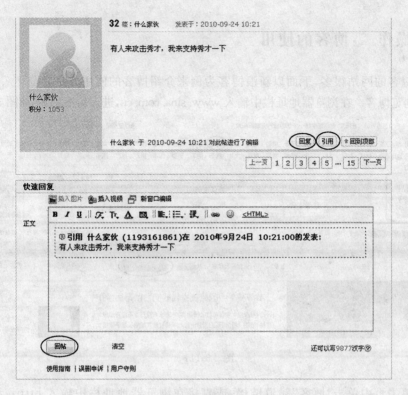

图　3-109

（4）发帖。在帖子列表页面或浏览帖子页面中单击页面上方的"发帖"按钮，进入发帖页面，如图 3-110 所示。

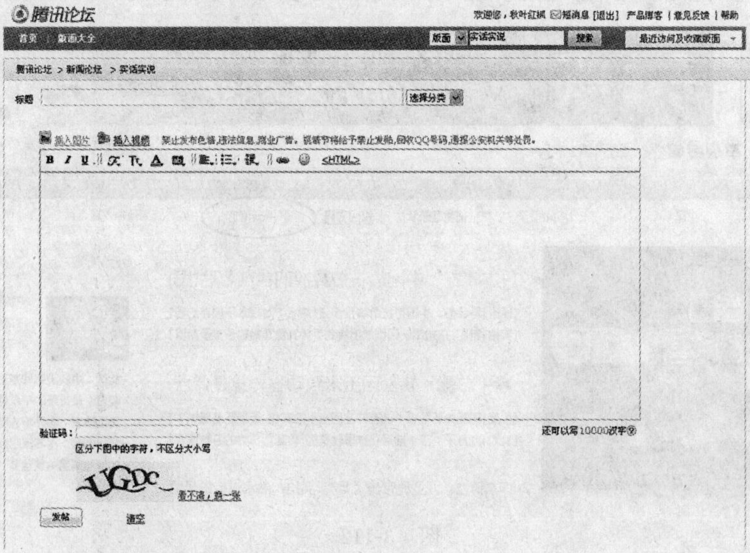

图　3-110

在此输入发帖内容后，单击"发帖"按钮，即可完成发帖。

### 5.2.2 操作二:博客的使用

提供博客的网站很多,下面以新浪博客为例来介绍博客的使用方法。

(1) 浏览博客。在浏览器地址栏中输入 www. sina. com. cn,进入新浪主页,如图 3-111所示。

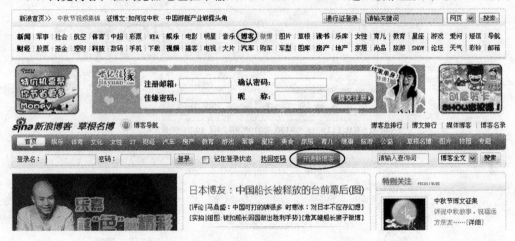

图 3-111

在新浪主页中单击"博客"频道链接,或直接在浏览器地址栏中输入 http://blog. sina . com. cn,进入新浪博客主页面,如图 3-112 所示。

图 3-112

如果你想浏览自己关心的主题,可以单击"博客导航"链接,进入导航页面,如图 3-113 所示。

新浪网 – 频道地图·博客

博客首页 | 新浪首页 | 搜索

| 频道 | 栏目 | | 热门推荐 |
|---|---|---|---|
| 推荐 | 博客总排行榜 博文总排行 博客名录 | 博客图库 操作博客 | 热点专题 博客圈 |
| 娱乐 | 明星日志 娱乐八卦 影音评论 | 片厂传真 选秀地带 | 影音播客 |
| 体育 | 明星日志 专家点评 写手热议 唇枪舌战 | 不谈体育 综合体育 | 名人堂 |
| 文化 | 历史钩沉 智慧随笔 读书札记 文学连载 | 深度阅读 人文视野 城市江湖 女子文坊 | 专家专栏 |
| 女性 | 美容 时尚 情感 照片 美体健身 | 同性同志 两性 八卦 | 情感答疑 |
| I T | 互联网 电信 IT业界 数码 传媒 科普 | 热点专题 精彩视频 | 名博关注 |
| 财经 | 证券市场 经济时评 理财消费 企业管理 | 基金看市 行销追踪 | 财经要闻 |
| 汽车 | 车坛评论 新车发布 汽车生活 海外来风 | 开心自驾 赛道狂飙 技术讲堂 | 博客专题 |
| 房产 | 置业理财 名人连载 楼市房价 二手房 | 土地 建筑 八卦 热点专题 往日头条 | 项目博客 |
| 教育 | 教育试点 校园生活 教育试点 校园 | 英语考试 学历考试 资格考试 | 考试交流 出国留学 |
| 游戏 | 游戏图片 游戏漫画 动漫美图 漫画连载 | 网络游戏 游戏产业 评论杂志 动漫周边 | 热点活动 |
| 军事 | 军事热点 军销揭秘 军史回顾 军事装备 | 军事图片 | 军事名博 |
| 星座 | 白羊 金牛 双子 巨蟹 狮子 | 处女 天秤 天蝎 射手 魔羯 水瓶 双鱼 | |
| 美食 | 美食DIY 食尚主义 食尚食话 | 热点专题 | 天下美食 |
| 家居 | 设计师日志 业界声音 家居生活 装修经验 | 往日头条 业界名人 | 家居品牌博客 |
| 育儿 | 孕育分娩 成长趣事 家有小学生 | 优秀群博客 活动·公告 | 早期教育 |
| 健康 | 健康时尚 医患天地 保健养生 | 资讯前沿 | 健康博客Top30 |
| 趣味 | 笑到你抽筋 恶搞无极限 想剧就剧 | 信不信由你 趣味小先知 | 宝物平台 信息直播站 |
| 草根名博 | 杂文观点 情感心理 娱乐影音 文学连载 | 生活趣事 见闻亲历 草根之星 网友金名录 | 草根图库 草根专题 |

新浪BLOG意见反馈留言板 电话:4006900000 提示音后按9键（按当地市话标准计费） 欢迎批评指正

新浪简介 | About Sina | 广告服务 | 联系我们 | 招聘信息 | 网站律师 | SINA English | 会员注册 | 产品答疑

图 3-113

如果你知道某人博客的地址，可以直接在地址栏输入博客地址，进入个人博客，如图 3-114所示。

图 3-114

（2）开通博客。在新浪主页或新浪博客主页面中单击"开通新博客"按钮，进入开通博客流程的第一步，如图 3-115 所示。

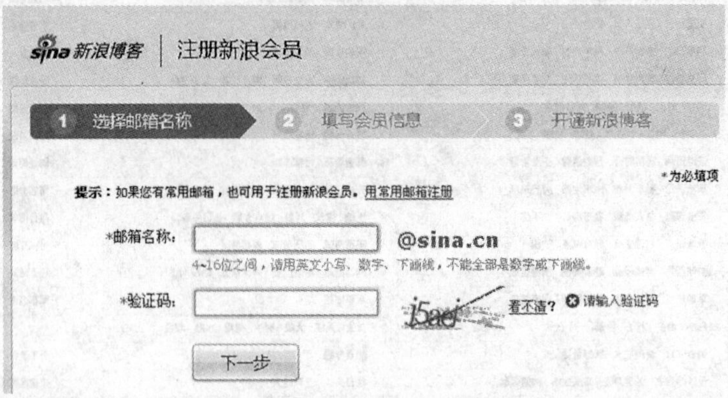

图　3-115

在此填写新浪邮箱名和验证码，单击"下一步"按钮，如图 3-116 所示。

图　3-116

在此填写相关信息，单击"提交"按钮，进入博客信息填写页面，如图 3-117 所示。

在此填写相关信息，单击"完成开通"按钮，完成博客的开通，如图 3-118 所示。

（3）发博文。博客开通后可进入个人博客进行相关操作。在如图 3-119 所示的个人博客页面，可进行相关操作。

用户登录博客后，在浏览其他博文的时候，也会在页面上方显示如图所示工具条，在此可进行个人博客的相关快捷操作。

在个人工具条或个人博客主页面中单击"发博文"按钮，即可进入发博文页面，如图 3-120 所示。

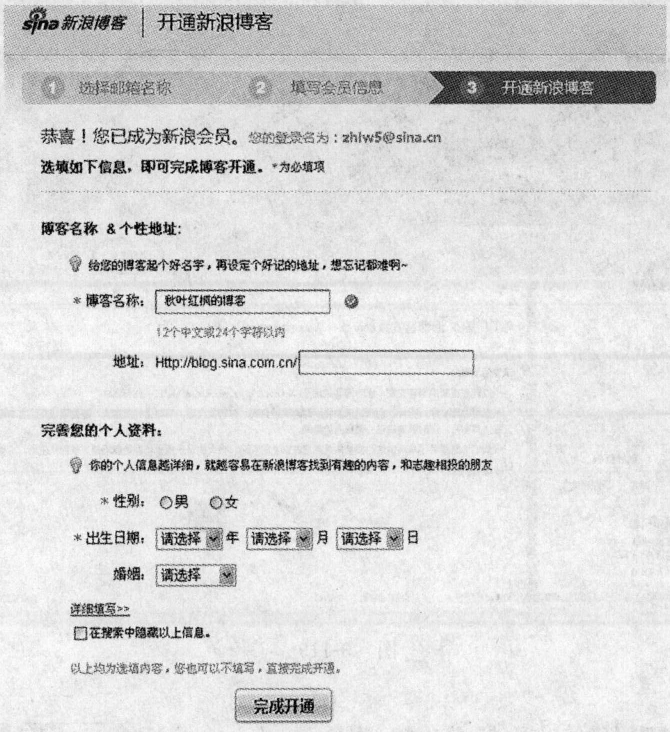

图 3-117

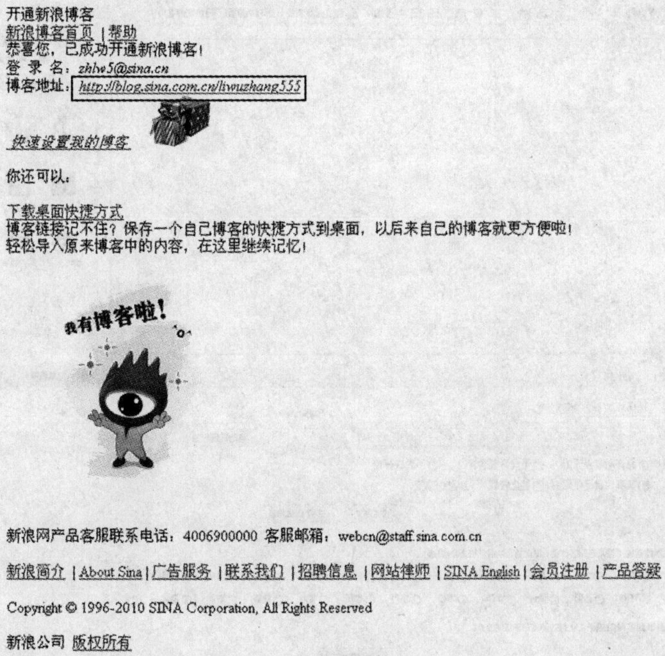

图 3-118

在此填写博文内容,并进行相关设置后,单击"发博文"按钮,完成博文的发送。

**注意**:播客、微博等作为一种特殊的博客,其使用方法在此不再介绍,读者可参考相关网站了解。

图　3-119

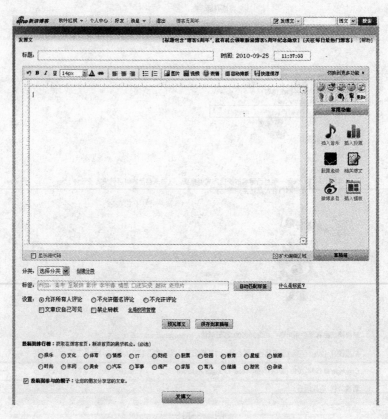

图　3-120

### 5.2.3　操作三:即时通信工具 QQ

即时通信是应用非常广泛的 Internet 程序,腾讯的 QQ 是其中用户很多的一个,功能很强大,除了即时通信外,还集成了很多其他的功能。在使用 QQ 前,你需要申请 QQ 号码,需要在计算机上安装 QQ 客户端软件,登录后就可使用 QQ 交流了,鉴于 QQ 的基本使用大多数人都会,在此不再赘述。QQ 也有很多使用技巧,使用者可在网上搜索获知,在此也不再罗列。

除此之外,网络社区、交友网站也是很好的网上交流方式,这样应用大多可提供信息的浏览和发布功能,在信息发布的时候,需要用户注册账户并登录,网站可以提供用户管理的相关功能。

# 任务 6　网上生活

## 【任务背景】

Internet 的应用是全方位的,已经渗入到我们生活的各个领域,可以帮助我们解决很多生活中的问题。我们可以利用丰富的 Internet 资源进行学习,也可以在 Internet 上听音乐、点播影视节目、玩各种游戏、阅读电子书等,还可以利用 Internet 来实现求职、办公等。

## 【任务目标】

掌握在线学习的一般方法;

掌握在线点播影视节目、玩游戏的方法;

掌握网上求职、办公等的方法。

# 6.1　知 识 准 备

## 6.1.1　在线学习

在线学习是通过互联网或是通过手机无线网络,在一个网络虚拟教室中进行网络授课、学习的方式。

随着互联网的发展,教育行业在十年前就推广远程教育,通过互联网虚拟教室来实现远程视频授课,电子文档共享,从而让教师与学生在网络上形成了一种授课与学习的互动;而现在随着 3G 时代的来临,学习不仅仅可以通过计算机,也可以通过手机等掌上工具在线学习,而无线网络的应用使得人们的日常互动变得更加有效。

那什么是在线学习?

所谓在线学习(E-Learning),是指在由通信技术、计算机技术、人工智能、网络技术和多媒体技术等所构成的电子环境中进行的学习,是基于技术的学习。企业的 E-Learning 是通过深入到企业内部的互联网络,为企业员工提供个性化、没有时间与地域限制的持续教育培训方式,其教学内容是已经规划的、关系到企业未来的、关系到员工当前工作业绩及未来职业发展目标的革新性教程。

E-Learning 一般包含三个主要部分:以多种媒体格式表现的内容;学习过程的管理环境;以及由学习者、内容开发者和专家组成的网络化社区。在当今快节奏的文化氛围中,各种机构都能够利用 E-Learning 让工作团队把这些变化转变为竞争优势。企业通过发挥 E-Learning 具有的灵活、便捷的优势,让员工可以在任何时间、任何地点进行学习;通过消除空间障碍,可以切实降低成本;同时提高了学习者之间的协作和交互能力。但是我们也要看到在实施 E-Learning 的过程中还存在局限性和应该注意的问题。

**1. 在线学习的好处**

随着知识经济的到来,我们的学习模式受到了前所未有的冲击,各种新的学习模式如潮水般涌现,在所有学习模式中,最具有冲击力的便是随着网络技术发展而出现的网络化学习,又称在线学习,它是在网上建立教育平台,并让学员应用网络进行学习的一种全新方式。这种学习方式是由多媒体网络学习资源、网上学习社区及网络技术平台构成的全新的学习环境。相对于其他的学习模式来说,它具有无可比拟的优势。

在线学习更容易实现一对一的教学。

在线学习充分尊重学生的个性、激发学的动机。

在线学习的一个最大优势就是不受时间、地点、空间的限制,并且可以实现和现实中一样的互动。

**2. 在线学习的局限性**

(1) 缺乏人性化的沟通。网络人为地拉大了人与人之间的距离,为直接的情感交流设置了障碍。缺乏学员间、教师与学员之间的情感交流、情绪沟通,学习的效果可能大打折扣。

(2) 实践功能薄弱。要真正获得和掌握知识、技术,仅仅通过 E-Learning 的讲解还不够,必须亲自参与练习,在现实环境中运用。

(3) 教学内容传输上的局限。传统的培训是讲师完全可以控制学习环境——随时可以重新安排和变更,有许多因素影响教学的状况,如讲师的努力和个人的能力、技巧、适应教学的环境和提供的课件。但在在线学习的情况下,由于与被培训者有网络的隔离,这种变更就变为不可能,并对内容产生了关键性的阻隔。

(4) 学习内容方面的局限。在学习的内容上,国内比较缺乏高质量、有多媒体互动的在线学习课件和平台,没有标准的软件,还有很多在线课程有不同的格式。这样不仅不易管理,而且耗费很大,结果在公司内难以建立良好的沟通体系,信息传递极其不顺畅。

## 6.1.2 在线影视

一般来说,在线影院跨越了时间和地域的限制,让用户可以随时随地地点播自己想看的电影,随着互联网内容的丰富和带宽的不断增加,网上影院收录的影片越来越多,点播也越来越快,画质也越来越高。在线影院按不同的标准有不同的分类,如收费电影、免费电影、下载电影、在线电影等。

　　所谓在线电影是通过采用流式传输的方式在 Internet/Intranet 播放的媒体格式,如音频、视频或多媒体文件。流媒体在播放前并不下载整个文件,只将开始部分内容存入内存中,在计算机中对数据包进行缓存并使媒体数据正确输出。流媒体的数据流随时传送、随时播放,只是在开始时有一些延迟。显然,流媒体实现的关键技术就是流式传输,流式传输主要指将整个音频和视频(A/V)及三维(3D)媒体等多媒体文件经过特定的压缩方式解析成一个个压缩包,由视频服务器向用户计算机顺序(严格来说,是一种点播技术)或实时传送。在采用流式传输方式的系统中,用户不必像采用下载方式那样等到整个文件全部下载完毕,而是只需经过几秒或几十秒的启动延时即可在用户的计算机上利用解压设备(硬件或软件)对压缩的 A/V、3D 等多媒体文件解压后,即可进行播放和观看。此时多媒体文件的剩余部分将在后台的服务器内继续下载。与单纯的下载方式相比,这种对多媒体文件边下载边播放的流式传输方式不仅使启动延时大幅度地缩短,而且对系统缓存容量的需求也大大降低,极大地减少了用户等待的时间。总地来说,流媒体就是指在网络上使用流式传输技术的连续时基媒体。流媒体与常规视频媒体之间的不同在于,流媒体可以边下载边播放,流的重要作用体现在可以大大节省时间,由于常规视频媒体文件比较大,并且只能下载下来后才能播放,再加上下载需要很长的时间,妨碍了信息的流通。当然,流媒体也支持在播放前完全下载到硬盘。流媒体与平面媒体之间有很大的不同,流媒体最大的特点在于互动性,这也是互联网最具吸引力的地方。在宽带的基础上,流媒体不仅是单向的视频点播,还能够提供真正互动的视频节目,比如互动游戏、三维动画、大容量聊天室等。其次流媒体的适用性,网络给人类带来了巨大的信息资源。对于整个人群,信息是丰富的,但对于个人来说,传统媒体在同一时间内以点对面的"广播"方式呈现,很难保证受众能够接收到希望接受的信息,因为受众之间的知识水平、文化修养、个人情趣是千差万别的。与此形成鲜明对照的是网络传播的流媒体对于受众来说具有各取所需的多种适用性,使人们能享受到个性化服务,这些均是平面媒体所不能比拟的。流媒体的"流(stream)"这个概念最初是由 Flash 技术带出来。

**1. 视频网站、播客网站与在线影院的比较**

(1) 资源的来源不同

视频网站、播客网站,目的是让每个互联网用户都可以自己制作和上传自己的影视作品,都可以展示自己的才华,视频资源是用户上传的,这些网站只是一个平台。而在线影院的影视资源一般是由影院所有人或者所有机构上传的,用户做得更多的是点播、观看和下载。

(2) 画质不同

视频网站、播客网站内容由网友上传,专业水平不一致,不能保证视频的质量,一般影像可能比较模糊。而在线影院由专业人士和机构上传,影视资源相对比较清晰。

(3) 播放器不同

一般的视频网站,为了方便上传和观看,用的都是系统兼容的播放器或者 Flash 技术,而专业的在线影院,为了提高影片的清晰度和观看速度,通常会采用一些专业点对点(P2P)

的播放器,如 Web Play、快播、原力等。

（4）内容不同

视频、播客网站反映的更多的是网友的日常生活及社会热点;而在线影院更多的是电影、电视剧集等。

**2. 在线电影的问题**

（1）使用的宽带是独享式还是共享式

比如:ADSL 或 LAN 方式属于独享式,"ADSL＋路由"或"LAN＋路由"的方式属于共享式。当使用路由时,多台计算机同时使用一条宽带,如果宽带的带宽不够,或者其他计算机正在进行下载时,就可能影响到你在线收看电影的效果,造成长时间的缓冲。

（2）如果在上网高峰期观看在线电影有时也会造成长时间的缓冲

原因有:对方电影服务器提供的带宽有限;ISP 提供的出口容量有限;网络拥塞等也会造成观看在线电影延迟。

（3）延迟过大

造成延迟过大常见的因素有:计算机配置过低,网卡驱动程序安装有问题,网线质量不好,ADSL Modem 发热过大等。

**3. P2P 网络电影**

P2P 的出现令更多的电影发烧友欣喜若狂,P2P 的电影模式是,观看的人越多速度就越快,线程也越流畅。随着互联网的发展,P2P 作为一种新兴的网络电影播放形式,以其速度快、少缓冲、人越多越顺畅的优点成为广大网友所喜欢的电影播放形势,网络中的电影播放形式又叫在线电影,让你足不出户就可以在网络的海洋里看到自己所喜欢的电影。

# 6.1.3 网络游戏

网络游戏英文名称为 Online Game,又称"在线游戏",简称"网游",是指以互联网为传输媒介,以游戏运营商服务器和用户计算机为处理终端,以游戏客户端软件为信息交互窗口,旨在实现娱乐、休闲、交流和取得虚拟成就的具有相当可持续性的个体性多人在线游戏。

网络游戏目前的使用形式可以分为以下两种。

（1）浏览器形式

基于浏览器的游戏,也就是我们通常说到的网页游戏,又称为 Web 游戏,它不用下载客户端,任何地方、任何时间、任何一台能上网的计算机都可以进行游戏,尤其适合上班族。其类型及题材也非常丰富,典型的游戏有角色扮演（天书奇谭）、战争策略（热血三国）、社区养成（猫游记）、SNS（开心农场）等。

（2）客户端形式

这一种类型是由公司所架设的服务器来提供游戏,而玩家们则是由公司所提供的客户端来连上公司服务器并进行游戏,而现在称之为网络游戏的大都属于此类型。此类游戏的特征是大多数玩家都会有一个专属于自己的角色（虚拟身份）,而一切存盘以及游戏资讯均记录在服务器端。此类游戏大部分来自欧美以及亚洲地区,这类型游戏有 World of Warcraft(魔兽世界)(美国)、战地之王(韩国)、EVE Online(冰岛)、战地(Battlefield)(瑞典)、信长之野望 Online(日本)、天堂 2(韩国)、梦幻西游(中国)等。

## 6.1.4　网上求职

网络求职是广大求职者找工作的一种重要途径。由于科技的发展,现在信息的网络化日益显著,网络已经成为我们工作、生活、招聘、求职必不可少的帮手,所以在网上找工作也已经成为广大求职者必选的途径。

**1. 网络求职的发展**

由于网络招聘在近几年发展迅速,并且随着计算机的普及化、大众化,网络求职已经越来越深入人心。

首先,常用的是在综合性网站投递简历来求职,其优点是:综合性网站涉及的范围很广、企业很多。缺点:范围太广,具体到行业、技术性强的岗位不好找。

其次,可以在行业性招聘网站投递简历求职。优点:行业内的信息很多,能让相关行业人才尽快找到直接行业的相关招聘信息,这些正好弥补了综合性网站的不足;缺点:只有单一的行业信息。

随着网络求职日益的发展,它的覆盖面广、方便、快捷、时效性强的特点变得越来越突出,相信将来会逐渐取代人才市场的求职。

**2. 网络求职的方法**

(1) 网站的选择

目前的人才网站分为:综合性的人才招聘网,比较有名的有:中国人才热线、智联招聘、中华英才网;行业招聘网站,比较有名的有:电力英才网、钟表英才网、机电英才网、数控英才网、电源英才网、服装精英网等。求职者可以根据自己的实际情况去选择人才网站。

(2) 简历的填写

简历的填写在网络求职中起非常重要的作用,可以说求职者简历填写的是否完整决定了他是否能得到面试机会,所以求职者填写简历要非常慎重,填写的信息必须都是真实信息。填写简历一般分为:①基本信息(姓名、年龄、联系电话和邮箱必须填写)。②教育经历。③工作经验。求职者能否得到面试机会关键就看这一项填写的内容,所以求职者要把自己以前的职务、职能、行业领域的发展和涉及的相关领域都要尽量地填写完整,以便于企业的搜索和对求职者工作经验最大限度地了解。④技能特长。这一项也是比较重要的,求职者要把直接所掌握的软件(如 CAD、Pro/E)、相关的体系文件(如国标 HORS 等)、相关的职业技能等都写上去。

(3) 简历的投递

要选择合适自己的相关招聘信息,这一项就比较简单了,可以按照自己的意愿设定好工作地点、职位和薪资等,然后去搜索;但是要注意一点:要搜索最新的招聘信息(一般选三天之内的),看到自己合适的招聘职位就可以直接去投递。

(4) 等面试电话或邮件

求职期间,求职者要保持电话畅通(在公司上班时间尽量不要去手机信号不好的地方,以免失去面试机会),且每天早上要去看邮箱,看是否有面试通知。

## 6.1.5  网络办公

办公自动化(Office Automation,OA)是将现代化办公和计算机网络功能结合起来的一种新型的办公方式,是当前新技术革命中一个技术应用领域,属于信息化社会的产物。计算机的诞生和发展促进了人类社会的进步和繁荣,作为信息科学的载体和核心,计算机科学在知识时代扮演了重要的角色。在行政机关、企事业单位工作中,是采用 Internet/Intranet 技术,基于工作流的概念,以计算机为中心,采用一系列现代化的办公设备和先进的通信技术,广泛、全面、迅速地收集、整理、加工、存储和使用信息,使企业内部人员方便快捷地共享信息,高效地协同工作;改变过去复杂、低效的手工办公方式,为科学管理和决策服务,从而达到提高行政效率的目的。一个企业实现办公自动化的程度也是衡量其实现现代化管理水平的标准。我国专家在第一次全国办公自动化规划讨论会上提出的办公自动化的定义为:利用先进的科学技术,使部分办公业务活动物化于人以外的各种现代化办公设备中,由人与技术设备构成服务于某种办公业务目的的人−机信息处理系统。在行政机关中,大都把办公自动化叫作电子政务,企事业单位就大都叫 OA,以前常叫无纸化办公。

通常办公室的业务,主要是进行大量文件的处理,所以,采用计算机文字处理技术生产各种文档、存储各种文档,采用其他先进设备,如复印机、传真机等复制、传递文档,或者采用计算机网络技术传递文档,是办公室自动化的基本特征。

随着 3G 移动网络的部署,办公自动化已经进入了移动时代。移动办公自动化系统就是一个集 3G 移动技术、智能移动终端、VPN、身份认证、地理信息系统(GIS)、WebService、商业智能等技术于一体的移动办公自动化产品。它将原有办公自动化系统上的公文、通讯录、日程、文件管理、通知公告等功能迁移到手机上,工作人员可以随时随地进行掌上办公,使之成为管理者、市场人员等贴心的移动办公系统。

办公室是各行业的领导进行决策的场所。领导机关做出决策,发布指示,除了文档上的往来之外,更深层的工作实际上是信息的收集、存储、检索、处理、分析,从而做出决策,并将决策作为信息传向下级机构,或合作单位,或业务关联单位。这些都需要办公自动化的辅助。

人是办公自动化系统的第一因素,即办公室主要因素是工作人员,包括各种人员。除了传统办公室的角色外,现在又增加了部分管理设备的专业技术人员,例如,计算机工程师,其他设备维护人员等。

办公设备指各种机器,如计算机、复印机、速印机、电话机、传真机、网络设备、光盘机等,这些设备统称为硬设备或称硬件。而正常工作还需要有管理设备的软件,例如,计算机的操作系统、网络操作系统、文字处理软件、专项工作程序软件等。

显然办公自动化这一人－机系统中,人、机缺一不可。而设备方面,硬件及必要的软件都需齐备。办公自动化系统是处理信息的系统,是进入信息时代后的一种新概念。

早期的办公自动化软件主要完成文件的输入及简单的管理,实现了文档的共享及简单的查询功能;随着数据库技术的发展及客户服务器结构的出现,OA 系统进入了关系数据库(DBMS)的阶段。办公自动化软件真正成熟并得到广泛应用是在 LotusNotes 和 Microsoft Exchange 出现以后,这些软件所提供的工作流机制及非结构化数据库的功能可以方便地实现非结构化文档的处理、工作流定义等重要的 OA 功能,OA 应用进入了实用化的阶段;但随着管理水平的提高,仅仅实现文档管理和流转已经不能满足要求,OA 的重心开始由文档的处理转入了数据的分析,即所谓的决策系统,这时出现了以信息交换平台和数据库结合作为后台,数据处理及分析程序作为中间层,浏览器作为前台(三层次结构)的 OA 模式,在这种模式下,可以将 OA 系统纳入由业务处理系统等系统构成的单位整体系统内,可以通过 OA 系统看到、分析、得到更全面的信息。基于 B/S 结构的办公自动化系统适用于施工企业的办公自动化,它涵盖了日常办公管理的基本流,具有较强的通用性。目前国内此技术较为成熟的只有天络在线等几家大型企业。

企业内部办公人员只需通过浏览器就可以在网上办公,这种办公方式比原有办公方式的优势在于文件的集中存储,避免了分散存储的冗余。

### 6.1.6　在线其他应用

网络提供的日常应用非常多,几乎涉及生活的每个领域,除了在线地图、在线交通、在线天气、在线股票等生活信息外,还有在线词典、在线翻译等多方面的应用。

## 6.2　任 务 实 现

### 6.2.1　操作一:在线学习

在线学习可以分两种:一种是通过搜索引擎、主题网站等获取我们所需要的信息,切实解决我们日常遇到的一些问题;另一种是通过正规的网络学习平台,系统地学习知识。前者已有所介绍,这里简单介绍后者。下面以西南交通大学网络学院为例说明,用户需要通过报名等程序,获取账号密码,在登录窗口中输入账号密码,进入个人学习中心,如图 3-121 和图 3-122 所示。

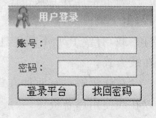

图 3-121

在个人学习中心可选择相应内容学习,在此可以进行学习相关操作,了解个人相关信息。不同的站点大同小异。

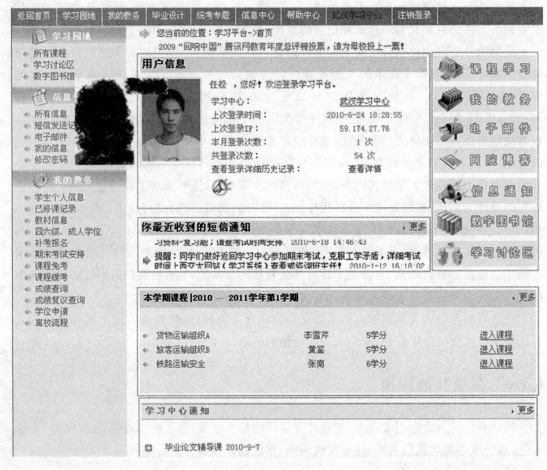

图  3-122

## 6.2.2　操作二:网络影音

网络影音有下载和在线两种方式,下载方式由提供影音下载的网站或专题论坛提供下载,由于影视文件一般比较大,所以影视的下载一般采用 P2P 的方式,使用 P2P 下载工具进行下载,有些 P2P 下载工具还可以边下载边观看。资源下载在任务 1 中已介绍,这里介绍在线方式。

在线影音也有两种方式,一种是直接通过网站提供的点播功能,只需要使用浏览器就可以在线使用影音资源,一般情况下需要浏览器安装相关插件。这样的视频有些由专门的视频网站提供,如优酷视频;有些穿插在文字中,如视频新闻,如图 3-123 所示。

在线影音的另一种方式是使用相关工具进行应用。如使用 PPS 在线观看电视、电影,如图 3-124 所示;使用"酷我音乐盒"在线听音乐,如图 3-125 所示。这种情况下,用户需要下载并安装相关工具,并在工具里进行点播操作即可。

图　3-123

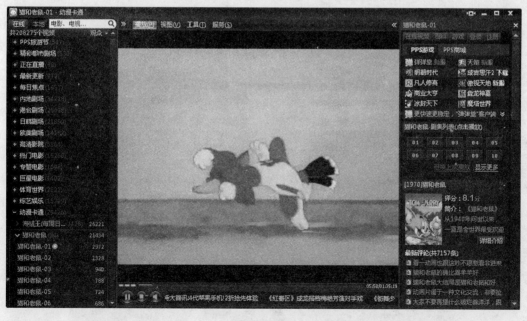

图　3-124

图　3-125

### 6.2.3　操作三:网络游戏

网络游戏有两种,一种是通过浏览器直接使用,如 QQ 农场,如图 3-126 所示。

图　3-126

另一种是客户端形式的网络游戏,用户需要先下载并安装客户端软件,然后通过网络注册账户,登录后即可使用。这类游戏非常多,如腾讯游戏频道,如图 3-127 所示。

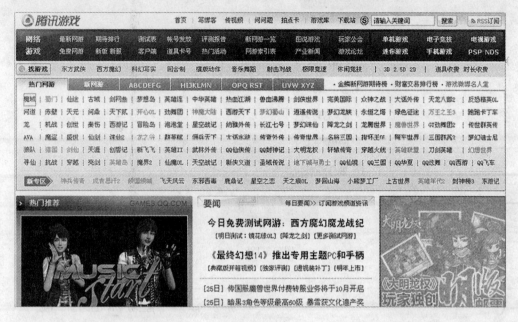

图　3-127

## 6.2.4　操作四:网上求职

(1) 选择求职网站,如 51job,如图 3-128 所示。

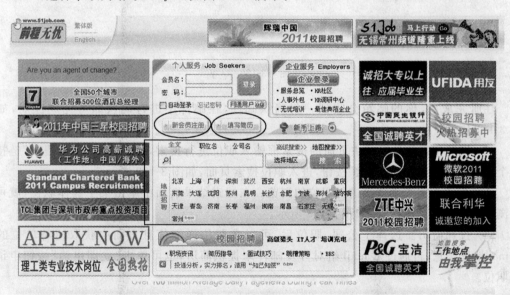

图　3-128

（2）注册，并完善个人简历，如图 3-129 和图 3-130 所示。

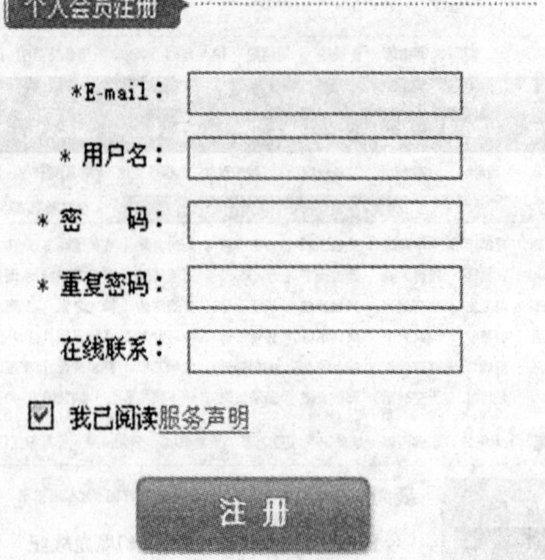

图　3-129

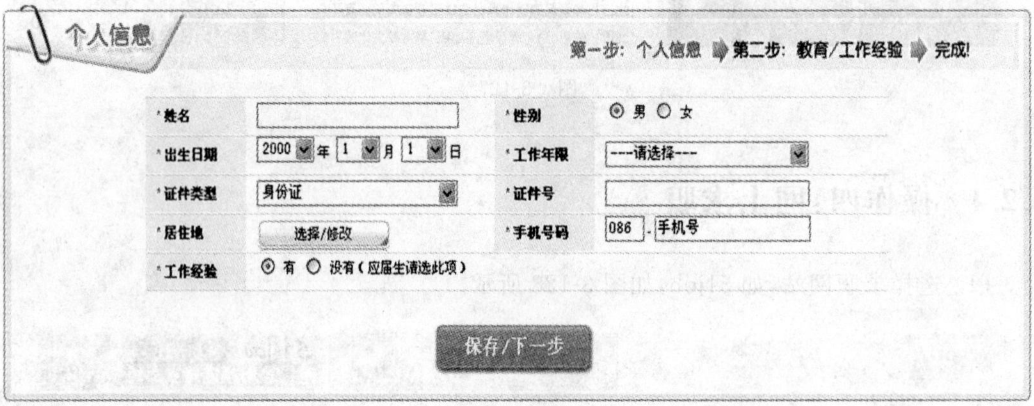

图　3-130

注册完成后，你的邮箱会收到一封确认邮件，在邮件中进行确认即可完成注册，如图 3-131 所示。

（3）浏览招聘信息。在主页面的搜索框输入职位进行搜索，也可单击"高级搜索"链接或个人主页面中的"职位搜索"按钮，进入职位搜索页面，如图 3-132 所示。

还可单击相关类别链接进行职位的浏览。在搜索结果页面中单击某个具体职位，就可以浏览该职位的详细信息，如图 3-133 所示。

（4）投递简历。选择了公司、职位后，可以在职位详细信息页面中获取招聘单位的 E-mail 地址信息，再通过 E-mail 给对方发邮件来提供简历，也可单击"立即申请"按钮申请该职位。

图　3-131

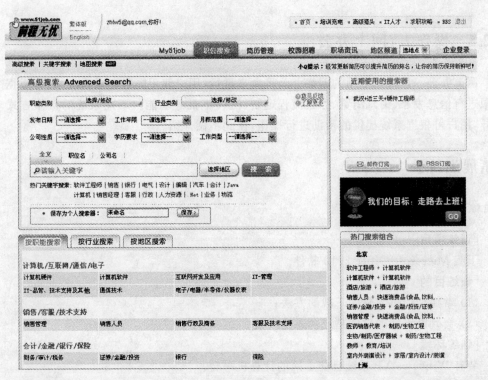

图　3-132

图  3-133

## 6.2.5  操作五:网上办公

网上办公一般通过专用的网络办公平台来进行,用户使用账号登录系统后,可根据个人权限进行信息发布、信息浏览、办公流程定制、流程审批等功能。不同系统的操作方式略有差异,用户可根据系统提供的帮助进行操作,在此不做介绍。

## 【拓展训练】

## 【训练一】

〔训练项目〕

下载 Microsoft Office 2010 软件。

〔训练目的〕

(1) 掌握使用迅雷软件下载的方法;

(2) 会判断下载的软件是成功还是失败。

〔训练环境〕

装有 Windows XP 系统且能上网的计算机一台。

［训练指导］

（1）打开百度网页；

（2）输入软件名称进行搜索；

（3）在搜索到的网页上，选择一种进入相应的下载页面；

（4）找到下载的标识，右击，在弹出的快捷菜单中选择使用迅雷下载。

## 【训练二】

［训练项目］

邮件收发。

［训练目的］

（1）掌握 Foxmail 软件的安装、设置方法；

（2）会使用 Foxmail 软件收发邮件。

［训练环境］

装有 Windows XP 系统且能上网的计算机一台。

［训练指导］

（1）下载 Foxmail 软件；

（2）安装到计算机上；

（3）运行该软件；

（4）新建邮箱账户；

（5）测试账户的连通性；

（6）邮件收发测试。

## 【训练三】

［训练项目］

开通网上银行。

［训练目的］

（1）了解网上银行开通的流程；

（2）学会使用网上银行进行余额查询及转账操作。

［训练环境］

装有 Windows XP 系统且能上网的计算机一台，办理一张银行卡。

［训练指导］

（1）申请一张银行卡并开通网上银行功能；

（2）到计算机上安装相应银行的网络安全防护软件；

（3）进入网上银行网站；

（4）修改个人资料及密码；

（5）尝试用网上银行给亲人转账。

【训练四】

　［训练项目］
开通个人博客。
　［训练目的］
（1）了解各种博客网站的申请流程；
（2）掌握利用博客网站发博文。
　［训练环境］
装有 Windows XP 系统且能上网的计算机一台。
　［训练指导］
（1）打开要申请博客的网站；
（2）开通新博客，填写相关信息；
（3）发表博文。

## 【课后思考】

1. 什么是域名？有何作用？
2. 什么是上传与下载？
3. 电子邮件的地址格式如何书写？
4. 什么是电子商务？用何作用？
5. 什么是网上银行？有何功能？
6. BBS 指什么？有何作用？
7. 什么是博客？有几种类型？

# 情境四　网络安全配置与维护

## 【技能目标】

通过本情境的学习，掌握一般网络攻防的方法，具备根据环境采取适当网络防护措施的能力。

## 【知识目标】

掌握网络攻防的一般步骤和方法；

掌握 Windows 防火墙和常见的 PC 防火墙的配置方法；

掌握病毒、木马的概念、特征和防护方法；

掌握通过 Windows 的安全配置提升网络安全的方法。

## 【情境解析】

Internet 的应用日益广泛，给人们的工作、生活带来了巨大的方便，人们可以通过 Internet 来处理工作、生活中的多种事务。现在人们对 Internet 的依赖性日益增强，同时 Internet 上也存在许多危险，如恶意攻击、病毒、网络诈骗、网络盗窃等，因此，利用合适的技术手段保护个人网络上的个人隐私、数字资源、虚拟财产，保护自己的计算机免遭侵害，目前显得尤为重要。

# 任务 1　网络攻防

## 【任务背景】

小明最近老听说某人的计算机被黑客攻击了，某人的密码被人盗取了之类的事件，他忧心忡忡，不知道自己的计算机是否安全，是否也会被黑客攻击，并想知道怎样保护自己的计算机免受攻击。

## 【任务目标】

通过各种手段了解网络攻击，掌握网络攻击的步骤，理解网络攻击的防范策略。

# 1.1 知 识 准 备

古语云：知己知彼，百战不殆。要想保护好自己的计算机，让自己的计算机免予攻击，就要了解黑客常用的攻击手段和方法，然后有针对性地防范。

"黑客"一词由英语 Hacker 英译而来，是指专门研究、发现计算机和网络漏洞的计算机爱好者。黑客所做的不是恶意破坏，而是发现安全漏洞并进行维护。而今天，黑客一词被用于泛指那些专门利用计算机搞破坏或恶作剧的家伙，这些人正确的英文叫法是 Cracker，也叫"骇客"或"入侵者"，他们往往使用一些现成的工具或编写少量程序来实现攻击。

## 1.1.1 攻击类型

攻击是指任何的非授权行为，攻击的范围从简单的使服务器无法提供正常的服务到完全破坏和控制服务器。在网络上成功实施的攻击级别依赖于用户采用的安全措施。

根据攻击的法律定义，攻击仅仅发生在入侵行为完全完成而且入侵者已经在目标网络内。但专家的观点是：可能使一个网络受到破坏的所有行为都被认定为攻击。

网络攻击可以分为以下两类。

(1) 被动攻击(Passive Attacks)：在被动攻击中，攻击者简单地监听所有信息流以获得某些秘密。这种攻击可以是基于网络(跟踪通信链路)或基于系统(秘密抓取数据的特洛伊木马)的。被动攻击是最难被检测到的。

(2) 主动攻击(Active Attacks)：攻击者试图突破用户的安全防线。这种攻击涉及数据流的修改或创建错误流，主要攻击形式有假冒、重放、欺骗、消息篡改、拒绝服务等。例如，系统访问尝试是指攻击者利用系统的安全漏洞获得用户或服务器系统的访问权。

## 1.1.2 网络攻击的一般目标

从黑客的攻击目标上分类，攻击类型主要有两类：系统型攻击和数据型攻击，其所对应的安全性也涉及系统安全和数据安全两个方面。从比例上分析，前者占据了攻击总数的 30%，造成损失的比例也占到了 30%；后者占到攻击总数的 70%，造成的损失也占到了 70%。系统型攻击的特点是：攻击发生在网络层，破坏系统的可用性，使系统不能正常工作。可能留下明显的攻击痕迹，用户会发现系统不能工作。数据型攻击主要来源于内部，该类攻击的特点是：发生在网络的应用层，面向信息，主要目的是篡改和偷取信息(这一点很好理解，数据放在什么地方，有什么样的价值，被篡改和窃用之后能够起到什么作用，通常情况下只有内部人知道)，不会留下明显的痕迹(原因是攻击者需要多次地修改和窃取数据)。

从攻击和安全的类型分析，得出一个重要结论：一个完整的网络安全解决方案不仅能防止系统型攻击，也能防止数据型攻击，既能解决系统安全，又能解决数据安全两方面的问题。这两者当中,应着重强调数据安全,重点解决来自内部的非授权访问和数据的保密问题。

## 1.1.3 网络攻击的原理及手法

### 1. 密码入侵

所谓密码入侵是指使用某些合法用户的账号和密码登录到目的主机,然后再实施攻击活动。这种方法的前提是必须先得到该主机上的某个合法用户的账号,然后再进行合法用户密码的破译。

### 2. 特洛伊木马程序

特洛伊木马程序可以直接侵入用户的计算机并进行破坏,它常伪装成工具程序或者游戏等诱使用户打开带有特洛伊木马程序的邮件附件或从网上直接下载,一旦用户打开了这些邮件的附件或者执行了这些程序,它们就会像古特洛伊人在敌人城外留下的藏满上兵的木马一样留在自己的计算机中,并在自己的计算机系统中隐藏一个可以在 Windows 启动时悄悄执行的程序。当用户连接到互联网上时,这个程序就会通知攻击者,来报告用户的 IP 地址及预先设定的端口。攻击者在收到这些信息后,再利用这个潜伏在其中的程序,任意修改用户计算机的参数设定、复制文件、窥视整个硬盘中的内容,从而达到控制用户计算机的目的。Back Orifice 2000、冰河等都是比较著名的特洛伊木马,它们非法取得用户计算机的超级用户级权利,可以对其进行完全控制,除了可以进行文件操作外,同时也可以进行对方桌面的图像捕获、密码获取等操作。这些黑客软件分为服务器端和用户端,当黑客进行攻击时,会使用用户端程序登录上已安装好服务器端程序的计算机,这些服务器端程序都比较小,一般会随附带于某些软件上。有可能当用户下载了一个小游戏并运行时,黑客软件的服务器端就安装完成了,而且大部分黑客软件的重生能力比较强,给用户进行清除造成一定的麻烦。特别是最近出现了一种 TXT 文件欺骗手法,表面看上去是一个 TXT 文本文件,但实际上却是一个附带黑客程序的可执行程序,另外有些程序也会伪装成图片和其他格式的文件。

### 3. WWW 的欺骗

在网上用户可以利用 IE 等浏览器对各种各样的 Web 站点进行访问,如咨询产品价格、订阅报纸、电子商务等。一般的用户恐怕不会想到有这些问题存在:正在访问的网页已经被黑客篡改过,网页上的信息是虚假的。例如黑客把用户要浏览的网页的 URL 改写为指向他们自己的服务器,当用户浏览目标网页的时候,实际上是向黑客服务器发出请求,那么黑客就可以达到欺骗的目的了。

一般 Web 欺骗使用两种技术手段,即 URL 地址重写技术和相关信息掩盖技术。利用 URL 地址,使这些地址都指向攻击者的 Web 服务器,即攻击者可以将自己的 Web 地址加在所有 URL 地址的前面。这样,当用户与站点进行链接时,就会毫不防备地进入攻击者的服务器,于是所有信息便处于攻击者的监视之中。

### 4. 电子邮件攻击

电子邮件是互联网上运用得十分广泛的一种通信方式。攻击者可以使用一些邮件炸弹软件或 CGI 程序向目的邮箱发送大量内容重复、无用的垃圾邮件，从而使目的邮箱被撑爆而无法使用。当垃圾邮件的发送流量特别大时，还有可能造成邮件系统对于正常的工作反应缓慢，甚至瘫痪。相对于其他攻击手段来说，这种攻击方法具有简单、见效快等特点。

电子邮件攻击主要表现为两种方式。

（1）邮件炸弹。邮件炸弹指的是用伪造的 IP 地址和电子邮件地址向同一信箱发送数以千计、万计，甚至无穷多次的内容相同的垃圾邮件，致使受害人邮箱被"炸"，严重者可能会给电子邮件服务器操作系统带来危险，甚至使之瘫痪。

（2）电子邮件欺骗。攻击者佯称自己为系统管理员（邮件地址和系统管理员完全相同），给用户发送邮件并要求用户修改密码（密码可能为指定字符串）或在貌似正常的附件中加载病毒或其他木马程序。

### 5. 通过傀儡机攻击其他节点

攻击者在突破一台主机后，往往以此主机作为根据地，攻击其他主机（以隐蔽其入侵路径，避免留下蛛丝马迹）。他们可以使用网络监听方法，尝试攻破同一网络内的其他主机；也可以通过 IP 欺骗和主机信任关系，攻击其他主机。

这类攻击很狡猾，但某些技术很难掌握，如 TCP/IP 欺骗攻击。攻击者通过外部计算机伪装成另一台合法机器来实现。它能破坏两台机器间通信链路上的数据，其伪装的目的在于哄骗网络中的其他机器误将其攻击者作为合法机器加以接受，诱使其他机器向他发送数据或允许它修改数据。TCP/IP 欺骗可以发生在 TCP/IP 系统的所有层次上，包括数据链路层、网络层、传输层及应用层都容易受到影响。如果底层受到损害，则应用层的所有协议都将处于危险之中。另外由于用户本身不直接与底层相互交流，因而对底层的攻击更具有欺骗性。

### 6. 网络监听

网络监听是主机的一种工作模式，在这种模式下，主机可以接收到本网段在同一条物理通道上传输的所有信息，而不管这些信息的发送方和接收方是谁。因为系统在进行密码校验时，用户输入的密码需要从用户端传送到服务器端，而攻击者就能在两端之间进行数据监听。此时若两台主机进行通信的信息没有加密，只要使用某些网络监听工具（如 NetXRay for Windows 95/98/NT、Sniffit for Linux、Solaries 等），就可轻而易举地截取包括密码和账号在内的信息资料。

### 7. 安全漏洞攻击

许多系统都有不同的安全漏洞。其中一些是操作系统或应用软件本身具有的，如缓冲区溢出攻击。由于很多系统在不检查程序与缓冲之间变化的情况下，就接受任意长度的数据输入，把溢出的数据放在堆栈里，系统还照常执行命令。这样攻击者只要发送超出缓冲区所能处理的长度的指令,系统便进入不稳定状态。若攻击者特别配置一串准备用做攻击的字符,他甚至可以访问根目录,从而拥有对整个网络的绝对控制权。另一些是利用协议漏洞进行攻击。如,ICMP 协议也经常被用于发动拒绝服务攻击。它的具体手法就是向目的服务器发送大量的数据包,几乎占取该服务器所有的网络宽带,从而使其无法对正常的服务请求进行处理,而导致网站无法进入、网站响应速度大大降低或服务器瘫痪。现在常见的蠕虫病毒或与其同类的病毒都可以对服务器进行拒绝服务攻击的进攻。它们的繁殖能力极强,比如可以通过 Microsoft 的 Outlook 软件向众多邮箱发出带有病毒的邮件,使邮件服务器无法承担如此庞大的数据处理量而瘫痪。对于个人上网用户而言,也有可能遭到大量数据包的攻击使其无法进行正常的网络操作。

### 1.1.4 网络攻击的步骤及过程分析

#### 1. 隐藏自己的位置

攻击者可以利用别人的计算机当"肉鸡",隐藏他们真实的 IP 地址。

#### 2. 寻找目标主机并分析目标主机

攻击者首先要寻找目标主机并分析目标主机。在 Internet 上能真正标识主机的是 IP 地址,域名是为了便于记忆主机的 IP 地址而另起的名字,只要利用域名和 IP 地址就可以顺利地找到目标主机。当然,知道了要攻击目标的位置还远运不够,还必须对主机的操作系统类型及其所提供服务等资料做全面的了解。攻击者可以使用一些扫描器工具,轻松获取目标主机运行的是哪种操作系统的哪个版本,系统有哪些账户,WWW、FTP、Telnet、SMTP 等服务器程序是何种版本等资料,为入侵做好充分的准备。

#### 3. 获取账号和密码,登录主机

攻击者要想入侵一台主机,首先要有该主机的一个账号和密码,否则连登录都无法进行。他们先设法盗窃账户文件,进行破解,获取某用户的账户和密码,再寻找合适时机以此身份进入主机。

#### 4. 获得控制权

攻击者用 FTP、Telnet 等工具利用系统漏洞进入目标主机系统获得控制权之后,还要做两件事:清除记录和留下后门。他会更改某些系统设置、在系统中置入特洛伊木马或其他一些远程操纵程序,以便日后可以不被觉察地再次进入系统。

#### 5. 窃取网络资源和特权

攻击者找到攻击目标后,会继续下一步的攻击,如下载敏感信息等。

### 1.1.5 网络攻击的防范策略

在对网络攻击进行上述分析的基础上,我们应当认真制定有针对性的策略。明确安

全对象,设置强有力的安全保障体系。提前做到有的放矢,在网络中层层设防,使每一层都成为一道关卡,从而让攻击者无隙可钻。还必须做到未雨绸缪,预防为主,备份重要的数据,并随时注意系统运行状况。以下是针对众多令人担心的网络安全问题所提出的几点建议。

**1. 提高安全意识**

- 不要随意打开来历不明的电子邮件及文件,不要随便运行不太了解的人给你的程序,比如"特洛伊"类黑客程序就是骗你运行。
- 尽量避免从 Internet 上下载不知名的软件、游戏程序。即使从知名的网站下载的软件也要及时用最新的病毒和木马查杀软件对软件和系统进行扫描。
- 密码设置尽可能使用字母数字混排,单纯的英文或者数字很容易穷举。将常用的各种密码进行不同的设置,防止被人查出一个,并连带查出重要密码。重要密码最好经常更换。密码不要以明文形式记录在纸质或电子文件中。
- 及时下载安装系统补丁程序。
- 不随便运行黑客程序,许多这类程序运行时会获取用户的个人信息。
- 在支持 HTML 的 BBS 上,如发现提交警告,要先看源代码,因其很可能是骗取密码的陷阱。
- 在访问一些正轨网站特别是银行网站时,一定要注意所访问网站的网址,防止钓鱼网站套取个人信息。

**2. 使用防病毒和防火墙软件**

防火墙是一个用于阻止网络中的黑客访问某个机构网络的屏障,也可称之为控制进/出两个方向通信的门槛。在网络边界上通过建立起来的相应网络通信监控系统来隔离内部和外部网络,以阻挡外部网络的侵入。

**3. 安装网络防火墙或代理服务器,隐藏自己的 IP 地址**

保护自己的 IP 地址是很重要的。事实上,即便用户的机器上安装了木马程序,若没有该用户的 IP 地址,攻击者也是没有办法的,而保护 IP 地址的最好方法就是设置代理服务器。代理服务器能起到外部网络申请访问内部网络的中间转接作用,其功能类似于一个数据转发器,它主要控制哪些用户能访问哪些服务类型。当外部网络向内部网络申请某种网络服务时,代理服务器接受申请,然后根据其服务类型、服务内容、被服务的对象、服务者申请的时间、申请者的域名范围等来决定是否接受此项服务。如果接受,就向内部网络转发这项请求。另外用户还要将防毒当成日常例行工作,定时更新防毒组件,将防毒软件保持在常驻内存状态,以彻底防毒。由于黑客经常会针对特定的日期发动攻击,计算机用户在此期间应特别提高警惕。对于重要的个人资料要做好严密的保护,并养成备份资料的习惯。

# 1.2 任务实现

## 1.2.1 操作一:网络监听

通过 Sniffer Pro 实时监控,及时发现网络环境中的故障(例如病毒、工具、流量超限等)。对于没有网络流量监控的环境,Sniffer Pro 还能实现流量的监控。同时,我们将数据包捕获后,可以通过 Sniffer Pro 的专家分析系统帮助我们进一步分析数据包,以便更好地分析、解决网络异常问题。

操作环境如下:

(1) 预装 Sniffer Pro 的 PC 一台;

(2) 局域网环境。

**1. Sniffer Pro 的安装、启动和配置**

(1) Sniffer Pro 的安装和普通软件的安装一样,没有特殊要求。对于英文不好的用户,可以下载汉化补丁进行安装。

(2) 安装完 Sniffer Pro 后,系统重新启动,会自动在网卡上加载 Sniffer Pro 特殊的驱动程序,如图 4-1 所示。

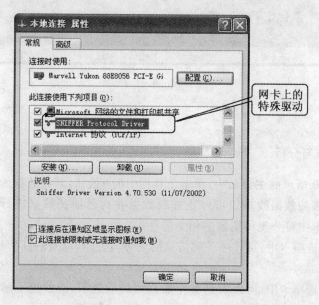

图 4-1

(3) 启动软件启动时,需要选择程序从哪个网络适配器接收数据,如图 4-2 所示。选择好网卡后,进入 Sniffer 的主界面,如图 4-3 所示。

图 4-2

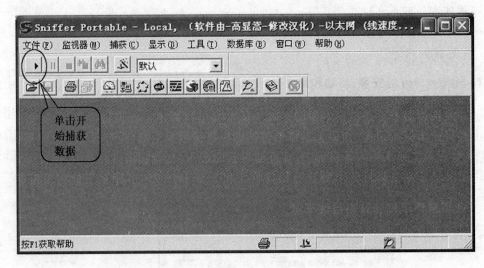

图 4-3

### 2. 数据的捕获与分析

（1）在如图 4-3 所示的主界面中，单击工具栏中的 ▶ 按钮，开始数据的捕获，捕获一段时间后，单击窗口底部的数据线按钮可停止捕获数据并对已捕获数据进行分析，如图 4-4 所示，在"专家"选项卡中可分类浏览数据相关信息。

（2）在"解码"选项卡中，可详细了解信息的来源与去向，以及信息的具体内容，如图 4-5 所示。

（3）在"矩阵"选项卡中，可以看到整个数据的传输地图，清楚地了解信息的大致流向，判断网络中的数据流向，并找出网络故障所在，如图 4-6 所示。

（4）在"主机列表"选项卡中，可看到每个机器的数据量，可选择以 MAC 地址查看，也可选择以 IP 地址查看。还可选择以图形方式查看，如图 4-7 所示。

（5）在"查看统计表"选项卡，可了解本次捕获的相关统计数据，如图 4-8 所示。

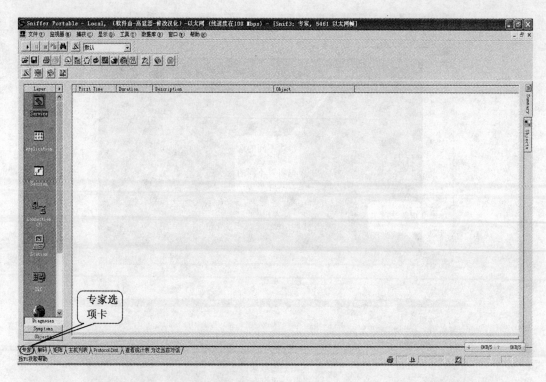

图　4-4

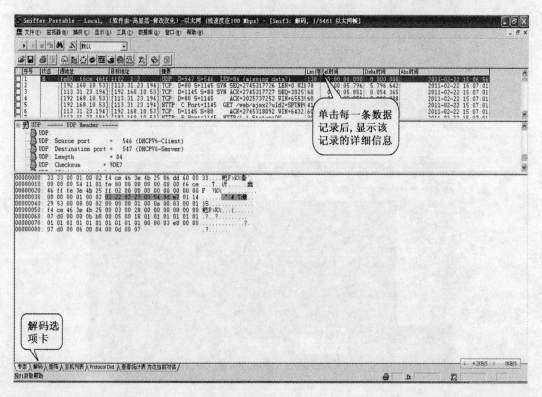

图　4-5

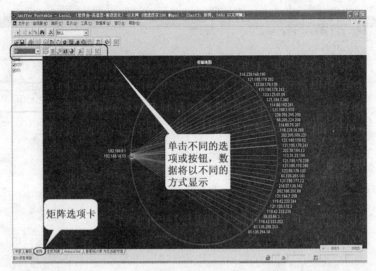

图 4-6

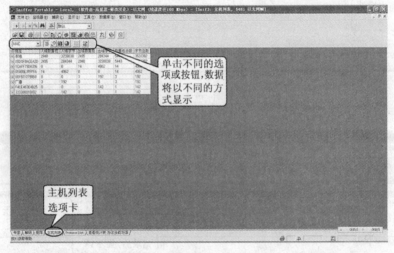

图 4-7

图 4-8

### 3. 数据的实时查看分析

（1）通过单击工具栏中的不同按钮，可以以不同的方式实时查看数据信息，如图 4-9 所示为仪表板模式界面。

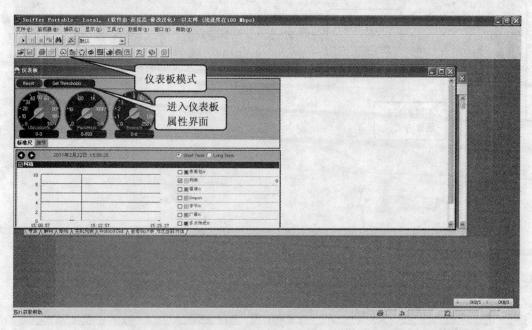

图　4-9

（2）在仪表板模式中，可设置仪表板的相关属性，对采集数据进行过滤，如图 4-10 所示。

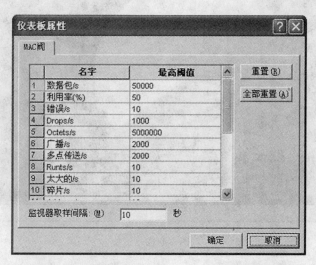

图　4-10

（3）在主机列表模式中可选择不同的数据展现方式，如图 4-11 所示。图 4-12 是以饼图展示的主机列表界面。

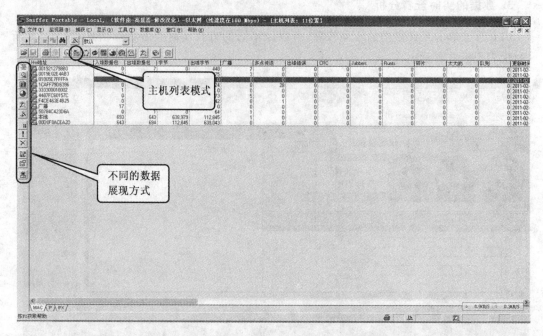

图　4-11

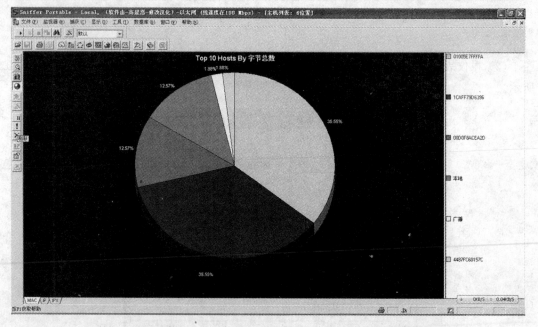

图　4-12

（4）图 4-13 为传输地图模式的实时数据分析界面。在传输地图模式中，也可以选择不同的数据展现方式，从不同角度来分析数据。如图 4-14 所示为以主机列表的形式显示传输地图。

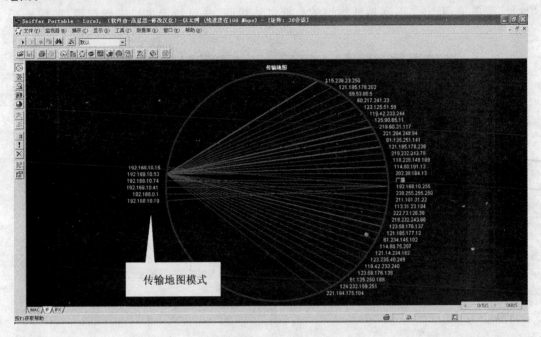

图　4-13

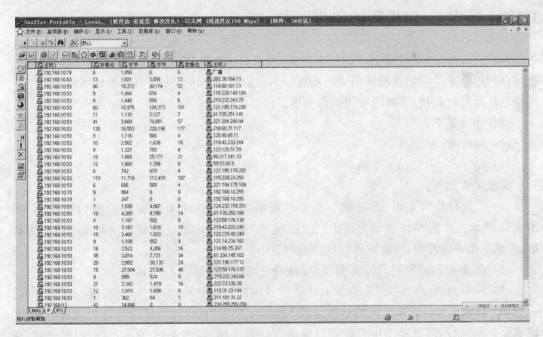

图　4-14

（5）其他的实时数据显示模式在此不再展示，用户可根据需要选择合适的数据展示方式，了解数据的流向和流量等信息。

我们还可以利用 Sniffer 监控某些特定的主机的数据。选择"捕获"→"定义过滤器"→"地址"菜单项，可定义不同地址类型的数据过滤规则，并对特定主机进行监控，如图 4-15 所示。

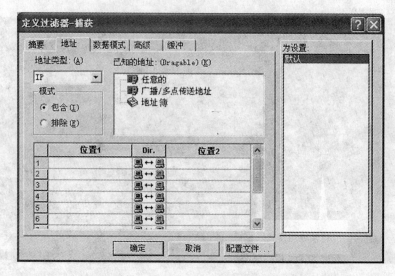

图　4-15

## 1.2.2　操作二：扫描器的使用

SuperScan 是一款功能强大的扫描工具，可以利用此工具扫描出远程主机的相关信息，也可以利用该工具帮助发现网络中的弱点。本实验利用 SuperScan 对一个网络地址或一个网络地址段进行扫描，了解网络扫描的基本方法。

操作环境如下：

（1）局域网；

（2）安装 SuperScan 4.0 的 PC 一台。

实验步骤如下：

（1）设置扫描的主机 IP 范围。在主界面的"扫描"选项卡中即可设置扫描范围，如图 4-16 所示。在图 4-16 所示界面中，在"IP 地址"文本框中输入 IP 地址的范围或特定的 IP 地址，然后单击 按钮，将地址添加到地址列表中。

（2）单击 按钮开始扫描，在窗口中会显示扫描结果，如图 4-17 所示。

（3）单击 查看HTML结果(V) 按钮，在网页中查看详细的扫描结果，如图 4-18 所示。

（4）扫描设置。如果默认的扫描选项不能满足要求，可以对扫描选项进行设置。在"主机和服务扫描设置"选项卡中可设置扫描的端口等选项，如图 4-19 所示。在"扫描选项"选项卡中还可设置其他相关扫描参数，如图 4-20 所示。

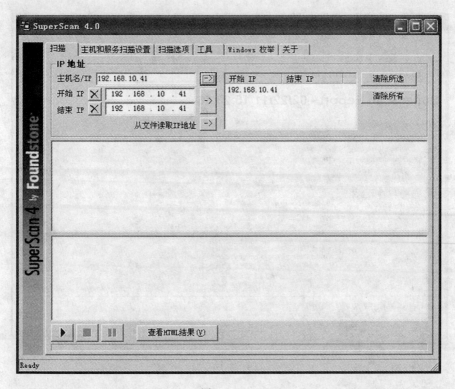

图    4-16

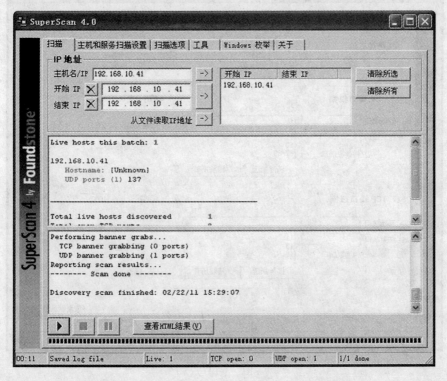

图    4-17

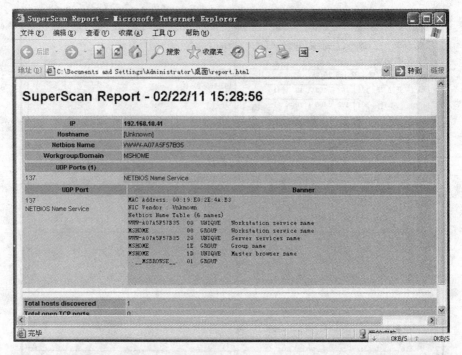

图 4-18

图 4-19

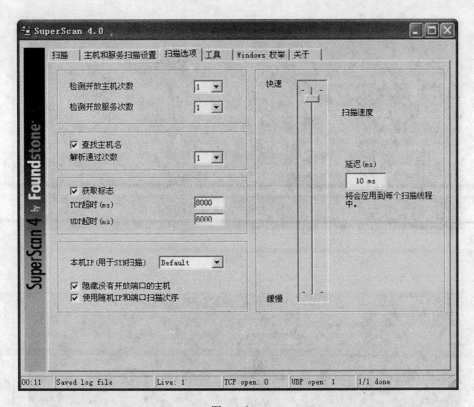

图　4-20

## 1.2.3　操作三：破解密码

Windows 系统的账户密码保存在一个系统文件中，通过对此文件的破解，可获取系统账户的密码。可以利用 Pwdump7 获取 sam 文件，或直接获取账号的 hash 密码，然后用 LC5 对密码进行破解。

操作环境如下：

（1）局域网；

（2）预装 Windows XP 系统 PC 一台；

（3）工具软件 LC5 和 Pwdump7。

实验步骤如下：

（1）使用 Pwdump7 获取系统密码的 hash 值或提取 sam 文件。

① 在命令提示符状态下进入到 Pwdump7 所在目录，输入 Pwdump7 命令，即可看到系统密码的 hash 值，如图 4-21 所示。

② Windows 的账户信息存储在\system32\config 系统文件夹的 sam 文件中，可以使用 pwdump7 提取系统中的 sam 文件。在命令提示符状态下输入 Pwdump7-d c：\windows\ system\config\sam c：\tt，如图 4-22 所示。执行该命令后，将 sam 文件复制为"C："盘下的 tt 文件，如图 4-23 所示。只需要对该文件进行破解即可获取系统密码。

253

图 4-21

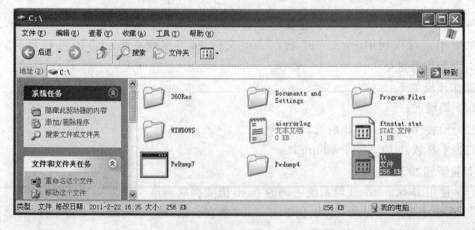

图 4-22

图 4-23

（2）启动 LC5，并执行"文件"→"新建会话"命令，新建会话，如图 4-24 所示。新建会话后的主界面如图 4-25 所示。

（3）单击工具栏中的"导入"按钮，导入之前导出的 sam 文件，如图 4-26 所示。

① 单击主界面中的 ▶ 按钮，开始破解密码，破解时的界面如图 4-27 所示。

② 单击"报告"选项卡,可查看破解报告,如图 4-28 所示。

③ 在主界面中单击 按钮可打开破解选项设置界面,在此设置破解选项,如图 4-29 所示。

图 4-24

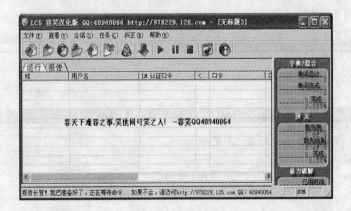

图 4-25

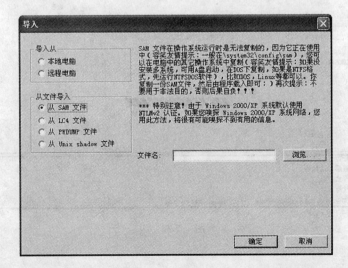

图 4-26

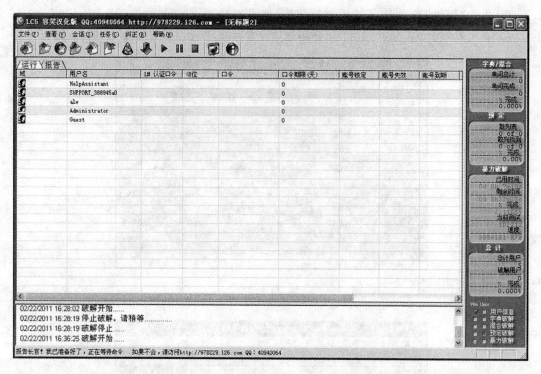

图 4-27

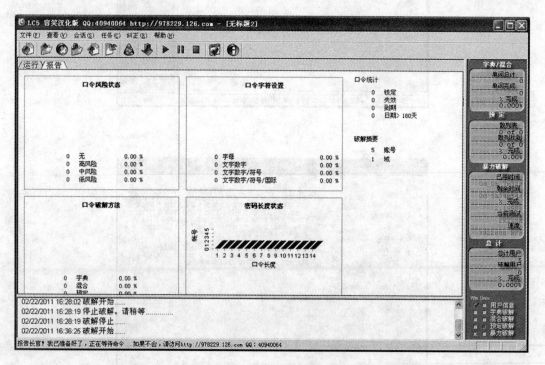

图 4-28

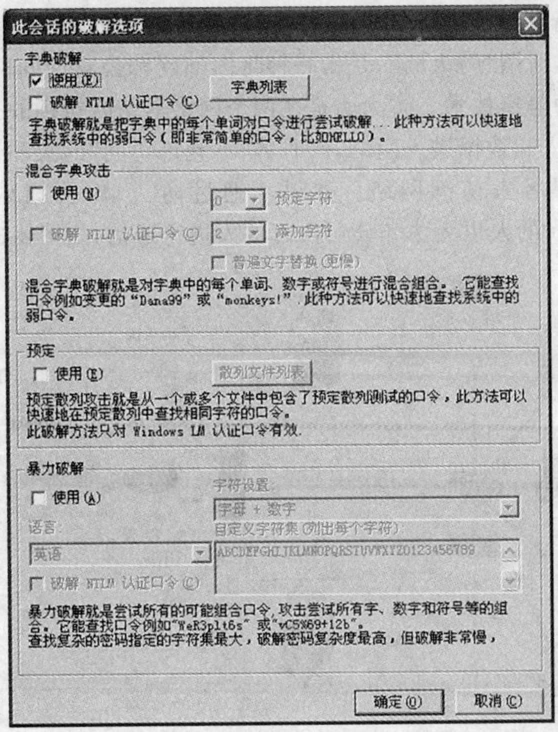

图　4-29

# 任务 2　防火墙配置

**【任务背景】**

通过任务 1 的学习,小明认识到可以使用防火墙来提高系统的安全,防范黑客的攻击,到底要怎样使用防火墙才能起到预期的作用呢?

**【任务目标】**

通过各种手段掌握防火墙配置的方法。

## 2.1　知识准备

### 2.1.1　防火墙的定义

术语"防火墙"源自在建筑结构里应用的安全技术,是指在楼宇里用来起分隔作用的墙,用于隔离不同的公司或房间,起防火作用。多数防火墙里都有一个重要的门,允许人们进入或离开。因此,防火墙在提供增强安全性的同时还允许必要的访问。

在计算机网络中,所谓"防火墙",是指一种将内部网和公众访问网(如 Internet)分开的方法,它实际上是一种隔离技术。防火墙是在两个网络通信时执行的一种访问控制策略,它能允许"可以访问"的人和数据进入网络,同时将"不允许访问"的人和数据拒之门外,最大限度地阻止网络中的黑客来访问网络。如果不通过防火墙,公司内部的人就无法访问 Internet,使用 Internet 的人也无法和公司内部的人进行通信,如图 4-30 所示。

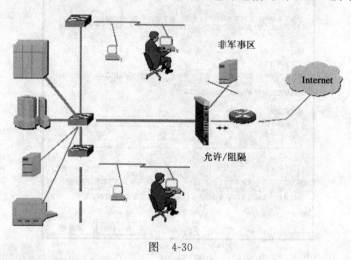

图　4-30

## 2.1.2　相关概念

以下是与防火墙相关的几个常用概念。

- 外部网络(外网):防火墙之外的网络,一般为 Internet,默认为风险区域。
- 内部网络(内网):防火墙之内的网络,一般为局域网,默认为安全区域。
- 非军事化区(DMZ):为了配置管理方便,内网中需要向外网提供服务的服务器(如 WWW、FTP、SMTP、DNS 等)往往放在 Internet 与内部网络之间一个单独的网段,这个网段便是非军事化区,也称为"隔离区"。
- 吞吐量:网络中的数据是由一个个数据包组成的,防火墙对每个数据包的处理要耗费资源。吞吐量是指在不丢包的情况下,单位时间内通过防火墙的数据包数量。这是测量防火墙性能的重要指标。
- 最大连接数:与吞吐量一样,数字越大越好。但是最大连接数更贴近实际网络情况,网络中大多数连接是指所建立的一个虚拟通道。防火墙对每个连接的处理也很耗费资源,因此最大连接数成为考验防火墙能力的指标。
- 堡垒主机:一种被强化的可以防御进攻的计算机,被暴露于互联网之上作为进入内部网络的一个检查点,以达到把整个网络的安全问题集中在某个主机上解决,从而省时省力,不用考虑其他主机的安全目的。
- 包过滤:也称为数据包过滤,是在网络层中对数据包实施有选择的通过,依据系统事先设定好的过滤规则,检查数据流中的每个数据包,根据数据包的源地址、目标地址以及端口等信息来确定是否允许数据包通过。

- 代理服务器：是指代表内部网络用户向外部网络中的服务器进行连接请求的程序。
- 状态检测技术：这是第二代网络安全技术。状态检测模块在不影响网络安全正常工作的前提下，采用抽取相关数据的方法对网络通信的各个层次实行检测，并作为安全决策的依据。
- 虚拟专用网（VPN）：是一种在公用网络中配置的专用网络。
- 漏洞：是系统中的安全缺陷，漏洞可以导致入侵者获取信息或导致不正确的访问。
- 数据驱动攻击：入侵者把一些具有破坏性的数据藏匿在普通数据中传送到互联网主机上，当这些数据被激活时就会发生数据驱动攻击。例如修改主机中与安全有关的文件，留下下次更容易进入该系统的后门。
- IP 地址欺骗：突破防火墙系统最常用的方法是 IP 地址欺骗，它同时也是其他一系列攻击方法的基础。入侵者利用伪造的 IP 发送地址产生虚假的数据包，并乔装成来自内部网的数据，这种类型的攻击是非常危险的。

## 2.1.3　防火墙的功能

防火墙由于处于网络边界的特殊位置，因而被设计为集成了非常多的安全防护功能和网络连接管理功能，如图 4-31 所示。

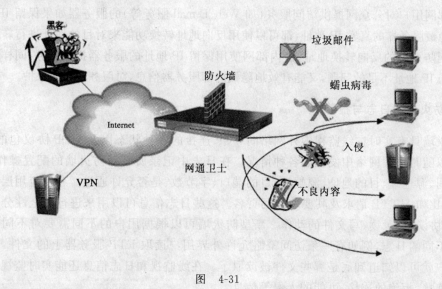

图　4-31

### 1. 防火墙的访问控制功能

访问控制功能是防火墙设备的最基本功能，其作用就是对经过防火墙的所有通信进行连通或阻断的安全控制，以实现连接到防火墙上的各个网段的边界安全性。为实施访问控制，可以根据网络地址、网络协议以及 TCP、UDP 端口进行过滤；可以实施简单的内容过滤，如电子邮件附件的文件类型等；可以将 IP 与 MAC 地址绑定以防止盗用 IP 的现象发生；可以对上网时间段进行控制，不同时段执行不同的安全策略；可以对 VPN 通信进行安全控制；可以有效地对用户进行带宽流量控制。

防火墙的访问控制采用两种基本策略：即"黑名单"策略和"白名单"策略。"黑名单"策略指除了规则禁止的访问，其他都是允许的。"白名单"策略指除了规则允许的访问，其他都是禁止的。

**2. 防火墙的防止外部攻击**

防火墙的内置黑客入侵检测与防范机制可以通过检查 TCP 连接中的数据包的序号来保护网络免受数据包注入、SYN Flooding Attack（同步洪泛）、DoS（拒绝服务）和端口扫描等黑客攻击。针对黑客攻击手段的不断变化，防火墙软件也能像杀毒软件一样动态升级，以适应新的变化。

**3. 防火墙的地址转换**

防火墙拥有灵活的地址转换（Network Address Transfer，NAT）能力。同时支持正向、反向地址转换。正向地址转换用于使用保留 IP 地址的内部网用户通过防火墙访问公众网中的地址时对源地址进行转换，能有效地隐藏内部网络的拓扑结构等信息。同时内部网用户共享使用这些转换地址，使用保留的 IP 地址就可以正常访问公众网，有效地解决了全局 IP 地址不足的问题。

内部网用户对公众网提供访问服务（如 Web、E-mail 服务等）的服务器如果保留 IP 地址，或者想隐藏服务器的真实 IP 地址，都可以使用反向地址转换功能来对目的地址进行转换。公众网访问防火墙的反向转换地址，由内部网使用保留 IP 地址的服务器提供服务，同样既可以解决全局 IP 地址不足的问题，又能有效地隐藏内部服务器信息，对服务器进行保护。

**4. 防火墙的日志与报警**

防火墙具有实时在线监视内外网络间 TCP 连接的各种状态以及 UDP 协议包的能力，用户可以随时掌握网络中发生的各种情况。在日志中记录所有对防火墙的配置操作、上网通信时间、源地址、目的地址、源端口、目的端口、字节数、是否允许通过。各个应用层命令及其参数，比如 HTTP 请求及其要取的网页名。这些日志信息可以用来进行安全性分析。针对 FTP 协议，记录读、写文件的动作。新型防火墙可以根据用户的不同需要对不同的访问策略做不同的日志，例如有一条访问策略允许外界用户读取 FTP 服务器上的文件，从日志信息用户就可以知道到底是哪些文件被读取了。在线监视和日志信息还能实时监视和记录异常的连接、拒绝的连接、可能的入侵等信息。

**5. 防火墙的身份认证**

防火墙支持基于用户身份的网络访问控制，不仅具有内置的用户管理及认证接口，同时也支持用户进行外部身份认证。防火墙可以根据用户认证的情况动态地调整安全策略，实现用户对网络的授权访问。

### 2.1.4　防火墙的安全策略

防火墙安全策略是指要明确地定义允许使用或禁止使用的网络服务,以及这些服务的使用规定。每一条规定都应该在实际应用时得到实现。总地来说,一个防火墙应该使用以下两种基本策略中的一种。

除非明确允许,否则就禁止。这种方法堵塞了两个网络之间的所有数据传输,除了那些被明确允许的服务和应用程序。因此,应该逐个定义每一个允许的服务和应用程序,而任何一个可能成为防火墙漏洞的服务和应用程序都不能允许使用。这是一个最安全的方法,但从用户的角度来看,这样可能会有很多限制,不是很方便。一般在防火墙配置中都会使用这种策略。

除非明确禁止,否则就允许。这种方法允许两个网络之间所有数据传输,除非那些被明确禁止的服务和应用程序。因此,每一个不信任或有潜在危害的服务和应用程序都应该逐个拒绝。虽然这对用户是一个灵活和方便的方法,它却可能存在严重的安全隐患。

在安装部署防火墙之前,一定要仔细考虑安全策略,否则会导致防火墙不能达到预期要求。

# 2.2　任　务　实　现

### 2.2.1　操作一:Windows 防火墙的配置

Windows XP 作为 Windows 2000 的升级产品,仍是我国目前使用人数最多、最受欢迎的客户端产品。其自带的防火墙功能,由于很多用户对其不了解和误解,导致其并没有真正发挥作用。有用户认为启用其自带的防火墙后,会限制本机对外界的访问,造成使用上的不便,其实是很大的认识误区。XP 自带防火墙只限制外界对本机的访问,而不限制本机对外界的访问。

本任务旨在帮助用户了解 Windows XP 自带防火墙的作用和配置方法,使其真正发挥作用。

操作环境如下:

(1) 安装 Windows XP 的 PC 一台;

(2) 能链接到 Internet。

**1. 启用防火墙。**

(1) 选择"开始"→"程序"→"附件"→"通信"→"网络连接"命令,如图 4-32 所示,打开如图 4-33 所示的"网络连接"窗口。

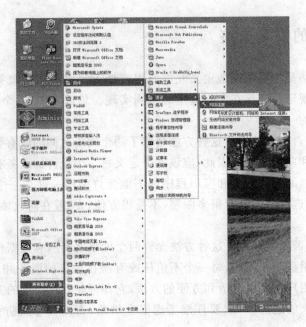

图 4-32

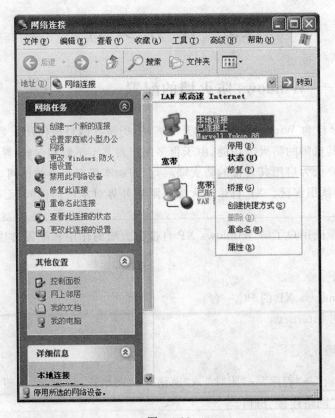

图 4-33

（2）在"网络连接"窗口中，在弹出的快捷菜单中要启用防火墙的网卡，在弹出的快捷菜单中选择"属性"命令，在打开的对话框中选中"高级"选项卡，如图 4-34 所示。

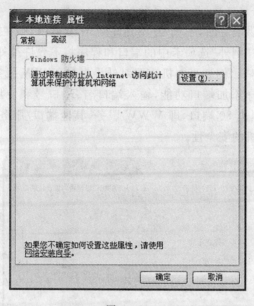

图　4-34

（3）在图 4-34 所示窗口中单击"设置"按钮，弹出如图 4-35 所示的"Windows 防火墙"对话框，在此单击"启用"按钮，启动防火墙。

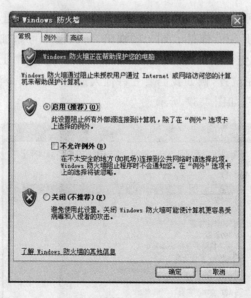

图　4-35

## 2. 基本设置

"不允许例外"复选框：当要拒绝所有连接时，使用该复选框安全性最高，Windows 阻止程序时,不通知用户,并且在"例外"选项卡中的程序也会被阻止。

注意:Windows XP 防火墙不会拒绝用户访问外网的任何资源,所以当主机不需要被其他计算机访问时,可使用该选项,具有最高的安全性。

当本机需要对外提供服务时,不选中"不允许例外"复选框,则在"例外"选项卡中的程序或端口允许被访问,不在"例外"选项卡中的端口和程序将不允许被外界访问。接着转到"例外"选项卡,添加允许端口。例如当本机需要对外界提供 WWW 服务时,将开放 80 端口等待/监听客户端连接,选择添加端口功能,输入端口名、端口号和使用的协议,如图 4-36 所示,则外界只允许访问本机 80 端口,即 WWW 服务,其他端口/服务都拒绝被访问,这样就可以很好地提高这台主机的安全性。

图 4-36

有同学会遇到这个问题:我想让外界访问某个程序,那我不知道其开启的端口号怎么办呢? 没关系,Windows XP SP2 修正了 SP1 的缺陷,防火墙中可添加程序,允许程序使用的端口号,对那些任意使用变化端口的程序同样非常有效。配置如图 4-37 所示。单击"添加程序"按钮,选中程序所在位置,例如我们要允许他人通过"360 安全浏览器"进行访问,则添加"360 安全浏览器"程序,如图 4-37 所示。

图 4-37

添加了程序的"例外"选项卡如图 4-38 所示。

在微软系统上的单机防火墙无优劣之分。防火墙和其他产品不同,不是拿来安装上就能用,要根据企业的需求、用户的需求配置防火墙策略,关键看策略的配置优劣。其实真要分优劣,就要看执行效率和速度,而微软的这个防火墙由于是系统自带的,可以和其系统无缝地衔接,其执行效率和速度还是不错的。

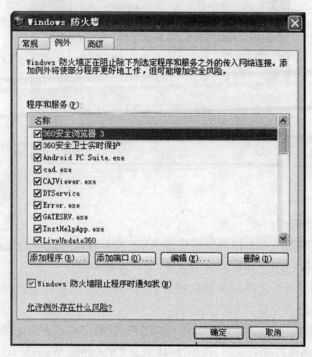

图　4-38

### 3. 高级配置

我们在熟练配置 Windows XP 防火墙的基础上,来了解一些功能调整的选项,以满足一些特殊需求。我们看到在如图 4-38 所示的界面中,"Windows 防火墙阻止程序时通知我"复选框没有被选中,只有加入"例外"选项卡中的程序才能被外界访问,其他的都被拒绝。

在确保所有对外程序被添加后可取消选中,则除在"例外"选项卡中添加的程序和端口外,都会被拒绝,不允许访问。而如果在一台计算机上,你也不清楚哪些程序该被外界访问,则可选中该选项。当启动一个程序,要对外开放端口时,会被提示。例如我们忘了设置应该让别人访问本机 Netmeeting 程序,取消选中"Windows 防火墙阻止程序时通知我"复选框,打开 Netmeeting 时没有提示,则其他用户永远也无法拨通本机,因为被防火墙阻止了,而用户并不知道。

当选中"Windows 防火墙阻止程序时通知我"复选框后,启动一个程序要对外开放端口时,会提示用户操作。

**注意**:不是外界访问本机时就会开放端口。其实一个端口对应着一个后台进程,没有程序发起和运行,本机不会开放指定的端口。例如,有人会问:怎么关闭我机器上的 80 端口呢？其实本来就是关闭的。只有安装 Web 服务器软件，如微软 IIS 作为 Web 服务器，由后台服务启用进程，才会开放 80 端口。这也是木马的工作方式，后台木马不运行，就不开放端口，木马的控制端就无法控制这台主机。

这时启动一个对外开放端口的程序时，如 Netmeeting，显示如图 4-39 所示的对话框。

图　4-39

这时用户有三个选择。

（1）保持阻止：该程序不允许对外提供服务，下次不再询问。

（2）解除阻止：该程序允许对外提供服务，下次不再询问。

（3）稍后询问：当前不允许对外提供服务，下次程序企图对外开放端口时，会继续跳出对话框，由用户决定是否允许。

XP 防火墙的询问功能极大地方便了用户的操作，使得用户不必事先将所有对外服务都加入"例外"选项卡中，而可以在启动时，选中"解除阻止"方式并由 Windows XP 自己将对外服务加入"例外"选项卡中。如图 4-40 为单击了"解除阻止"按钮后，该机的"例外"选项卡的显示。

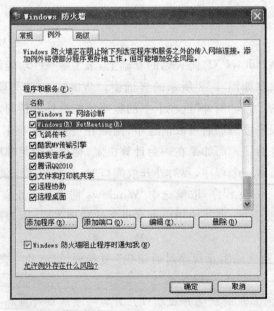

图　4-40

可见,Windows XP 自动把 Netmeeting 程序加入"例外"选项卡中,而不需要用户手工加入。启用防火墙后,将起到防止 Ping 的功能,防止使用 ICMP 协议的工具来捕获存活主机,这也是对一些使用黑客工具(如流光、X-way)和网管工具(如 X-Scan)查找网络中在线主机的一个很好的防护。

如果你希望别人也能 Ping 通你,如同你能 Ping 通别人一样,可以转到"高级"选项卡,单击"设置"按钮,如图 4-41 所示;在"高级设置"窗口中转到"ICMP"选项卡,并选中"允许传入的回显请求"选项,如图 4-42 所示。

图　4-41

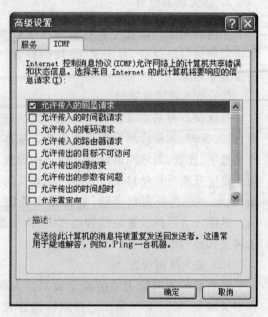

图　4-42

## 2.2.2　操作二:天网防火墙的配置

Windows 防火墙是 Windows 系统自带的单机软件防火墙,除此之外,还有很多第三方的单机软件防火墙,天网防火墙是其中的一个。通过本任务,读者可以了解一般单机软件防火墙的配置和用法。

**注意**:单机软件防火墙只能保护一台主机的安全性。软件防火墙除了单机版之外,还有功能强大的企业级防火墙,如微软的 ISA 等,可以实现堡垒主机、三叉架构、背对背架构等企业防火墙的部署。有兴趣的读者可以查阅相关资料进行学习。

操作环境如下:

(1) 安装 Windows XP 的 PC 一台;

(2) 系统安装了天网防火墙软件;

(3) 能链接到 Internet。

### 1. 软件安装

下载或购买天网防火墙软件后,单击安装程序,按照一般软件安装步骤进行安装,在此不再赘述。

在安装过程中有一个天网防火墙设置向导,可以通过该向导完成基本的安装设置,也可在安装完成后在"开始"菜单中单击"天网防火墙设置向导"进行基本配置,通过该向导可设置默认的安全级别、局域网中的地址设置、常用应用程序设置。

默认情况下,它的作用就很强大了。所以,如果没什么特殊的要求,就设置为默认值,安全级别设为中即可。

### 2. 防火墙的设置

天网防火墙的设置主要有基本系统设置、应用程序访问网络权限设置、自定义 IP 规则设置、安全级别设置四个方面。

(1) 基本系统设置

系统设置有基本设置、管理权限设置、在线升级设置、日志管理、入侵检测设置几个方面。基本设置包括启动选项、皮肤、局域网地址及其他一些设置。启动选项是设定开机后自动启动防火墙。在默认情况下不启动,我们一般选择自动启动,这也是安装防火墙的目的。其他几方面的设置包括管理密码、升级选项、日志选项及入侵检测选项等,如图 4-43 所示。

(2) 安全级别设置

图 4-43

最新版的天网防火墙的安全级别分为高、中、低、自定义四类,如图 4-44 所示。把鼠标指针置于某个级别上时,可从查看详细功能说明。

低安全级别情况下,完全信任局域网,允许局域网中的机器访问自己提供的各种服务,但禁止互联网上的机器访问这些服务。

中安全级别下,局域网中的机器只可以访问共享服务,但不允许访问其他服务,也不允许互联网中的机器访问这些服务,同时运行动态规则管理。

图 4-44

高安全级别下系统会屏蔽掉所有向外的端口,局域网和互联网中的机器都不能访问自己提供的网络共享服务,网络中的任何机器都不能查找到该机器的存在。

自定义级别适合了解 TCP/IP 协议的用户,可以设置 IP 规则,而如果规则设置不正确,可能会导致不能访问网络。对于普通个人用户,一般推荐将安全级别设置为中级,这样可以在已经存在一定规则的情况下,对网络进行动态的管理。

(3) 应用程序访问网络权限设置

当有新的应用程序访问网络时,防火墙会弹出警告对话框,询问是否允许访问网络,如图 4-45 所示。为保险起见,用户不熟悉的程序,都可以设为禁止访问网络。

可以单击每个应用程序后的 ✔ 按钮来允许该程序访问网络;单击 ✘ 按钮则程序在访问

网络时弹出如图 4-46 所示对话框；单击 ⊠ 按钮，则拒绝该程序访问网络。

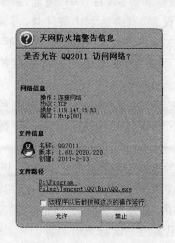

图　4-45　　　　　　　　　　　　　　　　　　图　4-46

在应用程序列表中单击该程序后的"选项"按钮，进入应用程序规则的高级设置，在此可以设置该应用程序是通过 TCP 还是 UDP 协议访问网络，以及 TCP 协议可以访问的端口，如图 4-47 所示。当不符合条件时，程序将询问用户或禁止操作。对已经允许访问网络的程序，下一次访问网络时，按默认规则管理。

（4）自定义 IP 规则设置

在选中中级安全级别时，进行自定义 IP 规则的设置是很有必要的。在这一项设置中，可以自行添加、编辑、删除 IP 规则，对防御入侵可以起到很好的效果。界面如图 4-48 所示。

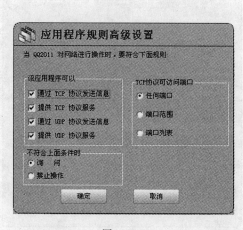

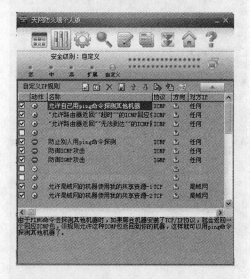

图　4-47　　　　　　　　　　　　　　　　　　图　4-48

对于对 IP 规则不甚精通，并且也不想去了解这方面内容的用户，可以通过下载天网或其他网友提供的安全规则库,将其导入到程序中,也可以起到一定的防御木马程序、抵御入侵的效果。其缺点是对于最新的木马和攻击方法,需要重新进行规则库的下载。而对于想学习 IP 规则设置的用户,本文将对规则的设置方法进行详细介绍。

IP 规则的设置分为规则名称的设定、规则的说明、数据包方向、对方 IP 地址,以及对于该规则的 IP、TCP、UDP、ICMP、IGMP 协议需要做出的设置,当满足上述条件时,再确定对数据包的处理方式、对数据包是否进行记录等,如图 4-49 所示。如果 IP 规则设置不当,天网防火墙的警告标志就会闪个不停,而如果正确地设置了 IP 规则,则既可以起到保护计算机安全的作用,又可以不必时时去关注警告信息。

在天网防火墙的默认设置中有两项功能用于防御 ICMP 和 IGMP 的攻击,这两种攻击形式一般情况下只对 Windows 98 系统起作用,而对 Windows 2000 和 Windows XP 的用户攻击无效,因此可以允许这两种数据包通过,或者拦截而不警告。

用 Ping 命令探测计算机是否在线是黑客经常使用的方式,因此要防止别人用 Ping 命令探测。对于在家上网的个人用户,对"允许局域网内的机器使用共享资源"和"允许局域网内的机器进行连接和传输"等功能一定要禁止,因为在国内 IP 地址缺乏的情况下,很多用户是在一个局域网下上网,而在同一个局域网内可能存在很多想一试身手的黑客。

139 端口是经常被黑客利用 Windows 系统的 IPC 漏洞进行攻击的端口,用户可以对通过这个端口传输的数据进行监听或拦截,规则的"名称"可定为 139 端口监听,"对方 IP 地址"设为任何地址,TCP 协议的"本地端口"可填写为从 134 到 139;通行方式可以是通行并记录,也可以是拦截,这样就可以对这个端口的 TCP 数据进行操作。445 端口的数据操作类似。

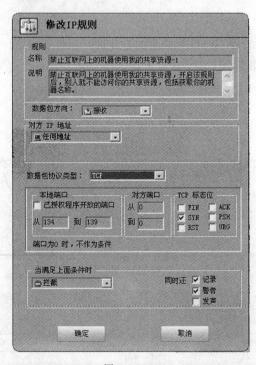

图 4-49

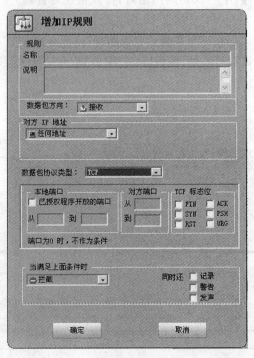

图 4-50

如果用户知道某个木马或病毒的工作端口,就可以通过设置 IP 规则封闭这个端口。操作方法是增加一条 IP 规则,在 TCP 或 UDP 协议中,将本地端口设为同一个端口,对符合该规则的数据进行拦截,就可以起到防范相应木马的效果。"增加 IP 规则"对话框如图 4-50 所示。

增加木马工作端口的数据拦截规则,是 IP 规则设置中最重要的一项技术,掌握了这项技术,普通用户也就从初级使用者过渡到了中级使用者。

## 2.2.3 操作三:家用路由器中防火墙的配置

防火墙除了可以用软件实现外,还可以用硬件实现。硬件防火墙有功能相对简单、性能相对低一些的家用防火墙和功能强大、价格高昂的企业级防火墙。本书面对的是广大的普通网络用户,在此只介绍简单的家用防火墙的使用方法,有兴趣的读者可以查阅相关资料学习专业的企业级防火墙的配置和使用方法。

本文以家用普通路由器 D-Link DIR-615 为例,介绍其中防火墙的配置方法。

操作环境如下:

(1) 安装 Windows XP 的 PC 一台;

(2) 家用普通路由器一台;

(3) Internet 的支持。

### 1. 硬件连接

将 Internet 接入到路由器的 WAN 口,将 PC 接入到路由器的任一 LAN 口,接通电源即可。

### 2. 系统配置

(1) 打开浏览器,在地址栏中输入 192.168.0.1,进入路由器的登录界面,如图 4-51 所示(不同的路由器的配置地址不一样,具体见说明书)。

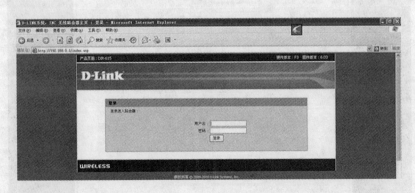

图 4-51

**注意**:在此需要将 PC 的 IP 地址设置为 192.168.0.x(x 为 2～254 间的任意整数),如果首次配置路由器,或路由器的 DHCP 功能没有关闭,则可将 PC 的 IP 地址设置为"自动获取"也可以。

（2）在此输入用户名和密码,单击"登录"按钮,进入配置界面。

在"高级"菜单中选择"防火墙 & DMZ"子菜单,进入防火墙的配置界面,如图 4-52 所示。在此可建立防火墙规则。具体的规则方式和内容与软件防火墙类似。

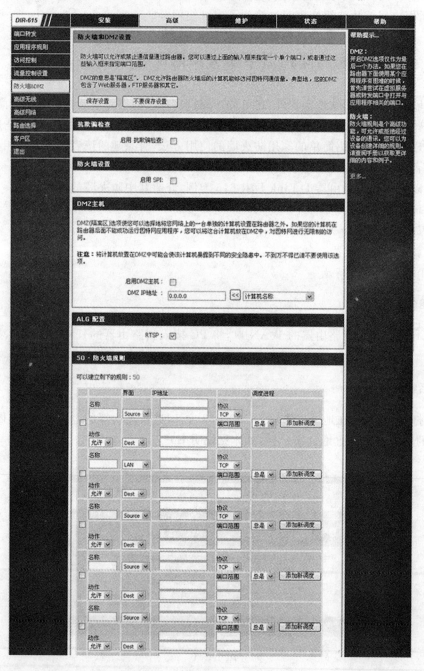

图 4-52

# 任务 3　病毒和木马防护

**【任务背景】**

为了增强计算机的安全强度,小明在计算机上安装了防火墙,并进行了配置,可小明发现最近计算机莫名其妙地变慢了,有些文件也出现丢失,朋友告诉他,计算机可能中了病毒。病毒是什么?怎样去防范病毒呢?还有哪些可能威胁计算机安全的因素呢?

**【任务目标】**

通过各种手段掌握病毒、木马防护的方法。

## 3.1　知　识　准　备

### 3.1.1　病毒的基本概念

计算机病毒并不是一种生物,它是一个程序,一段可执行代码。就像生物病毒一样,计算机病毒有独特的复制能力。它能够很快地蔓延,又常常难以根除。它们能把自身附在各种类型的文件上,当文件被复制或从一个用户传送到另一个用户时,它们就随同文件一起蔓延开来。确切地说,计算机病毒就是能够通过某种途径潜伏在计算机存储介质(或程序)里,当达到某种条件时即被激活的具有对计算机资源进行破坏作用的一组程序或指令集合。

计算机病毒只能在计算机中感染,不会传染给人或动物。计算机病毒的自我复制过程一般叫作感染,计算机病毒的破坏过程一般叫作病毒发作。

计算机病毒指寄生在其他可执行程序中的程序。当执行感染了病毒的程序时,病毒代码也会运行,并执行自己的动作,可能会删除文件,或者使系统无法运行;也可能不造成任何破坏,而仅仅将自己扩散到其他系统上。据统计,现在全世界发现的计算机病毒已达到了几万种,而且现在正以每月几百种的速度疯狂增长。由于计算机病毒具有隐蔽性强、传播范围广、破坏力大等特点,所以计算机病毒的防治也引起了社会各界的广泛重视。

### 3.1.2　病毒的分类

计算机病毒有很多种,最常见的有宏病毒、蠕虫病毒、木马病毒等,按照基本的类型进行划分,可以归纳为以下几种。

#### 1. 引导型病毒

引导型病毒隐藏在硬盘或软盘的引导区,当计算机从感染了引导区病毒的硬盘或软盘启动时,或当计算机从受感染的软盘中读取数据时,引导区病毒开始发作。一旦它们将自己复制到计算机的内存中,马上就会感染其他磁盘的引导区,或通过网络传播到其他计算机上。

**2. 文件型病毒**

文件型病毒寄生在其他文件中,通过对它们的编码加密或使用其他技术来隐藏自己。文件型病毒掠夺用来启动主程序的可执行命令,用作它自身的运行命令,同时还经常将控制权还给主程序,伪装成计算机系统的正常运行。一旦运行被感染了病毒的程序文件,病毒便会被激发,执行大量的操作,并进行自我复制,同时伪装附着在系统其他可执行文件上,并留下标记,以后不再重复感染。

**3. 宏病毒**

宏病毒是被人们谈论得较多的一种病毒,主要感染文档和文档模板。以前文档文件都不含可执行代码,因此不会受到病毒的感染。而比如 Word 中已经嵌入了宏命令,病毒可以通过宏命令来感染由这些软件创建的文档。

**4. 脚本病毒**

脚本病毒依赖一种特殊的脚本语言,如 VB、JavaScript 等脚本语言起作用,同时需要主软件或应用环境能够正确识别和翻译这种脚本语言中嵌套的命令。脚本病毒在某些方面与宏病毒类似,但脚本病毒可以在多个产品环境中进行,还能在其他所有可以识别和翻译它的产品中运行。脚本语言比宏语言更具有开放终端的趋势,这样使得病毒制造者对感染脚本病毒的机器可以有更多的控制力。

**5. 网络蠕虫程序**

网络蠕虫程序是一种通过间接方式复制自身的非感染型病毒。有些网络蠕虫拦截E-mail系统并向世界各地发送自己的复制品,有些则出现在高速下载站点中,它会同时使用两种方法与其他技术进行自我传播。它的传播速度相当惊人,能造成成千上万的邮件服务器先后崩溃,给人们带来难以弥补的损失。

**6. 特洛伊木马程序**

特洛伊木马程序通常是指伪装成合法软件的非感染型病毒,但它不进行自我复制。有些木马可以模仿运行环境,收集所需的信息,最常见的木马便是试图窃取用户名和密码的登录窗口,或者试图从众多 Internet 服务器提供商(ISP)盗窃用户的注册信息和账号信息。

目前感染率最高的病毒是网络蠕虫病毒和针对浏览器的病毒或者恶意代码。这些病毒可以在计算机用户浏览网站时感染客户端的系统。

## 3.1.3 病毒的特性

**1. 计算机病毒的程序性(可执行性)**

计算机病毒和其他合法程序一样,是一种计算机程序。计算机系统中凡是可以存放计算机程序的地方,都有可能存在计算机病毒,它通常会寄生于应用程序、磁盘启动区以及 Office 系统的文档文件中。病毒代码只有得到执行的机会时,才有可能被激活。

### 2. 计算机病毒的传染性

传染性是计算机病毒的基本特征,这一点与生物病毒一样。病毒一旦侵入计算机,就会不时地自我复制,占用磁盘空间,寻找适合其感染的存储介质,向与计算机联网的其他计算机传播,从而达到破坏数据的目的。

### 3. 计算机病毒的潜伏性

一个编制精巧的计算机病毒程序,进入系统之后一般不会马上发作,可以在几周或者几个月内甚至几年内隐藏在合法文件中,对其他系统进行传染,而不被人发现。病毒的潜伏性越好,其在系统中的存在时间就会越长,传染范围就会越大。

潜伏性的第一种表现是指,病毒程序不用专用检测程序是检查不出来的,因此病毒可以静静地躲在磁盘或磁带里呆上几天,甚至几年,一旦时机成熟,得到运行机会,就又要四处繁殖、扩散,继续为害。潜伏性的第二种表现是指,计算机病毒的内部往往有一种触发机制,不满足触发条件时,计算机病毒除了传染外不做什么破坏。触发条件一旦得到满足,有的在屏幕上显示信息、图形或特殊标识,有的则执行破坏系统的操作,如格式化磁盘、删除磁盘文件、对数据文件做加密、封锁键盘以及使系统死锁等。

### 4. 计算机病毒的可触发性

因某个事件或数值的出现,诱使病毒实施感染或进行攻击的特性称为病毒的可触发性。为了隐蔽自己,病毒必须潜伏,少做动作。如果完全不动,一直潜伏,病毒既不能感染也不能进行破坏,便失去了杀伤力。病毒既要隐蔽又要维持杀伤力,就必须具有可触发性。病毒的触发机制就是用来控制感染和破坏动作的频率的。病毒具有预定的触发条件,这些条件可能是时间、日期、文件类型或某些特定的数据等。病毒运行时,触发机制检查预定条件是否满足,如果满足,启动感染或破坏动作,使病毒进行感染或攻击;如果不满足,使病毒继续潜伏。

### 5. 计算机病毒的破坏性

病毒的危害性是显而易见的。计算机一旦感染病毒,就会使计算机系统的工作效率大大降低,系统资源被占用,计算机内存的数据被破坏。严重的情况下,系统还会瘫痪,总之计算机病毒会给用户造成非常大的损失。

### 6. 攻击的主动性

病毒对系统的攻击是主动的,不以人的意志为转移。也就是说,从一定程度上讲,计算机系统无论采取多么严密的保护措施都不可能彻底地排除病毒对系统的攻击,而保护措施充其量只是一种预防的手段而已。

### 7. 病毒的隐蔽性

计算机病毒通常附在正常的程序中或者磁盘中比较隐蔽的地方,目的是不让用户发现它的存在。不经过程序代码分析或者计算机病毒代码扫描,计算机病毒程序与正常程序是不容易区分开的。在没有防护措施的情况下,计算机病毒程序经过运行取得系统控制权后,可以在不到 1 秒的时间里传染几百个程序,而且在屏幕上没有任何异常的显示。这种现象就是计算机病毒传染的隐蔽性。正是由于存在着这种隐蔽性,因此计算机病毒得以在用户没有察觉的情况下游荡于世界各地的计算机中。

### 8. 病毒的寄生性

计算机病毒程序嵌入到宿主程序中,依赖于宿主程序的执行而生存,这就是计算机病毒的寄生性。病毒程序在侵入到宿主程序中后,一般对宿主程序进行一定的修改,宿主程序一旦执行,病毒程序就被激活,从而可以进行自我复制和繁衍。

## 3.1.4 计算机中毒的现象

- 计算机运行速度明显变慢、经常死机、经常出现异常的重新启动等,例如系统引导速度变慢、程序加载时间变长或磁盘访问时间过长等。
- 可用内存明显减少。过去正常运行的系统或程序,如今不能运行或提示内存不足。
- 文件发生变化或丢失。例如可执行的文件执行后消失了,或者大小、时间等发生了变化,文件长度增加了以及出现了莫名其妙的隐含内容等。
- 磁盘的重要区域被破坏或出现了修复的簇。例如 DOS 引导区、分区表、文件分配表以及根目录区等被破坏。
- 屏幕上出现一些图案或信息,或演奏一段乐曲。往往此时计算机内已有许多病毒的备份了。打印时会出错。
- 网络或通信线路的负载加重、速度减慢等。
- 硬盘指示灯在没有操作计算机时也长时间地闪烁,并出现了较大的读盘声。
- 不能正常地关闭文件,或者不能正常地关机。
- 优盘等移动存储设备、计算机桌面等莫名地多了些文件。
- 移动存储设备不能正常弹出。

## 3.1.5 病毒的预防

(1) 经常升级安全补丁

根据统计数据显示,有 80% 的网络病毒是通过系统的安全漏洞进行传播的,例如红色代码、尼姆达等病毒,所以应该定期地到 Microsoft 公司的网站去下载最新的安全补丁,并防患于未然。

(2) 建立良好的安全习惯

病毒的传染途径主要有两个:一是网络,二是优盘与光盘。现在是电子邮件盛行的时代,通过互联网传递的病毒要远远高于后者。因此用户要特别注意在网上的行为。不要轻易地下载小网站上的软件与程序;不要浏览那些很诱人的小网站,因为这些网站很有可能就是网络陷阱;不要随意地打开一些来历不明的邮件以及附件;要安装正版的杀毒软件和防火墙;不要在线启动、阅读某些文件,否则用户很有可能成为网络病毒的传播者;对于移动存储器要先杀毒再使用。

(3) 关闭或删除系统中不需要的服务

默认的情况下,许多操作系统会安装一些辅助服务,例如 FTP 客户端、Telnet 和 Web 服务器等。这些服务对用户来说没有太大的用处,但却可以为攻击者提供方便,如果删除它们就会大大地减少被攻击的可能性,而且不会影响正常的操作。

(4) 使用复杂的密码

有许多网络病毒就是通过猜测简单密码的方式攻击系统的,因此应该使用复杂一些的密码,例如"9♯and"等,这种包括数字、字母、符号等的密码会大大地提高计算机的安全系数。

(5) 了解一些计算机病毒的知识

这样可以及时地发现新病毒并采取相应的措施,在关键时刻使自己的计算机免受病毒的攻击。例如了解一些注册表的知识,就可以经常地查看一下内存中是否存有可疑的程序。

(6) 迅速隔离受感染的计算机

当在自己的计算机或者局域网中发现了病毒或有异常情况时,应该立刻断网,以防止自己的计算机或别的计算机受到更多的感染,或成为传播源再一次感染其他的计算机。

(7) 安装专业的杀毒软件

在病毒日益增多的今天,使用防毒软件进行防毒是越来越经济的选择。不过用户在安装了反病毒的软件之后应该经常升级,对一些主要的监控项目要经常打开。

# 3.2　任务实现

杀毒软件的使用。

安装杀毒软件是防御病毒的最好途径。及时更新病毒库,定期对计算机进行查杀,开启杀毒软件的实时防护功能,能很好地预防计算机免遭病毒侵袭。本任务以"360 杀毒"为例,介绍杀毒软件的使用方法。

操作环境为安装 360 杀毒软件的 PC 一台。

实验步骤如下:

(1) 软件安装

从相关网站下载 360 杀毒软件后,按安装提示进行,完成杀毒软件的安装。安装完成后的软件启动界面如图 4-53 所示。

(2) 软件设置

单击图 4-53 所示窗口中右上角的"设置"链接,进入软件设置界面,如图 4-54 所示。

在此可设置常规选项、定时查毒、病毒扫描及处理选项、开启实时防护,可设置聊天、下载软件、U 盘的防护,可设置定时升级等。

(3)病毒查杀

360 杀毒软件提供了四种手动病毒扫描方式:快速扫描、全盘扫描、指定位置扫描及右键扫描。

图 4-53

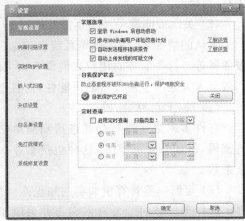

图 4-54

- 快速扫描:扫描 Windows 系统目录及 Program Files 目录。
- 全盘扫描:扫描所有磁盘。
- 指定位置扫描:扫描用户指定的目录。
- 右键扫描:集成到右键菜单中,当您在文件或文件夹上右击时,在弹出的快捷菜单中选择"使用 360 杀毒软件扫描"对选中文件或文件夹进行扫描。

其中前三种扫描都已经在 360 杀毒软件主界面中作为快捷任务列出,只需单击相关任务就可以开始扫描,如图 4-55 所示。

启动扫描之后,会显示扫描进度窗口,如图 4-56 所示。

图 4-55

图 4-56

在这个窗口中可看到正在扫描的文件、总体进度,以及发现问题的文件。

如果希望 360 杀毒软件在扫描完计算机后自动关闭计算机,可选中"扫描完成后关闭计算机"选项。请注意,只有将发现病毒的处理方式设置为"自动清除"时,此选项才有效。如果选择了其他病毒处理方式,扫描完成后不会自动关闭计算机。

（4）处理扫描出的病毒

360杀毒软件扫描到病毒后,会首先尝试清除文件所感染的病毒,如果无法清除,则会提示用户删除感染病毒的文件。

木马和间谍软件由于并不采用感染其他文件的形式,而是其自身即为恶意软件,因此会被直接删除。

在处理过程中,由于不同的情况,会有些感染文件无法被处理,请参见表4-1的说明,可以采用其他方法处理这些文件。

表　4-1

| 错误类型 | 原　　因 | 建　议　操　作 |
| --- | --- | --- |
| 清除失败<br>（压缩文件） | 由于感染病毒的文件存在于360杀毒软件无法处理的压缩文档中,因此无法对其中的文件进行病毒清除。360杀毒软件对于RAR、CAB、MSI及系统备份卷类型的压缩文档目前暂时无法支持 | 请使用针对该类型压缩文档的相关软件将压缩文档解压到一个目录下,然后使用360杀毒软件对该目录下的文件进行扫描及清除,完成后使用相关软件重新将其压缩成一个压缩文档 |
| 清除失败<br>（密码保护） | 对于有密码保护的文件,360杀毒软件无法将其打开进行病毒清理 | 请去除文件的保护密码,然后使用360杀毒软件进行扫描及清除。如果文件不重要,也可直接删除该文件 |
| 清除失败<br>（正被使用） | 文件正在被其他应用程序使用,360杀毒软件无法清除其中的病毒 | 请退出使用该文件的应用程序,然后使用360杀毒软件重新对其进行扫描清除 |
| 删除失败<br>（压缩文件） | 由于感染病毒的文件存在于360杀毒软件无法处理的压缩文档中,因此无法对其中的文件进行删除 | 请使用针对该类型压缩文档的相关软件将压缩文档中的病毒文件删除 |
| 删除失败<br>（正被使用） | 文件正在被其他应用程序使用,360杀毒软件无法删除该文件 | 请退出使用该文件的应用程序,然后手工删除该文件 |
| 备份失败<br>（文件太大） | 由于文件太大,超出了文件恢复区的大小,文件无法被备份到文件恢复区 | 请删除系统盘上的无用程序和数据,增加可用磁盘空间,然后再次尝试。如果文件不重要,也可选择删除文件,不进行备份 |

（5）开启实时防护

360 杀毒软件具有实时病毒防护和手动扫描功能，为系统提供全面的安全防护。

实时防护功能在文件被访问时对文件进行扫描，及时拦截活动的病毒。在发现病毒时会通过提示窗口警告用户，如图 4-57 所示。

单击主界面的"实时防护"选项卡，或进入软件设置界面，都可以开启或关闭相关实时防护功能，如图 4-58 所示。

图 4-57

图 4-58

（6）升级病毒库

360 杀毒软件具有自动升级功能，如果开启了自动升级功能，360 杀毒软件会在有升级可用时自动下载并安装升级文件。自动升级完成后会通过图 4-59 所示的气泡窗口提示。

图 4-59

如果想手动进行升级，请在 360 杀毒软件主界面中单击"升级"标签，进入升级界面，并单击"检查更新"按钮，如图 4-60 所示。

升级程序会连接服务器，检查是否有可用更新，如果有就会下载并安装升级文件，升级完成后会出现如图 4-61 所示的提示信息。

图 4-60

图 4-61

现在，360 杀毒软件已经可以查杀最新病毒。

# 任务 4　网络安全设置

## 【任务背景】

除了采用安全相关的软硬件来提高系统安全性外,也可以通过操作系统的合理配置来提高系统的安全性。

## 【任务目标】

通过各种手段掌握网络安全设置的方法;掌握组策略的使用方法;掌握在组策略中配置合理策略来提高系统的安全性。

# 4.1　知 识 准 备

能提高系统安全性的策略很多,通过合理配置,可以在很大程度上提高系统的安全性。

## 4.1.1　系统安全配置

### 1. 屏蔽不需要的服务组件

尽管服务组件安装得越多,用户可以享受的服务功能也就越多。但是用户平时使用到的服务组件毕竟还是很有限,而那些很少用到的组件不但占用了不少的系统资源,引起系统不稳定以外,它还会为黑客的远程入侵提供了多种途径,为此我们应该尽量把那些暂不需要的服务组件屏蔽掉。包括 NetMeeting Remote Desktop Sharing、Remote Desktop Help Session Manager、Remote Registry、Routing and Remote Access、SSDP Discovery Service、Telnet、Universal Plug and Play Device Host。

具体的操作方法为:首先在控制面板中找到"服务和应用程序"图标,然后再打开"服务"对话框,在该对话框中选中需要屏蔽的程序,并右击,从弹出的快捷菜单中依次选择"属性"→"停止"命令,同时将"启动类型"设置为"手动"或"已禁用",这样就可以对指定的服务组件进行屏蔽了。

### 2. 及时更新系统,打好补丁

最新、最流行的病毒、木马、蠕虫等通常都利用了操作系统最新的漏洞,如果在它们大规模发作之前,就能升级好最新的补丁,那么计算机受到攻击后导致瘫陷的几率将大大降低。所以及时为系统打好补丁很重要,可以利用微软的 Windows Update 服务来实现系统的自动更新。在"系统属性"对话框中,切换到"自动更新"选项卡可以启动自动更新服务。除此之外,很多安全软件也提供漏洞的自动检测,以及自动更新系统补丁的功能。

### 3. 禁用远程协助/远程桌面

跟其他所有远程控制技术一样,远程协助和远程桌面因为用途的关系,具有一定的安全风险。建议不要在需要高度安全性的网络中使用远程控制技术。若要禁用远程协助,可设置以下的组策略(输入 gpedit.msc 命令访问):定位到计算配置→管理模板→系统→远程协助节点,双击右侧面板的"请求远程协助"设置,单击"禁用"按钮来禁止用户请求远程助,应用设置的选项并关闭窗口。双击右侧面板的"提供远程协助"设置,单击"禁用"按钮来禁止用户在这台计算机上向别人提供远程协助帮助,应用设置并关闭窗口。注意:组策略的设置将会覆盖其他任何的系统属性中远程选项卡的设置。要禁止计算机接受远程桌面连接,进行如下操作:右击"我的电脑",选择"属性"命令,打开"系统属性"对话框,在"系统属性"对话框中打开"远程"选项卡,确保"允许用户远程连接到这台计算机"复选框没有被选中,单击"选择远程用户…"按钮,打开"远程桌面用户"对话框,从 Remote Desktop Users 用户组删除所有用户和用户组。

### 4. 禁用媒体的自动播放

自动播放功能会在移动媒体插入后读取其中的数据,默认情况下,Windows XP 会自动运行光驱中插入的所有光盘,这将会允许可执行的内容在被允许前自动被执行。默认情况下软盘和网络驱动器的自动播放功能被禁用了。要禁止所有驱动器上的自动播放功能,可采取如下操作:(输入 gpedit.msc 命令访问),定位到计算机配置→管理模板→系统,在右侧的面板中双击"关闭自动播放",单击"启用"按钮,在"关闭自动播放"下拉菜单选择"所有驱动器",单击"确定"按钮。

### 5. 封闭网络中的 NetBIOS 和 SMB 端口

在 Windows 环境中,NetBIOS 定义了一个软件接口和命名协议,基于 TCP/IP 之上的NetBIOS(NetBT)为 TCP/IP 协议提供了 NetBIOS 程序接口。Windows 2000 和 WindowsXP 使用 NetBT 与 Windows NT 以及更老版本的 Windows(例如 Windows 9x)系统交流。然而,当与其他 Windows 2000 或者 Windows XP 计算机交流时,Windows XP 使用了Direct Hosting。Direct Hosting 在命名协议方面用 DNS 代替了 NetBIOS,并使用了 TCP端口 445 而不是 TCP 端口 139。服务器消息过滤服务使用直接通过 TCP/IP 协议的网络资源共享,而不是使用 NetBIOS 作为"中间人"。

Windows NetBIOS 和 SMB 端口(端口 135～139 还有端口 445)之间的交流可以提供关于 Windows 系统的很多信息,并且可能引起潜在的攻击。因此禁止从局域网外连向系统这些端口的连接是很重要的。

建议在防火墙或者路由器上阻挡到端口 135、137、138、139 和 445 的出站以及入站连接,大量的攻击以及潜在的威胁都是因为出站的 SMB 连接造成的。

## 4.1.2　账户安全配置

### 1. Guest 账户

Guest 账户即所谓的来宾账户,它可以访问计算机,但受到限制。不幸的是,Guest 也为黑客入侵打开了方便之门。如果不需要用到 Guest 账户,最好禁用它。在 Windows XP 中,打开"控制面板"→"管理工具",单击"计算机管理",在左边列表中找到"本地用户和组"并单击其中的"用户";在右边窗格中双击 Guest 账户,选中"账户已停用"。

### 2. Administrator 账户

黑客入侵的常用手段之一就是试图获得 Administrator 账户的密码。每一台计算机至少需要一个账户拥有 Administrator(管理员)权限,但不一定非用 Administrator 这个名称不可。所以,最好创建另一个拥有全部权限的账户,然后停用 Administrator 账户。

也可在账户管理中修改 Administrator 账户的名称。选择"控制面板"→"计算机管理",进入"计算机管理"窗口,如图 4-62 所示。选择"本地用户和组"→"用户",在窗口右面右击 Administrator,在弹出的快捷菜单中选择"重命名"命令,重新输入一个名称。

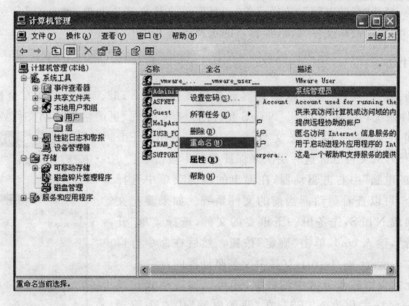

图　4-62

最后,不要忘记为所有账户设置足够复杂的密码,最好是 8 位以上的字母、数字、符号的组合。可以通过组策略设置密码策略。如果使用的是其他账号,最好不要将其加入 administrators组中,如果加入到 administrators 组中,一定也要设置一个足够安全的密码。

### 4.1.3 文件安全

**1. 对重要信息加密**

为防止其他人在使用自己的计算机时偷看自己存储在计算机中的文件信息，Windows XP 特意为普通用户提供了"文件和文件夹加密"功能，利用该功能可以对存储在计算机中的重要信息进行加密，这样其他用户在没有密码的情况下是无法访问文件或者文件夹中的内容。在对文件进行加密时，首先打开 Windows XP 的资源管理器，然后在资源管理器操作窗口中找到需要进行加密的文件或者文件夹，然后右击选中的文件或文件夹，在弹出的快捷菜单中选择"属性"命令。随后 Windows XP 会弹出文件加密对话框，单击对话框中的"常规"标签，然后再依次选择"高级"→"加密内容以便保护数据"就可以了，当用户以非文件夹加密时的登录账号登录时，就无法访问加密文件夹下的文件了。

**2. 简单文件共享**

为了让网络上的用户只需单击几下鼠标就可以实现文件共享，Windows XP 加入了一种称为"简单文件共享"的功能，但同时也打开了许多 NetBIOS 漏洞。关闭简单文件共享功能的步骤是：打开"我的电脑"，选择菜单"工具"→"文件夹选项"，单击"查看"命令，在"高级设置"中取消"使用简单文件共享（推荐）"的选择。

**3. FAT32**

凡是新买的机器，许多硬盘驱动器都被格式化成 FAT32。要想提高安全性，可以把 FAT32 文件系统转换成 NTFS。NTFS 允许用户有更全面、更严格地控制文件或文件夹的权限，进而还可以使用加密文件系统（Encrypting File System，EFS），从文件分区这一层次来保证数据不被窃取。

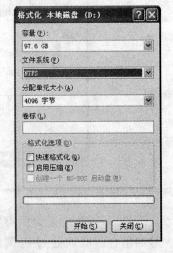

在"我的电脑"中右击驱动器，在弹出的快捷菜单中选择"属性"命令，可以查看驱动器当前的文件系统。如果要把文件系统转换成 NTFS，先备份一下重要的文件，选择菜单"开始"→"运行"，输入 cmd，单击"确定"按钮。然后在命令行窗口中，执行"convert x：/fs：ntfs"（其中 x 是驱动器的盘符）。

如果无须保留磁盘分区中的数据，还可以通过格式化操作直接将分区格式化为 NTFS。在"我的电脑"中右击驱动器，在弹出的快捷菜单中选择"格式化"命令，在"格式化"窗口中的"文件系统"下拉列表框中选择"NTFS"后再单击"开始"按钮，可将磁盘格式化为 NTFS 分区，如图 4-63 所示。

图 4-63

**4. 交换文件和转储文件**

即使你的操作完全正常，Windows 也会泄露重要的机密数据（包括密码）。也许你永远不会想到要看一下这些泄露机密的文件，但黑客肯定会。你首先要做的是，要求机器在关机的时候清除系统的页面文件(交换文件)。单击 Windows 的"开始"菜单,选择"运行"命令,执行 Regedit。在注册表中找到 HKEY_local_machine\system\currentcontrolset\control\sessionmanager\memory management,然后创建或修改 ClearPageFileAtShutdown,把这个 DWORD 值设置为1。

系统在遇到严重问题时,会把内存中的数据保存到转储文件中。转储文件的作用是帮助人们分析系统遇到的问题,但对一般用户来说没有用;另一方面,就像交换文件一样,转储文件可能泄露许多敏感数据。禁止 Windows 创建转储文件的步骤如下:打开"控制面板"→"系统",找到"高级",然后单击"启动和故障恢复"下面的"设置"按钮,将"写入调试信息"这一栏设置成"(无)"。类似于转储文件,Dr. Watson 也会在应用程序出错时保存调试信息。禁用 Dr. Watson 的步骤是:在注册表中找到 HKEY_local_machine\software\Microsoft\WindowsNT\CurrentVersion\AeDebug,把 Auto 值改成0。

### 5. 共享驱动器或文件夹的设置

使用 Windows XP 可以很方便地将驱动器或文件夹设置成"共享",而且,若不想让这些共享的驱动器或文件夹被远程计算机用户看到,只需在共享驱动器或文件夹的"共享名"后面加上一个"＄"就行了,如"C＄"。然而,当远程计算机用户知道了该机的计算机名以及管理员、服务器操作员的用户名和密码后,那么任何远程计算机用户都能通过局域网络或 Internet 访问该计算机,无疑,这也使具有共享驱动器或文件夹的计算机存在着安全隐患。为保障共享驱动器或文件夹的安全,我们应该禁用服务器服务。禁用服务器服务后,所有远程计算机都将无法连接到该计算机上的任意驱动器或文件夹,但本机的管理员仍然能够访问其他计算机上的共享文件夹。禁用服务器服务的操作方法是:依次进入"控制面板"→"性能和维护"→"管理工具",双击"服务"图标,在"服务"窗口中双击 Server 选项,可看到对话框,在"启动类型"列表中选择"已禁用"或"手动"选项即可。

## 4.1.4 浏览器安全配置

浏览器是普通网民使用的最频繁的软件之一,也是常常受到网络攻击的软件。我们往往都会装不少第三方软件来避免这种攻击。其实,在浏览器中有不少容易被我们忽视的安全设置,通过这些设置能够在很大程度上避免网络攻击,下面以 IE(Internet Explorer)为例说明。

### 1. 禁止修改 IE 浏览器的主页

如果不希望他人或网络上的一些恶意代码对自己设定的 IE 浏览器主页进行随意更改,可以输入 gpedit. msc 命令来访问,选择"用户配置"→"管理模板"→"Windows 组件"→Internet Explorer 分支,然后在右侧窗格中双击"禁用更改主页设置"即可。

### 2. 禁用 IE 组件自动安装

输入 gpedit. msc 命令,选择"计算机配置"→"管理模板"→"Windows 组件"→Internet Explorer 项目,双击右边窗口中"禁用 Internet Explorer 组件的自动安装"项目,在打开的窗口中选择"已启用"单选按钮,将会禁止 Internet Explorer 自动安装组件。这样可以防止 Internet Explorer 在用户访问到需要某个组件的网站时下载该组件,篡改 IE 的行为也会得到遏制。相对来说 IE 也会安全许多。

**3. 限制 IE 浏览器的保存功能**

当多人共用一台计算机时,为了保持硬盘的整洁,需要对浏览器的保存功能进行限制使用,那么如何才能实现呢? 具体方法为:输入 gpedit. msc 命令访问,选择"用户设置"→"管理模板"→"Windows 组件"→Internet Explorer→"浏览器菜单"分支。双击右侧窗格中的"文件"菜单,禁用"另存为…"菜单项。

# 4.2  任 务 实 现

## 4.2.1  操作一:组策略配置

组策略,就是基于组的策略。它以 Windows 中的一个 MMC 管理单元的形式存在,可以帮助系统管理员针对整个计算机或是特定用户来设置多种配置,包括桌面配置和安全配置。譬如,可以为特定用户或用户组定制可用的程序、桌面上的内容,以及"开始"菜单选项等,也可以在整个计算机范围内创建特殊的桌面配置。简而言之,组策略是 Windows 中的一套系统更改和配置管理工具的集合。通过组策略的相关配置,可以提高系统的安全性。

操作环境为预装 Windows XP 系统的 PC 一台。

**1. 启动组策略编辑器**

在 Windows 2000/XP/2003 系统中,系统默认已经安装了组策略程序,在"开始"菜单中,单击"运行"选项,输入 gpedit. msc 并确认,如图 4-64 所示,即可打开如图 4-65 所示的组策略界面。

图  4-64

**2. 配置相关安全选项**

(1) 系统安全配置
在"计算机配置"→"Windows 设置"项中有一个子项是"安全设置",在此可设置账户策略、本地策略等。账户策略可设置"密码策略"和"账户锁定策略",如图 4-66 所示。

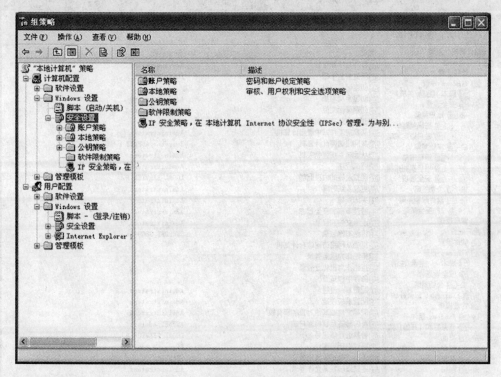

图 4-65

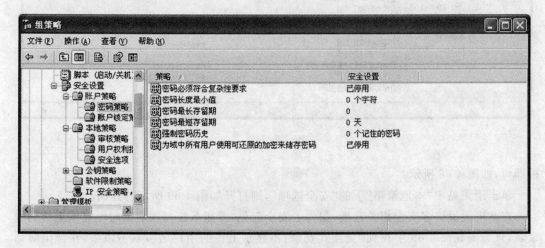

图 4-66

在本地策略中,可设置审核策略、用户权利指派和安全选项。审核策略用于记录用户对计算机的相关安全操作,并记录在日志中,以后管理员可以日志分析相关安全信息。用户权利指派可指定某一用户或用户组可进行的相关操作,如图 4-67 所示。

如通过组策略设置,可以限制某用户关闭系统,只需要在图中单击"关闭系统"策略,在弹出的窗口中,将允许关闭系统的用户和组添加进去,而将不允许关闭系统的用户和组删除

图　4-67

掉即可,如图 4-68 所示。

单击组策略中"本地策略"下的"安全选项",则打开如图 4-69 所示的界面。

在此可设置许多安全相关选项,如为了安全起见,希望系统每次启动时不显示上传的登录名,只需要在图 4-69 中找到"交互式登录:不显示上传的用户名",双击该项,在弹出对话框中启用配置即可,如图 4-70 所示。

(2) 系统相关选项配置

在组策略中,可通过配置系统相关选项,进而提高系统安全性,如:禁止运行指定程序、锁定注册表编辑器、阻止访问命令提示符、禁止修改系统还原配置、关闭自动播放等。

选择"用户配置"→"管理模板"→"系统"命令,打开如图 4-71 所示的界面,在此可进行相关配置。

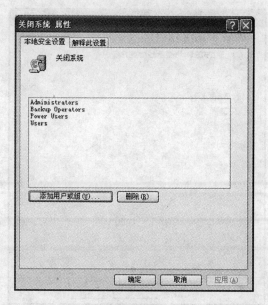

图　4-68

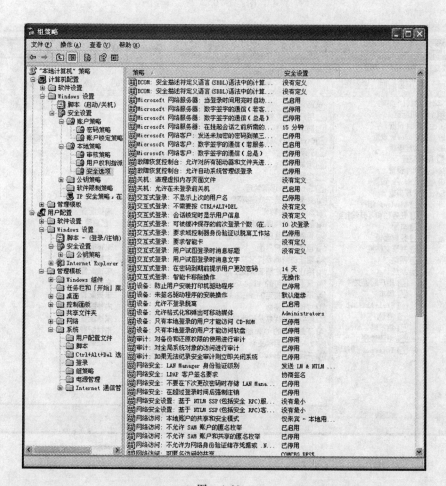

图　4-69

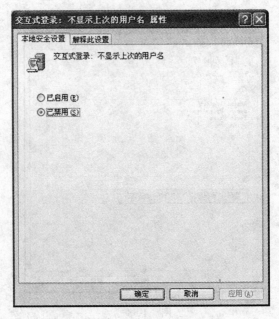

图　4-70

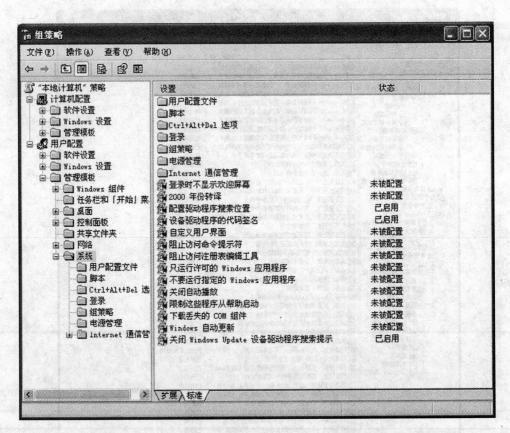

图　4-71

## 4.2.2　操作二:浏览器安全设置

在网络应用中,使用频率最高的还是浏览网页,浏览器成了上网的必备工具,通过适当配置,提高浏览器的安全,可很大程度地提高上网的安全性。IE 是常用的浏览器之一,通过对 IE 相关安全选项的设置,可以提高系统的安全性。

操作环境为预装 Windows XP 系统的 PC 一台。

**1. 启动 IE 安全设置**

打开 IE,单击"工具"→"Internet 选项"菜单项,打开"Internet 选项"对话框,如图 4-72所示。

**2. 相关配置提高安全性**

(1) 合理使用 Cookies

Cookies 是 Web 服务器通过浏览器放在你的硬盘上的一个文件,用于自动记录用户的个人信息的文本文件。

如果要彻底删除已有的 Cookies,可单击"常规"标签页,在"Internet 临时文件"区域中单击"删除 Cookies"按钮,如图 4-73 所示。也可进到 Windows 目录下的 cookies 子目录,按Ctrl+A 组合键全选内容,再按 Delete 键删除内容。

图　4-72

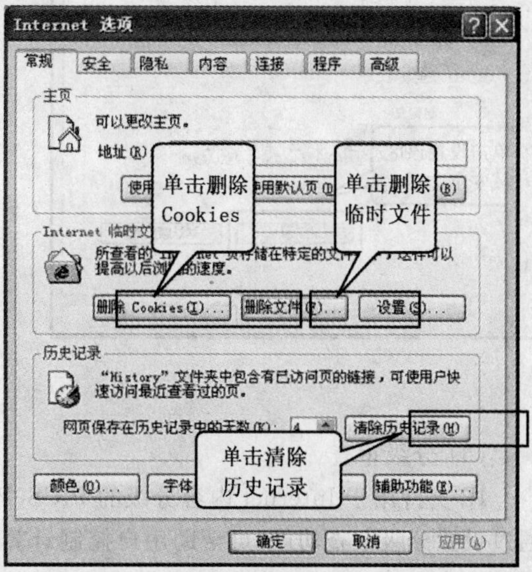

图　4-73

(2) 删除临时文件

在用户浏览网页的时候,IE 将网页相关数据自动保存到系统的临时文件夹中,因此,此文件夹中的数据会暴露用户所访问的信息,可以单击"常规"标签页,在"Internet 临时文件"区域,单击"删除文件"按钮,删除临时文件,如图 4-73 所示。

（3）清除历史记录

用户在浏览网页的时候，浏览器会记录下用户的最近访问记录，该记录会暴露用户的上网行为。如果要清除该记录，可选择"常规"标签页，在"历史记录"区域，单击"删除清除历史记录按钮"按钮即可，如图 4-73 所示。

（4）安全区域设置

IE 的安全区设置可以让你对被访问的网站设置信任程度。IE 包含了四个安全区域：Internet、本地 Intranet、可信站点、受限站点，系统默认的安全级别分别为中、中低、高和低，如图 4-74 所示。在"Internet 选项"窗口中，切换至"安全"标签页，建议每个安全区域都设置为默认的级别，然后把本地的站点、限制的站点放置到相应的区域中，并对不同的区域分别设置，如图 4-75 所示。例如网上银行需要 Activex 控件才能正常操作，而你又不希望降低安全级别，最好的解决办法就是把该站点放入"本地 Intranet"区域，操作步骤如下：

① 单击"安全"标签页，选择"本地 Intranet"。

② 单击"站点"按钮，在弹出的窗口中，输入网络银行网址，添加到列表中即可。

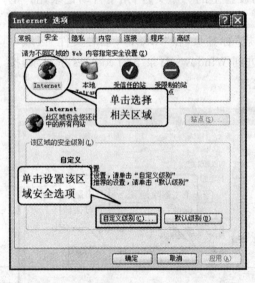

图 4-74                  图 4-75

（5）分级审查

IE 支持用于 Internet 内容分级的 PICS(Platform for Internet Content Selection)标准，通过设置分级审查功能，可帮助用户控制计算机可访问的 Internet 信息内容的类型。例如只想让家里的孩子访问 www. wru. com. cn 和 www. xinhuanet. com，绝对不允许访问 www. abc. com，可以这样设置：

① 切换至"内容"选项卡，在分级审查区域中单击"启用"按钮，如图 4-76 所示。

② 在弹出的"内容审查程序"窗口中，单击"分级"标签页，将"分级级别"调到最低，也就是 0，如图 4-77 所示。

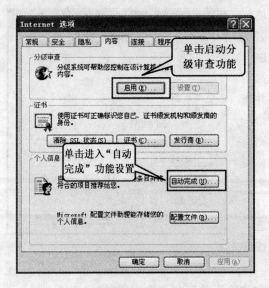

图　4-76

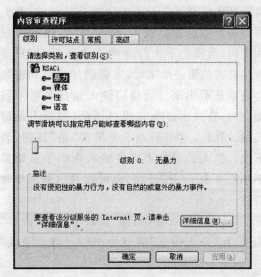

图　4-77

③ 在图 4-77 中单击"许可站点"标签页,添加 www. wru. com. cn。单击"始终"按钮将保证该网站能被正常访问,用同样的办法加入 www. xinhuanet. com;添加 www. abc. com,单击"从不"按钮,将保证该网站不能被正常访问,如图 4-78 所示。

④ 单击"确定"按钮创建监护人密码。

重新启动 IE 后,分级审查生效。当浏览器在遇到 www. wru. com. cn、www. xinhuanet. com 之外的网站时,程序将提示"抱歉,内容审查程序不允许您参观这个站点"的提示并不显示该页面,输入密码后才能浏览该网页,如图 4-79 所示。

图　4-78

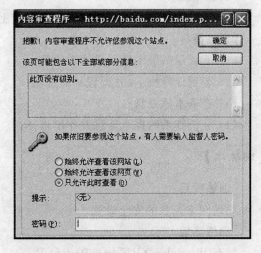

图　4-79

⑤ 自动完成。

IE 提供的自动完成表单和 Web 地址功能为我们带来了便利,但同时也存在泄密的危险。默认情况下自动完成功能是打开的,我们填写的表单信息都会被 IE 记录下来,包括用户名和密码,当我们下次打开同一个网页时,只要输入用户名的第一个字母,完整的用户名和密码都会自动显示出来。当我们输入用户名和密码并提交时,会弹出自动完成对话框,如果不是你个人的计算机,这里千万不要单击"是"按钮,否则下次其他人访问就不需要输入密码了。如果你不小心单击了"是"按钮,也可以通过下面步骤来清除。

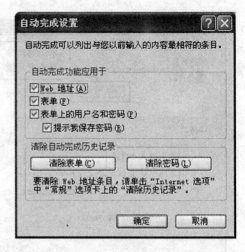

图 4-80

(a) 在"Internet 属性"窗口中单击"内容"选项卡,在"个人信息"项目中,单击"自动完成"按钮,如图 4-80 所示。

(b) 在弹出的"自动完成设置"窗口中,单击"清除表单"和"清除密码"按钮即可。

若需要完全禁止该功能,只需取消选中"Web 地址"、"表单"及"表单上的用户名和密码"的复选框即可。

# 【拓展训练】

## 【训练一】

[训练项目]
瑞星杀毒软件的安装。
[训练环境]
装有 Windows XP 系统的 PC 一台且能上网。
[训练指导]
(1) 下载最新版本的瑞星杀毒软件;
(2) 装到计算机上,并设置相关选项;
(3) 查杀本地磁盘;
(4) 分析查杀的提示信息并作出选择。

## 【训练二】

[训练项目]
局域网络互联的安全设置。
[训练环境]
装有 Windows XP 系统的若干台 PC。
[训练指导]
(1) 打开管理工具面板;
(2) 对计算机管理中的 GUEST 用户进行相应操作;

（3）对本地安全策略中的用户权利指派进行相应的设置；

（4）对本地安全策略中的安全选项进行相应的设置；

（5）验证设置后的互联情况。

【训练三】

［训练项目］

禁用 TCP/IP 协议设置。

［训练环境］

装有 Windows XP 系统的 PC 一台。

［训练指导］

（1）运行 gpedit.msc；

（2）对计算机管理中的 GUEST 用户进行相应操作；

（3）打开用户配置中的管理模板；

（4）对开网络中的网络连接；

（5）设置禁止访问 LAN 连接组件的属性；

（6）验证 TCP/IP 协议的设置情况。

# 【课后思考】

1. 常见的网络攻击手段有哪些？

2. 什么是网络安全策略？

3. 什么是计算机病毒？有哪些特点？

4. 简要回答如何进行计算机病毒的防治。

5. 防火墙的作用是什么？

# 参 考 文 献

[1] 俞海英. 计算机网络基础项目化教程. 北京:冶金工业出版社,2010

[2] 王树军,王趾成. 计算机网络技术基础. 北京:清华大学出版社,2009

[3] 郑鹏. 网络技术基础与应用. 大连:大连理工大学出版社,2008

[4] 施晓秋. 计算机网络实训. 北京:高等教育出版社,2004